该项目系首都师范大学“211”规划项目
本著作得到首都师范大学文学院“211”工程项目出版资助

首都师范大学文艺学学术文库

第一辑

文明的心智带宽与致命流量

『两种文化』的三重视域

The Mental Bandwidth and Fatal Flowrate of Civilization: Three Horizations of "the Two Kinds of Cultures"

魏家川◎著

中国社会科学出版社

图书在版编目（CIP）数据

文明的心智带宽与致命流量："两种文化"的三重视域／魏家川著．
—北京：中国社会科学出版社，2017.9
ISBN 978－7－5203－0763－5

Ⅰ.①文…　Ⅱ.①魏…　Ⅲ.①科学技术—研究②人文科学—研究
Ⅳ.①G301②C

中国版本图书馆 CIP 数据核字（2017）第 174270 号

出 版 人　赵剑英
责任编辑　史慕鸿
责任校对　季　静
责任印制　戴　宽

出　　版　中国社会科学出版社
社　　址　北京鼓楼西大街甲 158 号
邮　　编　100720
网　　址　http://www.csspw.cn
发 行 部　010－84083685
门 市 部　010－84029450
经　　销　新华书店及其他书店

印　　刷　北京明恒达印务有限公司
装　　订　廊坊市广阳区广增装订厂
版　　次　2017 年 9 月第 1 版
印　　次　2017 年 9 月第 1 次印刷

开　　本　710×1000　1/16
印　　张　22.25
插　　页　2
字　　数　302 千字
定　　价　99.00 元

目　　录

导论　“两种文化”论争 ………………………………………（1）

上编　本体论视域中的科学真理与艺术真实

引言　本体乌托邦与自然存在的递弱代偿衍存 ……………（27）

第一章　心物分立的形而上学困境 ……………………………（55）
　第一节　天启真理的形而上学玄思 …………………………（55）
　第二节　理性真理的形而上学迷思 …………………………（76）

第二章　科学真理与艺术真实 ………………………………（117）
　第一节　科学真理的解构与重构 …………………………（117）
　第二节　艺术真实的沉思与反思 …………………………（139）

中编　主体论视域中的科学认知与审美体验

引言　主体乌托邦与精神存在的感应属性增益 …………（163）

第一章　灵肉分立的主体镜像 ………………………………（183）
　第一节　主体建构的多元模式 ……………………………（183）
　第二节　主体重构的复合间性 ……………………………（196）

第二章　科学认知与审美体验 …………………………（215）
第一节　精神炼狱的感应栅栏与异质同构 …………（215）
第二节　精神中心主义与人类中心主义的坚硬内核 ………………………………………………（232）

下编　语言论视域中的科学话语与文学修辞

引言　语言乌托邦与社会存在的生存性状耦合 …………（257）

第一章　长恨人言浅　不如天意深 ……………………（274）
第一节　语言的天道赓续与人道运演 ………………（274）
第二节　危如累卵的文化通天塔 ……………………（287）

第二章　此中有真意　欲辨已忘言 ……………………（309）
第一节　科学沦为启蒙的神话　文学作为神话的移位 ………………………………………………（309）
第二节　同一性的原罪　差异性的救赎 ……………（318）

参考文献 ……………………………………………………（342）

后记 …………………………………………………………（346）

目录

导论　“两种文化”论争

> 1958年英国科学家C. P. 斯诺发表《两种文化》，断言自然科学和人文科学是互不相干的两种文化，鲜有共通之处。之后有文学批评家F. R. 利维斯，同样写了《两种文化》，称自然科学和人文科学理当互通。但是我们似乎从来只听到人文科学标榜它同自然科学的缘分，反之除了身不由己，自然科学永远不屑于拉哲学或者美学点缀自己，宣称它的成果是哪一种伟大路线促成。1996年美国《社会文本》杂志刊载过物理学教授苏卡尔的一篇文章，称近年来女权主义和后结构主义的批判已经揭开西方主流科学的神秘外衣，暴露了它隐藏在“客观性”之下的意识形态控制。文章引用爱因斯坦、玻尔、海森堡到德里达、拉康、德勒兹和利奥塔等等的219篇文献，阐明物理现实正像社会现实，本质上同样是一种社会和语言的建构。简言之，自然科学是人文科学的一个分支。苏卡尔本人作为一名科学家，居然有如此高见，一时叫人文科学家欣喜若狂。可是不出一个月，作者再次亮相，声明说他那篇文章纯粹是要作弄《社会文本》，看看这家人文科学的权威刊物，会不会只因投其所好，就采纳他这样一篇胡编乱扯的荒谬之作。果不其然，可怜的人文科学！

笔者在此引征沃尔夫冈·韦尔施《重构美学》中译本《译者前言》（陆扬、张岩冰）的这段令人感慨良多的文字①，旨在

---

① ［德］沃尔夫冈·韦尔施：《重构美学》，陆扬、张岩冰译，上海译文出版社2002年版。

将读者引入“两种文化”论争这一话题。

“两种文化”论争，倘若失缺哲学层面的监护与圆融，双方势必陷入谁也不能说服对方，谁也不能驳倒对方的僵持对峙状态。在人文学科遭受自然科学的打压和愚弄所引发的冲突面前，文学艺术领域乃至人文学术领域，普遍存在着对于科学技术的本能拒斥、陌生感甚至敌意，究其深层心理原因，其中较为隐秘的部分，可能是科学技术兴起之后，哲学、宗教、历史以及文学艺术等文化传统强势领域中心移位所引发的失落感与自卑感。科学思维的浪漫奇景、精密结构以及感觉敏锐、包容广博的优点常常被人文学科所忽视，而人文学科的非科学甚至反科学倾向则往往使其呈现出神经质的自恋、愤怒与感伤。人类从巫术、法术盛行的远古时代一直走到今天的科学技术时代，费尽九牛二虎之力，才真正有效（当然同时也是有限）地掌握了“掌控”自然世界的方法。在这一点上，自然科学与有荣焉，功莫大焉，也因此获得万学之尊的霸主地位。

科学实践所带来的巨大技术成果和实际利益，并非科学的初始动机。科学的产生一开始是由更好地理解自然的求知冲动所驱使的。自17世纪以来，科学开始在西方获得本体意义，开创了人类科技文明的新纪元，历短短数百年而成为全球文明与新生事物的主要源泉。据2000年8月9日《中国青年报》报道，修订两年而完成的《新华词典》2001年新版扩容科技，大大增加了科技用语的含量，以前《新华词典》百科条目占30%，这次修订后占50%。突飞猛进的现代科学技术具备开创勇气、富于想象力和健全理性的品格。科学精神是超越人类的狭隘视野、超越宗教、民族、政治党派、社会制度和文化传统的一种普适的和独立的精神。当下人类文明与以往文明之所以如此不同，重要的原因即在于科学技术的发展。工业社会以来三次科技革命——蒸汽机、马达、电脑的发明与使用，魔幻般地改变了人类的生活世界。其辉煌成就令人文学术领域的大师也产生这样的感慨：“科学是人的智力发展中的最后一步，并且可以被看成是人类文化最高最独特的成就。……在我们现代世界中，再没有第二种力量可以与科学思想的力量相匹敌。它被看成是我们全部人类活动的顶点和极致，被看成是人类历史的最后篇章和人的哲学的最重要主题。”① “宇宙力量被设想为无所不能又坚不可摧。希望、恐惧、祈祷皆不能使其消失，但是精英能够疏导它们并在某种程度上控制它们。这些专家的任务就是使人类适应这些力量，在他们中发展出对这种新秩序的不可动摇的信念，毫不怀疑地忠实于这种秩序，使之安全而永固。因此，引导自然力量并使人适应于新秩序的技术学科必须凌驾于人文研究，即哲学、历史与艺术研究之上。后一类研究充其量只能支持与装饰新制度而已。”② 倘若这样的见解出自科学家阵营，人文学者完全可以将持此观念者视为大言不惭的科学狂人而不屑一顾。然而这样的声音并非来自科学共同体，而是发自人文学术领域诸如恩斯特·卡西尔、以赛亚·伯林这样重量级的独具慧眼、远见卓识的有识之士。人文学者纵是不以为然，也不好意思不分青红皂白地给他们贴上科技崇拜、科技霸权之类的标签。事实上，真正的科学精神迥异于科学主义，反而使科学共同体不会轻易陷入科学理性主义、科学技术垄断、科学文化中心主义的困境。

科学技术的长足发展及其所创造的科技神话使人们深信，科学活动包含着人类求存与求真最进步的因素。哪怕在其他方面倒退的时候，科学却总是奋力向前，即使是缓慢而艰难的推进。科学成为人类的天籁与福音，科学技术的神奇力量使得科学家几乎成为现今人类唯一公认的立法者。

作为人文学术领域的一名普通从业人员，笔者常常喟叹科学技术作为人类文明史上曾经极度边缘性的活动，由于诸多超一流科学人士的努力，终于发展成为今天这样超一流的文明伟业。近现代科学成为人类社会与人类文明的一股重要力量，始于伽利略，因此只有三百年左右的历史。在此短暂历史的前半期，科学

① ［德］恩斯特·卡西尔：《人论》，甘阳译，上海译文出版社 2004 年版，第 286 页。

② ［英］以赛亚·伯林：《自由论》，胡传胜译，译林出版社 2003 年版，第 95 页。

始终是时代前沿学者的一种自由探索，尚未影响到常人的思想或习惯。一百五十年的现当代科学技术已证明，它比五千年的前科学文化更具有开拓性。而文学艺术以及人文学术领域，本来在应对人类精神存在与社会存在方面具有先天优势，拥有丰富而深厚的人类文明的传统积淀，可是由于精神存在与社会存在失稳的递弱代偿衍存属性远复杂于自然存在，且这一领域太多固步自封、因循守旧、以其昏昏使人昭昭、人品与才能远逊于科学家群体的人混迹其中，结果反而将人类这一得天独厚的传统领域搞成今天这样难以收拾的乱局，可谓使源远流长的人文大美，一落千丈，斯文扫地。人类文明在应对外部世界与内部世界方面所表现出的巨大反差，令人遗憾和费解。

今天，能够决定时代特征的事业均由能够决定时代特征的人所从事。显然，这个时代的缔造者可以是科学家或其他什么专业人士，但不再会是文学家与艺术家。人文领域长长的斜坡上晶莹的积雪开始融化，裸露出其鲜为人知不堪的一面。20世纪末，由BBC海选出的从公元1000年至公元2000年10个世纪以来的10大伟人，达尔文、牛顿、马克斯韦尔、爱因斯坦、弗洛伊德、阿奎那、笛卡尔、康德、黑格尔和马克思，科学家坐拥半壁江山，哲学家勉强能够分庭抗礼，文学家、艺术家居然无一忝列其中。毋庸置疑，自然科学已被放在时代动车驾驶和导航的位置上。自然科学一马当先，正在自然而然地成为万学之王，君临天下，如日中天，挟真理以令天下。科学赢得万学之尊，堪称人类文明的定海神针。屠格涅夫《父与子》中的巴扎罗夫（屠格涅夫杜撰“虚无主义”一词以称之）就曾这样作过比较与换算：十二个诗人也顶不上一个化学家。解剖青蛙比写诗更重要，因为巴普洛夫的解剖可以导向真理，而普希金的诗歌却不能。斯宾格勒在《西方的没落》中这样写道：“对我来说，数学和物理学理论的深奥与精辟是一种快乐；相形之下，美学家和生物学家就是蠢材了。”[①] 美轮

① ［德］斯宾格勒：《西方的没落》第一卷，吴琼译，上海三联书店2006年版，第42页。

美奂的人文天鹅绒如何砥砺现代人类思想的利刃？！

相对于人的感应属性，自然存在的递弱代偿衍存，远较精神存在的感应属性增益与社会存在的生存性状耦合来得平缓和悠远。生命世界与精神世界远较物质世界壮怀激烈，扑朔迷离，变幻莫测，充满更多的蝴蝶效应。生理的、心理的世界也远较物理的世界错综复杂，动荡不安，剪不断，理还乱。不懂文学真谛的人常常以科学发难文学。古希腊行吟诗人荷马一直因为常识上的错误和科学上的不准确而受到诸多质难。普林尼就曾这样发问：狗不能活过15年，那《奥德赛》的作者凭什么说尤利西斯有20年没见的狗认出了他呢？人们常常以这样蛮横的态度诘问诗人：春江水暖为什么是鸭先知而不是鹅或其他的什么东西先知？显而易见，这不仅不是在欣赏文学，也绝对不是在科学探索，而是近乎较真的抬杠，近乎抬杠的较真。罗素感慨五十年前或一百年前的文学知识在文化人中间是极普遍的，而现在则仅限于少数专业教授了。正如利奥塔所说的那样，在现代科技“知识的时尚”面前，在人文“知识分子的坟墓”里面，文学艺术或人文学科仅是“死掉的文科”。当人们无法理解相对论时，他们断定自己所受的教育不够。而当人们无法理解一首诗或看懂一幅画时，他们就断定那是一首糟糕的诗或一幅蹩脚的画。

“自歌德和黑格尔逝世以来的百年间，哲学和科学的内在危机日益表面化了，最能显示这一危机的或许就在自然科学和人文科学之间的关系中。”① 当代科学技术的超重与人文学科的失重已不容忽视。人们应当看到，科学文化显然不是也不该是人类文化的唯一建制。就算科学能够解释一切，那么科学本身是否需要解释？解释科学的不应是科学本身，能够解释它的又会是什么？“科学的统一性，照我们现在的理解——不管是通过把复杂的现象还原为基本的现象，还是通过一贯客观的合理性——可能必然意味着把那些不可能恰当地进行孤立、理想化，或充分客观评定

① ［德］恩斯特·卡西尔：《人文科学的逻辑》，沉晖等译，中国人民大学出版社2004年版，第83页。

的许多主要的关于人的事物或行为排除在外。把它们排除在‘科学性审查’的正当主题之外，从长期科学史的标准看来，我们的所作所为很有可能是害多益少。这不仅危及对它们的‘科学的’理解，而且更重要的，是危及科学本身的演化。”① 卡西尔对自己用数学、科学思维方式研究人类精神文化现象时遇到的挫折与教训进行反思，深刻地认识到，数理知识及“一般认识论，以其传统的形式和局限并没有为这种文化科学提供一个充分的方法论基础”，因此提出“认识论的全部计划就必须扩大”的主张（《符号形式的哲学》），即扩大到语言、神话、宗教、艺术等人类全部精神文化领域中去，因为在人类科学时代到来之前，人类曾度过漫长的非科学时代，在人类精神活动中，还存在着一个非科学、非逻辑、非理性充斥其中的心灵活动领域，这就是语言、神话、宗教、艺术等精神文化领域，因此除了纯粹的数理认识功能外，我们还必须努力去理解语言思维、神话思维和宗教思维的功能与意义以及艺术直观的功能与意义。这样，**卡西尔就完成了把康德的纯粹理性批判变成了文化批判的任务，扩大了哲学认识论的领域，使人类精神文化现象的研究从此有了不同于自然科学的、独立的认识论基础**。也就是说，现代技术是人类本质力量的体现，同样，古老的神话与宗教、巫术与法术以及源远流长的艺术，同样也是人类心灵奥秘的样本与化石，蕴含着人类精神生活乃至文明生态的DNA。

人类的精神存在与社会存在不是直接和简单地服从于科学法则的原子堆集，而是天道赓续，人道运演，感应属性增益与生存性状耦合的结果。人类的精神自由与自由意志也是科学理性的有限视界所无法容纳和简单化约的。尼采认为：科学的真理需要导致虚无主义，它转过头来拒斥科学。科学的求真意志如果陷入偏执狂式的牛角尖，则显然会落入于事无补的理性中心主义境地。科学时常只关心事物的量化及技术的应用，而不问其质及应用的

① ［美］加德纳·墨菲、约瑟夫·柯瓦奇：《近代心理学历史导引》，林方、王景和译，商务印书馆1980年版，第643页。

目的，把真同善、科学与伦理分割开来，剥夺了善、美、正义的普遍有效性，从而使其蜕变成异化人、奴役人的科学。韦伯在《科学作为一种职业》(1923) 一文中指出："科学既不适合处理价值观念，也无法回答个人生存意义问题。"胡塞尔在《欧洲科学危机与先验现象学》中对科学作了两大指控：(1) 现代科学已然堕落为实证主义。就是说，它抛弃哲学的高尚目标，只关心数据、操作和应用。这使它沦落为"科学残余"。(2) 现代科学取消了精神探索，又无意面对价值规范。为此，它注定要失掉对于人类生活的总体把握。而这种"被砍掉脑袋的科学"，终将威胁社会，加害于人类。罗素也曾指出：科学使我们从善和作恶的能力都有增加，因此也增加了抑制破坏性冲动的必要。凡此种种，进一步凸显出人文关怀的重要性。现代高等教育的缺陷之一，就是太偏于某些技能的训练，造就大量精致的功利主义者与实用主义者，而很少能通过正确而有效地观察世界来开阔人的思想和心灵。而作为实施中国当代高等教育的机构——高等院校，则大多沉溺在行政官僚化的急功近利的量化管理与科研数字表格化的学术游戏、学术堕落和学术腐败中而不能自拔。

自然科学提供的是一种专门化的技术性知识，而不是一种总体性的人生哲学。自然科学面对"硬事实"(后现代科学稍有不同，已开始涌现出一些不同于传统科学的"软科学"，如混沌学)，文学艺术则承载预防现实与人生单一与僵死的"软价值"。

联合国教科文组织关于科学与文化的关系报告指出：

> 一个多世纪以来，科学活动的部分在其周围的文化空间内已增长到如此的程度，以致它好像正在代替整个文化本身。某些人相信，这只是由于其高速发展而形成的幻影，这个文化的力线将很快重新申明自己并把科学带回到为人类服务中去。另一些人考虑，科学最近的胜利最终要给予它统治整个文化的资格，而且文化之所以能继续被大家知道，仅仅因为它是通过科学装置来传播的。还有一些人，被人和社会在科学的支配之下就会受到操纵的危险所吓倒，他们觉察到

在远处隐隐出现的文化灾难的幽灵。①

在部分人士看来，科学像是文化体内的癌瘤，它的增殖威胁着要破坏整个文化的生命。这也许有些危言耸听，但问题确实摆在面前：我们能否统治科学和控制其发展，或者说，我们是否会因其强大而被其奴役与异化。2016 年 3 月 9 日，一场捍卫人类智慧尊严的人机围棋世界大战在韩国上演。结果，人类的左脑败给了机器人。如今，对于我们自己种下的苦果，我们只好无颜以对地接受这一残酷的现实。无论种种控告所指的是科学的文化所渗出的全盘怀疑论，还是通过科学理论所得到的特殊结论，今天人们常常断言：科学正在使人类世界降格。几代以来，愉快和惊奇的源泉在它的一触之下而干涸，它所触及的一切都失去了人性的温润。② 这样的悲剧类似于古希腊点金术一类的神话。由此可见，科学知识受到批判并非由于它的局限性而是来自它的本质。

阿多诺认为，不存在从凶残到仁慈的普遍历史，但是确实存在着从弹弓到核弹的普遍历史。爱因斯坦指出，原子核链式反应的发现，正像火柴的发明一样，不一定会导致人类的毁灭，但是我们必须竭尽全力来防范它的滥用。非理性和破坏性地利用理性成就所造成的许多世纪性的大悲剧，已令人类刻骨铭心。如“二战”期间，地球上人类生产的钢铁几乎全部用于毁灭人类自身。如今，人类拥有的核弹头可以将人类炸回到旧石器时代，彻底摧毁地球 N 次，让人类完全找不到北。在今天的量子时代，温伯格提出“核子牧师”之说。我们为核能这种神奇的能源要社会付出的代价是，既要我们很不习惯的各种社会机构时时警惕，又要这些社会机构长盛不衰。苏联切尔诺贝利与日本广岛、福岛核灾难、核危机，是否能让我们相信，核能在技术上的危险微不足道，其威胁主要是社会和政治上的?! 在仅仅一百五十年

① 转引自［比］伊·普里戈金、［法］伊·斯唐热《从混沌到有序——人与自然的新对话》，曾庆宏、沈小峰译，上海世纪出版集团 2005 年版，第 33 页。

② 同上。

间，科学已经从鼓舞西方文化的源泉降为一种人类威胁。它不仅威胁人的物质存在，而且更狡猾地，它还威胁着要破坏深深地扎根于我们的文化生活中的传统和经验。受到控告的不是某种科学突破在技术上的附带成果，而是科学精神自身。爱因斯坦认为，我们时代的基本特征是（科学）工具的高度完善与（人文）目标的极度混乱。他曾意味深长地指出，没有科学的宗教是瞎子，没有宗教的科学是瘸子。19 世纪，科学家的著作中还经常引用宗教文献，如今，宗教却急于用科学为自己的信仰寻找证据。在宗教占统治地位的时代，坚持科学的独立性是必要的。而今天，在科学占统治地位的时代，坚持宗教的独立性或许也是必要的。因为信仰文明也是人类理性文明之外的重要一极。

卢梭在《论科学与艺术》中指出："有一个古老的传说从埃及流传到希腊，说是创造科学的神是一个与人类的安谧为敌的神。"① 在有关这一点的注释里，卢梭指出："我们很容易想到普罗米修斯那个故事的寓言：而希腊人是把他锁在高加索山上的，希腊人对他好像并不比埃及人对他们的神条土司具有更多的好感。一个古代的寓言说，撒提尔初次见到火，就想拥抱它，吻它；但是，普罗米修斯向他喊道：'撒提尔，你要为你脸上的胡须而哭泣的，因为谁碰到了它，它就会烧谁。'" 科学正是这种给我们带来光明与温暖同时又非常容易灼伤我们的天火与神火。卢梭曾经激越地认为："天文学诞生于迷信；辩论术诞生于野心、仇恨、谄媚和撒谎；几何学诞生于贪婪；物理学诞生于虚荣的好奇心；这一切，甚至于道德本身，都诞生于人类的骄傲。因此，科学与艺术都是从我们的罪恶诞生的；如果它们的诞生是出于我们的德行，那末我们对于它们的用处就可以怀疑得少一点了。"②

在一些人看来，自然科学世界是物质的、惯性的、机械的，

---

① ［法］卢梭：《论科学与艺术》，何兆武译，商务印书馆 1963 年版，第 20 页。

② 同上书，第 21 页。

而人文世界则充满着生命的跃动、心灵的自由和精神的创造。一些人甚至认为，如果没有牛顿，人类仍然迟早会发现三大运动定律，但如果没有莎士比亚，我们却永远不会有《哈姆雷特》了。“谁更伟大，艺术家还是思想家？音乐大师莫扎特不如解释声音的性质的理论家、物理学家赫尔姆霍兹吗？谁的一生更了不起，最伟大的英语诗人莎士比亚还是最伟大的英国科学家牛顿？今天我们回答这些问题时可能要费些踌躇。有时可能因为胆怯，干脆认为这些问题没有意义而拒绝回答。”① 不言而喻，一个神经质的人的痛苦可以在文学中得到精彩的描绘，但这并不是医学的成就。托尔斯泰明言，科学要求认识的统一，艺术要求情感的统一。科学技术是一种不断接力的群体事业，而文学艺术则是独辟蹊径的个体创造。但也有人认为，世界上当初只有那么几个顶尖科学家真正懂得爱因斯坦相对论，假如他们都死去，爱因斯坦相对论的真义就会在人间失传。

科学与人文的分化对立日益加深，科学成为具有更高可信度和创造性的知识，而人文学科只有借助科学的成果和理论资源才可能维系着自身的合法身份。相对而言，文、史、哲等古老的人文学科的吸引力降低了。文学越来越成为冷风景中挣扎着的苍凉手势。尽管笔者非常愿意将古老而美丽的文学视为万学之母或文化天后。在美与真的此消彼长中，科学理性精神使文学艺术高度祛魅。何谓祛魅？祛魅就是解咒，就是非神性化，就是祛除主观、心理、意义、价值、魅力等因素从而达到客观化、物理化、机械化、数字化，就是物质只是作为一次又一次地、无穷地被创造、毁灭又再创造的能量的形式，就是科技理性对自然、目的理性、价值理性的高度盘剥。后工业社会的机械复制以及美国波普艺术的领军人物安迪·沃霍的艺术理念与艺术实践，就充分体现出在科技与商业的深刻影响下，后现代艺术对传统艺术祛魅之后的艺术嬗变。安迪·沃霍的坎贝尔汤罐、可口可乐序列画以及玛

① ［美］威廉·巴雷特：《非理性的人——存在主义哲学研究》，杨照明、艾平译，商务印书馆1995年版，第88页。

丽莲·梦露头像之所以堪与达芬奇的蒙娜丽莎、毕加索的亚威农少女相提并论，就在于祛魅后的波普艺术如艺术暴动一样向传统和高雅艺术的裆部踹去，使其失势之后顿失体面与尊荣，一屁股颓坐于浮华都市的商业大街之上，从而使后现代艺术的大教堂得以在商业主义与消费主义的中心美国纽约落成。

近代以来，历史上每一时代的文化都深受科学技术的影响，科学的世界观和方法论都对文学艺术或人文学科有着明显的渗透。席勒曾悲叹科学使自然非神圣化，尼采也曾因人类文化逐渐失去酒神精神而悲哀，并希冀着“科学走到山穷水尽”的那一天。在歌德《浮士德》的第二部中，最后使得浮士德成为过时人物的那个技艺高超的魔鬼，就是整个现代社会体系的缩影与象征。人类力图用科学和理性来扩展自己的力量，却使得恶魔似的力量非理性地爆发出来，超出了人的控制，并带有令人恐怖的后果。如果有外星人光临地球，他们会对地球人的物质文明与精神文明的不对等不平衡大惊失色。人类应该如何收拾这样的文化乱局？卢梭告诫人类：物质财富的作用就是使人看不到精神的空虚。生存及其意义的安顿，**构成人类不变问题的可变探索以及与之相关的文化实践**。科学技术与文学艺术，是否可以，如何才能缓解我们生存的压力以及生存意义与价值的焦虑？

人文学科在要求享有与自然科学同等权力时总是畏畏缩缩，羞羞答答，显得底气不足。人文工作者的存在感、使命感、成就感、优越感越来越低到尘埃里去。一些人习惯于将科学与人文之间的关系视若水火。科学技术与文学艺术是否不共戴天的冤家对头？科学技术与文学艺术是否因为南辕北辙而注定分道扬镳？问题显然没这么简单。然而，很长时期内，哲学既不能取得这种统一性，又不足以阻止分裂的不断扩大。在没有哲学进行监护的情况下，自然科学与人文学科如何和睦相处？科幻类型的文学艺术很容易使我们想到科学技术与文学艺术的精彩联袂。比如雪莱夫人玛丽的科幻小说《弗兰肯斯坦》。再比如好莱坞《星球大战》、《黑客帝国》之类数不胜数的经典科幻电影。在这个科学威力如此强大足以使人类其他一些方面的实践活动成为它的副现象或不恰当的延伸的时代，文学与科学之间当然存在着一种史无前例的矛盾关系，这种对立与紧张，在笔者看来，不仅不是一种不幸与灾难，反而正在给人类的生存带来新的思考，使得人类在新的社会历史条件下可以诉求新的融合与和谐。“拒绝与科学和哲学结伴的文学是一种毁灭性的而且是自我毁灭的文学，人们明白这一点的日子已为期不远了。”① **科学使人类获得非生物本能的智慧，走向非生物本能的生活，从某种意义上说，科技含量也可转化为人文涵养，任何人类探索，都是对世界的人化，都是意义与价值的赋予，科学也是终极关怀的重要实践**。唯其如此，国际著名比较文学学者佛克玛、易布思夫妇在他们的论著中认为自然科学也是人文学科。这种互动的可能性，体现为当代人文学科科学化的同时，自然科学也在经历着人文化。后现代科学开始对现代科学进行深刻反思，并将混沌、随机、偶然、不确定等现象作为重要研究对象与范畴，割断了现代科学与祛魅之间必然的联系，为科学的返魅开辟了道路。这主要表现在四个方面：关于科学性质的新认识；关于现代科学起源的新认识；科学本身的新发展；对身心问题的新思考。现代美学，如今也已留出一席之地，以供探讨富于实验美、公式美以及理论美的科技美。对于有着科学修养和人文情怀的人来说，科学与人文之间，如今已绝非简单对立得像是一枚硬币的正反面。随着科学返魅时代的到来，一种人类有史以来最为崭新的文化也许不久将会产生和形成，人类正在倾听它力争说出的东西，它是身处根本处境之中的一种特殊方式，它正在赋予那些没有发言权而在寻找发言权的人们以力量。

第二次世界大战之后，两位德国学界领袖，法兰克福学派的阿多诺与存在主义哲学大师海德格尔，一左一右，各有所顾，均看到了科学理性带来的人文灾难，竟不约而同地将“诗”当成战后哲学第一命题。阿多诺仰天长叹：“奥斯维辛之后，欧洲不复有诗。”海德格尔则相继写下《技术的追问》、《技术与转折》、

① ［德］瓦尔特·本雅明：《发达资本主义时代的抒情诗人》，王才勇译，江苏人民出版社2005年版，第40页。

《科学与沉思》，反思与质疑科技文明的合法性，剖析其影响人与自然的缘构方式，要求恢复科学之外的诗性直观、原始感悟的生存权力。在科学家眼中，一棵苹果树不过是一堆叶绿素、分子链以及光合作用。甚至整个世界都可以被化约为引力、电磁力、强核力、弱核力等四种力和质子、中子、电子、光子四种基本粒子。而诗与文学，文学与艺术，则思科学所不思，得科技所不得，体味存在，道出神奇。科技与诗思，作为富有张力的一对范畴，恰好印证了《庄子·天地》中的一则神话："黄帝游乎赤水之北，登乎昆仑之丘，而南望还归，遗其玄珠。使知（智识）索之而不得，使离朱（视觉）索之而不得，使契诟（言辩）索之而不得也。乃使象罔（混沌），象罔得之。黄帝曰：'异哉，象罔可以得之乎?'"存在的真谛（玄珠），科学真理（知）索之而不得，离朱、契诟等也无能为力，诗、文学、艺术（象罔）却索而得之，大显身手！钱锺书认为，文学如"天童舍利，五色无定，随人见性"。

科学和艺术探究的是同一个世界。两者都面对着世界存在和人类存在的复杂性与神秘性，并试图对此加以不同的认识和表达。古希腊最初的一些哲学著作就是用诗歌写成的。贺拉斯·沃尔波尔认为，世界对于思考的人来说是喜剧，对于感觉的人来说则是悲剧，这就说明了德谟克利特为什么会笑，而赫拉克利特为什么会哭。法国启蒙主义哲学家狄德罗认为，真、善、美是些十分相近的品质。在前面两种品质之上加上一些难得而出色的情状，以美启真，真就显得美，以美储善，善也就显得美。科学史家萨顿则将分别对应于真、善、美的科学、宗教与艺术的关系形象地比喻为一个金字塔的三个面，当人们站在塔的不同侧面的底部时，它们之间的距离很远，但当他们爬到塔的高处时，它们之间的距离就近多了。在这种观念中，显然，随着高度的不断上升，真、善、美将愈发接近，并在最高点达到理想的统一。

一些论者认为，"两种文化"的冲突，在很大程度上起源于近现代自然科学中没有时间观点与在大多数社会科学和人文学科中普遍存在的关于时间定向的观点之间的冲突。这种冲突导致在近现代自然科学的深刻影响下社会科学和人文学科有关存在与时间的有机融合碎裂为存在与虚无的价值崩溃。还有一些论者认为,“两种文化”相互对立的原因之一,在于人们相信文学对应着“虚构”,而科学似乎是表达客观的“实在”。文学是“失事求似”,科学是“实事求是”(郭沫若语)。量子力学使我们懂得,情况并非如此简单,在所有层次上,“现实”都隐含着一个基本的概念化要素。“原子世界里的运动不可描绘,甚或不可想象——即不能从普通的经验中引出合适的模型或类推。我们必须警惕,不能错误地将科学的抽象当成现实世界。一些著述者认为,理论根本不是实在的复制品,而仅仅是一些用来解释实验资料的‘精神构造’或‘有用的虚构’”。[1] 长期以来,**人类常常误将自己观念性的认识混同于现实性的事实**。人类一直处在种种臆想性的稳定性幻觉与错觉之中。20 世纪以来的科学哲学,逐渐认识到科学概念、模式和理论的选择性、抽象性、象征性、虚拟性。霍金在《大设计》中得出一个重要结论:不存在与图像或理论无关的实在性概念(There is no picture-or theory independent concept of reality)。所谓“客观”,有如一则神话,纯属想象与虚构,客观也是观,凡观则有点,观则有念,观即是看,看则有法,因此即使标榜为“客观”,其实也难免不落于主观之窠臼,意识形态之范畴。科学观念只不过是一种观念,一种世界观而已,“科学概念就是客观真理”的看法是错误的,把“主观”和“符合现实”对立起来也是不对的。科学团体是由人构成的,因而其他人类团体所具有的歪曲、算计、权术和其他非理性的因素也同样在科学团体中起作用。当下第三科学的关键点就是科学家的参入。马勒《科学与批判》认为,科学首先是科学家们的创造活动。科学家们是具有一定性格和气质的人。他们有着特别的兴趣和一定的倾向性。个人品味与风格对科学研究非常重要。更重要的是,科学是一定类型的脑力和精神的创造,它对某一现

① [美] 伊安·G. 巴伯:《科学与宗教》,阮炜等译,四川人民出版社 1993 年版,第 3 页。

象感兴趣，而对另一现象漠然置之，不喜欢那些看上去“杂乱的资料”。科学不予承认的东西在我们的文化中很难被认为是知识。**最重要的是，科学是文化的创造，是有着特殊利益的社会创造，是不同于文学虚构的另一种“虚构”**。现实世界里谁也没见过的科学范式中的基本粒子电子、光子、质子、中子，多么像神话世界里的小天使与童话世界里的小精灵！在大学里，特别是在各种人文学科中，人们以为，**如果没有实在世界，那么科学就与人文学科处在相同的基础上**。**它们二者都处理人类感应属性构成物，而不涉及独立的实在**。**从这样的设定中，各种形式的后现代主义、解构学说等等很容易地发展起来，因为它们完全被从必须面对实在世界的那些绳索和限制中解放出来了**。**因此后现代理论家们大声呼吁：如果实在世界仅仅是一种发明——一种设计出来旨在压迫边缘性的社会成分的社会构造——那么就让我们摆脱实在世界来构造我们所需要的世界吧！这也许正是20世纪末反实在论背后的真正的心理驱动力**。“科学在思想中给予我们以秩序；道德在行动中给予我们以秩序；艺术则在对可见、可触、可听的外观之把握中给予我们以秩序。”[①] 总之，自然存在、精神存在、社会存在生生不息，人类的生存是依存性的，依附于瞬息万变的因果与时空，人类时时刻刻都得应变与应对方能图存。**存在性蕴含着感应性，感应性支撑着存在性，人类不论求真，求善，还是求美，最终都可以追溯和统一于求存之中**。

纵观世界文明史，人类历经两大时代：神话的魔力时代与科学的技术时代。神话思维中的因果范畴和科学思维中的因果范畴是不同的。神话不仅是人类文化的过渡性因素，而且还是永恒性因素。神话是人类文化的原点。弗莱认为文学不过是神话的移位而已。列维－斯特劳斯认为原始思维和现代思维不存在高低之分。西方乃至整个人类思想的重大转折，是从神话思维、野性思维、图腾思维、巫术思维等原始思维模式向抽象思维、理性思维、科学思维等现代思维范式的嬗变。西方哲学史上，理性概念

---

① ［德］恩斯特·卡西尔：《人论》，甘阳译，第232页。

的冲突分裂，始于逻各斯与奴斯（Nous）。早在柏拉图、亚里士多德著作中，逻各斯已是客观尺度：它超越人欲，对世界加以规范。与之相对，奴斯则是一种生命本能与冲动：它饱含主动性、创造性，从而造成天下万物的无尽变化。弗洛姆对逻各斯与爱洛斯（爱欲）的精彩论述，也体现了这一情形。现代社会是受一种无意识的需要驱动的，代表控制着社会、将所有事物归复到虚无状态的那些人的利益，他们所说的理智和理性，不过是控制生命中的爱欲力量的一种伪装的方式。爱欲出自古希腊创世神话，它代表原始混沌，被古希腊人奉为交媾生育之神。作为酒神与爱神的儿子，Eros 也被视为一个解放者。罗马人改称他为爱神朱庇特。柏拉图《会饮篇》将 Eros 比作哲学：它的父亲是 Poros（富裕），母亲是 Penia（贫穷），而它永远在流动中孕育成长。柏拉图美化爱欲，视其为人类神秘起源。福柯却在《性史》中，改以适当距离审视它，使之变成家常便饭，或狄奥尼索斯天天忍不住要犯的毛病。马尔库塞在《爱欲与文明》中指出：压抑已不是人的第二自然而成了人的第一自然。人出卖自己的单一性通过社会兑换成生活的全面性。妓女完全可以作为现代理性社会的隐喻。尼采则认为，历史并非理性进步，而是权力游戏，其中“一无道德根据”。理由是胜者王侯败者寇。

随着科学的发展和时间的推移，文学与哲学在经过一段时间的分家后（当然这种“分家”常常是不彻底的，因为任何需要并以种种方式铺设终端的博大的思想体系似乎都很难完全避免形而上的猜想，而诗化是形而上学的特征之一），当今又呈现某种程度上的重新弥合之势（如德里达和保罗·德曼等解构主义思潮）。现当代一些有影响的哲学家们把语言看作存在的居所（如海德格尔），因而标榜自己摆脱了系统哲学的束缚。然而，他们其实并没有走出西方传统文化的氛围，仍然在逻各斯和秘索思这两个互立、互连、互补和互渗的魔圈里徘徊。维特根斯坦从神秘性走向解说的信心，而海德格尔则从反传统走向“诗”和“道”的神秘性。秘索思是人类心灵的居所。当海涅宣布“只有理性是人类唯一的明灯”时，我们不能说他的话错了，但它只是表述了人的自豪以及**西方近现代以来患上的理性强迫症、逻辑强迫症**。然而，这位德国诗人或许没有想到，每一道光束都有自己的阴影（威廉·巴雷特语），因而势必会在消除黑暗的同时造成新的盲点，带来新的困惑。人需要借助理性的光束照亮包括荷马史诗在内的古代秘索思中垢藏愚昧的黑暗，也需要在驰骋想象的故事里寻找精神的寄托。这或许便是我们今天仍有兴趣阅读和理解荷马史诗的动力（之一），也是这两部不朽的传世佳作得以长存的“理由”。我们肯定需要逻各斯，但我们可能也需要秘索思。文学的放荡不羁曾经催生并一直在激励着科学；我们很难设想科学进步的最终目的是为了消灭文学，摧毁养育过它的摇篮。可以相信，秘索思和逻各斯会长期伴随着人的生存，使人们在由它们界定并参与塑造的人文氛围里享受和细细品味生活带来的酸甜苦辣与自然本质上的和谐。后现代思想家利奥塔将人类知识分为两大类：叙事知识与科学知识。人类的叙事能力，发源于童谣、情歌、占卜、祈祷、部落神话。作为口耳相传的古老知识，它质朴温和、宽松不拘，一如老祖母苦口婆心、给咿呀学语的孩子讲故事。它的偏爱感性恰好与偏重理性的科学知识话语形成鲜明对照。结构语言学认为：叙事游戏虽然对语言能力的要求不高，但它包含着丰富的道德价值和情感价值（像正义、善良、高尚和美），兼容各种语言游戏规则（诸如指示、描述、质询、评价）。另外，通过说、听、指三角传输，叙事构成广泛的社会交往，以及文明社会内部不可或缺的人际制约。与之不同，科学就像老祖母膝下的一名聪明后生：它生性孤僻，不食人间烟火，一心要追索理念、描述规律、限定真理。为此，它抛开柔弱情感和杂乱规则，只玩一种高级游戏，即真理陈述。科学的无情，令它无法构成广泛包容的社会交往，只能作为学者或科学家之间的高深对话。①

梅洛-庞蒂在法兰西学院院士就职演说中指出：黑格尔是近

① 参见赵一凡《西方文论讲稿——从胡塞尔到德里达》，生活·读书·新知三联书店2007年版，第56页。

一个世纪以来哲学上的一切伟大成果的根源。譬如马克思主义、尼采、现象学、德国存在主义和精神分析学的成果，就是这样。黑格尔美学是德国古典美学的高峰，也是柏拉图、亚里士多德以来整个西方传统美学的集大成。现代西方哲学与美学的基本方向就是反黑格尔、逐步脱离黑格尔影响的方向。黑格尔美学首先是一种理性主义美学。美是理念的感性显现。从这一中心定义和基本构架，我们可以看到在黑格尔的美学中，是理性决定感性、派生感性，并与感性融化统一，才创造出美的艺术。黑格尔的理性主义，是人本主义的理性主义。但黑格尔也开创了对于非理性主义的探索尝试，并将非理性纳入更广泛的理性范畴之中，从而使对于这种更广泛的理性的探讨，成为此后美学的重要任务。**表面上不一定强调人，实质上把人局部的非理性的生理心理功能（如意志、欲望、直觉、情感、人格等）和精神本质夸张到引人注目或令人瞠目结舌的程度，正是现代人本主义的显著特征**。现代人本主义美学的基本特点就是非理性主义或反理性主义。正是在理性错误地确信它已宣判非理性应该保持沉默的艺术作品中，非理性的至上事业获得了新的生命，以控诉它起初被不公正地清除出去的那个逻辑的和规范的世界。《战争与和平》中，托尔斯泰道出一句警世名言：假如承认人类生活是由理性主宰，它的可能性即遭摧毁。海德格尔哲学的起源的一个首创性比喻是他把现时代描述成一个遭受双重抛弃之苦的时代：已逃逸的诸神的不在场和即将降临的诸神的迟迟未见。海德格尔认为艺术就是把人重新带回存在的亮光之中，而这亮光，绝非理性之光，而是诗意栖居。在福柯看来，艺术作品超越自身进入世界的那一刻是世界历史的重要时刻。它代表着被压抑者的重新崛起、狄奥尼索斯真理的发布，以及理性旷日持久的恐怖统治的行将结束。

西方文明是由两希文明即古希腊文明和希伯来文明源构而成的。古希腊文明的核心是理性，希伯来文明的核心则是信仰。希腊人关心的是知识，希伯来人关心的则是实践。希腊人最终关心的是正确的思想，希伯来人最终关心的是正确的行为。对于希腊人来说最重要的是智力的自发和富于启发性的作用，对于希伯来人来说，人生至高无上的是义务和良心的严格性。希伯来人把美德视为人生的主旨和真义，而希腊人则使之从属于智慧。正如阿诺德所正确表述的那样：对于亚里士多德来说，美德不过是引向智慧的游廊和通道，与之一起，最后才是幸福。希伯来人给了人类法律和信仰，希腊人给了人类哲学和科学。希腊的明朗渗透进了希伯来的美妙，希伯来的美妙软化了希腊的明朗。人类存在的中心该放在哪里：圣保罗把中心放在信仰上，亚里士多德则放在理性上，这两种概念有天壤之别，表明从一开始基督教对人的理解就与希腊哲学家迥然不同，虽然很久之后思想家们试图跨越这条鸿沟。在《圣经》中，人的心灵深处，潜伏着某种不安，而这在伟大的希腊哲学家们给予我们的关于人的概念中是找不到的。这种不安指向人类存在的另一领域，一个比行和知、道德与理性的对比更为重要的领域，福音真理。希伯莱文化并不包含永恒的本质领域，那是希腊哲学为了依靠理智从时间的邪恶中解脱出来，通过柏拉图而创造的。这种永恒本质的领域只有对超然的智者来说才是可能的。这种人，用柏拉图的话来说，是“所有时代和所有存在的观察者”。年轻的柏拉图希望不惜一切代价在永恒中找到一个庇护所，以逃避时间的无常和劫掠。因此，数学科学对他具有极大的吸引力，因为，它打开了永恒真理的一片天地。在这里，至少在纯粹的思维中，人能逃避时间。理念使人能进入永恒的领域。这种把哲学家看成最高类型的人——能够从永恒的优越地位观察所有时代和存在的专事理论探讨的智者的观念，对于犹太文化中关于具有信仰的人的概念来说，完全是陌生的。**斯宾格勒认为欧洲南方心灵是阿波罗式的，而北方心灵则是浮士德式的。斯宾格勒称西方文化为浮士德文化，是一种浮士德式的心灵和精神的表现，这种心灵或精神最典型的特征就是对无限的渴望，对深度经验的执着，其象征体现在政治中，就是以贵族为主导的王朝政治，体现在科学中，就是数学中的微积分和物理学中的动力学，体现在建筑中，就是贵族的城堡和僧侣的哥特式教堂，体现在绘画中，就是透视法的发现和肖像画的盛行，尤其是，如果说古典艺术是以裸体雕塑最能体现其心灵对“实体”**

的关注的话，那么，西方艺术则是以音乐最能体现其心灵对无限的渴望。[①]

哲学文化对于我们审视科学与文学这两种重要的文化形态起着尤为关键的作用。“哲学曾经是科学之母，并对科学思维的合理性进行了基础性的论证；而科学思维却反过来以其经验主义排除了哲学上的先验主义，以理性主义排弃信仰主义，使哲学退缩至人本主义反思之一隅。从而，不是科学而是哲学及其他信仰体系的合理性受到质疑。”[②] 科学挟真理以令人神，与上帝分一杯羹，分庭抗礼、平起平坐甚而后来居上，害得上帝他老人家也无法在必然性之上发号施令。然而，哲学上的默认点比经验世界的常识更根本。它昭示着存在问题与认识问题也即存在性与感应性的孰先孰后、孰轻孰重这一根本与核心的问题。我们常常遇到两个默认点之间的冲突、逻辑之间的不一致，例如我们设想我们具有一种排斥因果决定论的自由意志，与此同时我们又设想我们的所有行为都有决定论的因果解释。**人类的认识行为与认识结果不可能一劳永逸地在理论与逻辑上自洽，他洽，众洽与续洽**。哲学史的很大一部分是由对这些默认点的非难所构成的。一些伟大的哲学家往往由于反对别人认为是天经地义、不言而喻的东西而著名。单一的存在论或认识论均无法有效解决这一难题。哲学绝非心灵的纯智力活动。哲学应该是研究人类最重要问题的学问。古代哲学起源于惊讶。为什么惊讶？存在居然是这样的？为什么是这样的？好奇心试着去认识和理解。苏格拉底认为，好生活始于好奇，未经审视的生活不值得过。这也正是维特根斯坦所说的哲学起源于疑惑。然而好奇害死猫，潘多拉的好奇心驱使她放出了世界上所有的罪恶和疾病。哲人斯宾诺莎告诫人们：不要讥笑、不要哭泣、不要诅咒，而要理解。佚名的《德意志神学》里有这样一个有趣的观

---

① ［德］斯宾格勒：《西方的没落》，吴琼译，参阅译者导言和［美］露丝·本尼迪克特《文化模式》，生活·读书·新知三联书店 1992 年版，第 36—37 页。

② 吴予敏：《美学与现代性》，人民出版社 2001 年版，第 111 页。

点：亚当就是吃二十个禁果也不会有任何不幸。知识不可能带来任何丑恶的东西。黑格尔也认为撒旦之蛇只是引诱了亚当夏娃但并没有欺骗他们。然而，人类却因此永远失去了乐园，致使现代哲学扎根于绝望与虚无。在亚当选择去咬那个苹果之前，他身上出现了一个张着大嘴的深渊，他从在虚无的背景下采取某种行动之中看到了自己自由的可能性，这个虚无既迷人，又可怖。克尔凯郭尔认为，只有达到绝望的恐惧，才会发展人的最高力量。伍迪·艾伦电影里的绝望大师充分地表现了这种绝望：我大部分时间都不快乐，其余的时间则是一点也不快乐。生命是由恐怖和悲惨两部分组成的。大多数时候，人类都要面对一个十字路口：一条通向绝望和彻底的失望，另一条通向完全的消亡。斯宾格勒指出，每一种宗教，每一种科学研究，每一种哲学，都是从这种恐惧中产生出来的。必然性在驾驭自然界么？知识和理性一定使人幸运和幸福么？当柏拉图说，肉体是一座坟墓，而从事哲学活动是学着去死，他并不是危言耸听。对于柏拉图来说，整个哲学的冲动发源于对从世界的邪恶和时间的灾难中挣脱出来的强烈追求。陀思妥耶夫斯基《地下室手记》也描绘了人类这种绝望的境地：理性就像石屋看似给人以确定感和安定感，实是无期监禁，廉价的安慰与虚幻的解放，逼人以头撞墙。这也颇似鲁迅笔下囚禁狂人的铁屋，黑暗坚实加上深度睡眠至不醒。知识没有把人引向自由，知识使我们向必然妥协，知识奴化了我们，给永恒真理以“任意洗劫”。大自然不管你喜欢不喜欢它的规律。经验为我们表明了存在着什么，但是它不能告诉我们，存在必然应当如此存在（正如它存在着的那样，而不是另一番模样）。人的怯懦不可能忍受疯狂和死亡给我们讲过的故事。于是芸芸众生纷纷以身护墙。葛兰西认为，在一生中的某个时候，每个人都是哲学家。在哲学产生以前，人们更多地倚赖希望、祈祷、梦幻、命运和预兆，而不是以疑问来作为安排和指导生活的手段。真正伟大的哲学家始终代表着人类心灵和智慧所达到的高度，并为无数同时代和后来的人开辟出可能性。“哲学没有任何卑微的动机，而是以这类礼品欢迎最为高尚的人。”① 哲学中有太多不变问题的可变回答。诸如唯心论、唯灵论、唯理论、唯物论、唯能论、外部实在论、真理符合论等等。**哲学问题日益发现自己被转变为科学问题和实际问题**。**许多哲学的成果都是为了把问题加以修改从而使之成为科学问题的努力**。比如“什么是时间?”这个问题，成了一个高级物理学的问题。哲学和科学这些关系说明了科学为什么常常总是正确的，而哲学为什么常常总是错误的，以及哲学为什么往往显得没有任何进步的原因。其实哲学也在发展和进步。**哲学**的发展与进步往往表现在**使本来不太明显的胡说变成比较明显的胡说**。在这一点上**文学**恰恰与哲学背道而驰：**把本来明显的胡说（想象与虚构）变成不太明显（甚至以假乱真）的胡说（假作真时真亦假，无为有处有还无；用语言或对语言的弄虚作假）**。所谓故事里的事说是就是，不是也是。哲学问题一般都是以缺乏普遍接受的程序加以解决的那些问题，这一事实也说明了为什么哲学没有一套得到共识的专家意见的缘由所在。**一旦我们确信在某个领域中真的有了知识和理解，我们就不再把它叫作“哲学”而开始把它叫作“科学”了，而一旦我们做出了某种确定的知识进步，我们便认为自己有权力把它称之为“科学的进步”**。说明这一点的一个很好的例子就是生命的性质问题。这个问题曾经是一个哲学问题，但是，当在分子生物学方面取得的进展使我们能够把曾经被看作巨大奥秘的问题分解成一系列较小的、容易处理的、具体的生物学问题并加以回答时，它就不再是一个哲学问题了。从 17 世纪以来，随着人类不断发展系统的方法来研究自然，科学知识的领域有了巨大的增长。这种情况使许多思想家产生一种错觉，以为自然科学的方法，特别是物理学和化学的方法可以普遍地适用于解决那些最使我们感到困惑的问题。这种乐观主义最终被证明是欠妥的，而那些使古希腊的哲学家们感到困惑的哲学问题——例如关于真理、正义、美

① 苗力田主编：《亚里士多德全集》第二卷，中国人民大学出版社 1991 年版，第 606 页。

德、幸福生活等问题中的大部分至今仍然是我们所讨论的问题。哲学最普通的入门书就是让初学者浏览一系列著名的哲学问题，诸如存在与感知问题、自由意志问题、身心问题、怀疑论问题和知识问题（语言学、阐释学）等等。

古希腊智者高尔吉亚（顶级诡辩家，齐名的还有普罗泰戈拉）提出三个原则：A. 无物存在；B. 就是有物存在也不可认识；C. 就是认识了也不可表达。由此提出了三大问题：存在、认识、表达。很有趣的是，西方哲学史上也恰好形成与之相对应的三大阶段：A. 古代存在论（本体论）；B. 近代主体论（认识论）；C. 现当代语言哲学（语言论）。即：哲学家们首先思考世界的存在，然后对认识世界的主体和方法加以反思，最后关注表达这种认识的手段，并发现表达不只是个手段问题，也就是说，从本体论到认识论到语言论，看似历史的线索，实际上并不是一个时间上的线性关系，其间也不存在任何意义上的"进步"问题，因为从逻辑上看，表达问题恰恰是在先的。古代存在论探讨"有—无"问题；近代认识论聚焦"可知—不可知"问题；现当代语言论锁定"可说—不可说"问题。德国当代哲学家卡尔-奥托·阿佩尔认为，按问题中心的转换，可以这样来划分西方哲学的三个历史阶段：古代哲学（存在论）以"对物的本质分析"为根本问题；近代哲学（知识论）的根本任务是"意识分析"；而当代哲学（语言论）以"语言分析"为己任，语言哲学是当代的"第一哲学"。语言哲学又催生了现当代阐释哲学与文化哲学。其实不论有多少哲学形态，哲学有两个最根本的核心问题：一、存在的本质是什么？二、根本而言，人如何进行认识？

中国当代自由学者王东岳（笔名子非鱼）《物演通论——自然存在、精神存在与社会存在的统一哲学原理》[①] 指出，人道是天道的赓续，人性是物性的绽放。不论哪种文化范式，都不过是

---

① 子非鱼（王东岳）：《物演通论——自然存在、精神存在与社会存在的统一哲学原理》，陕西出版集团、陕西人民出版社 2009 年版。从某种意义上说，王东岳先生是笔者的精神导师与学术偶像。

人类感应属性增益、人类生存性状耦合，最终归结于自然存在的递弱代偿衍存的存在度递减、存在性失稳的弱化过程。人类文明的过程，就是以人祸代替天灾的过程，就是问题越解决越多、越解决越糟的过程。自然存在、精神存在、社会存在具有物演意义上的统一哲学基础。科学技术与文学艺术可以在这样的哲学基础上得以深入阐发。这也正是本论著从本体论、主体论以及语言论视域探求科学技术与文学艺术两种文化之间的异同及其价值与意义的缘由之所在。本论著借鉴王东岳先生的哲学认知框架，超越此类问题研究的传统路径，视域宏大而开阔，广泛吸收学术与文化的研究成果，论著分为三编，论述科学与人文三大核心问题：上编为本体论视域中的科学真理与艺术真实；中编为主体论视域中的科学认知与审美体验；下编为语言论视域中的科学话语与文学修辞。

上　编

本体论视域中的科学真理与艺术真实

引言　本体乌托邦与自然存在的递弱代偿衍存

弗莱堡学派最名著的代表人物之一李凯尔特（1863—1939）在其论著《文化科学和自然科学》（1899）中指出：

> 自然界中没有任何飞跃。一切都在流动着。这是一个古老的原理，而且事实上这个原理适用于物理的存在及其特性，也正如适用于心理的存在一样，因而也适用于我们直接认识的一切真实的存在。每一个占有一定空间和一定时间的形成物，都具有这种连续性。我们可以简要地把这一点称为关于一切现实之物的连续性原理。
>
> 但是，还有另外的情况。世界上没有任何事物和现象是与其他的事物和现象完全等同，而只是与其他的事物和现象或多或少相类似；而且，在每个事物和现象的内部，每个很小的部分又是与任何一个不论在空间和时间方面离得多么近或者离得多么远的部分不同的。因此，正如人们所说的，每个现实之物都表现出一种特殊的、特有的、个别的特征。至少任何人都不能够说，他在现实中曾经看到某种绝对同质的东西。一切都是互不相同的。我们可以把这一点表述为关于一切现实之物的异质性原理。
>
> 显然，这个原理也适用于每个现实之物所表现出的那种渐进的、连续的转化，正是这一点对于现实的可理解性问题十分重要。不论我们往哪里看，我们都发现一种连续的差异性。正是异质性和连续性的这种结合在现实之上盖上了它自

> 己固有的“非理性”的烙印，这就是说，由于现实在其每一部分中都是一种异质的连续，因此现实不能如实地包摄在概念之中。如果人们给科学提出精确地再现现实的任务，那只会显现出概念的无能为力，而绝对的怀疑主义便是当反映论在认识论中居于统治地位的时候所产生的唯一的、当然的后果。
>
> 因此，不能给科学概念提出那样的任务，而是必须询问：科学概念如何获得对现实之物的把握权力；而这个问题的答复也是显而易见的。只有通过在概念上把差异性和连续性分开，现实才能成为“理性的”。连续性可以在概念上加以把握，只要它是同质的；而异质的东西也能成为可以把握的，只要我们能够把它分开，从而把它的连续性变成间断性。于是，在科学面前甚至出现两种恰恰彼此相反的形成概念的方法。我们把每个现实中的异质的连续性，或者改造为同质的连续性，或者改造为异质的间断性。只要这一点能够做到，也就可以把现实称为理性的。只是对于那种想要反映现实而不改造现实的认识来说，现实才始终是非理性的。①

> 我们之所以能够从非理性的现实过渡到理性的概念，只是因为我们省略了那些不能加以数量化的东西，我们永远不可能倒回到质量的、个别的现实。因为，我们从概念之中只能得出我们放进去的东西。②

在这部经典力作中，李凯尔特将自然与文化对立起来，按照他的观点，自然是那些从自身中生长起来的、诞生出来的、自生自长的东西的总和，其存在的“连续性”与“异质性”原理为其打上“理性”“概念”所无力“再现”的“非理性”烙印。

---

① ［德］李凯尔特：《文化科学和自然科学》，涂纪亮译，商务印书馆 1986 年版，第 31—32 页。

② 同上书，第 110—111 页。

文化则或者是人们按照预定的目的生产出来的（如“通过在概念上把差异性和连续性分开”，将“一切现实之物”加工、改造、转换成可以“把握”、“含摄”的“理性”内容），或者虽然早已存在，但至少由于它所固有的价值而为人们特意保护着的。李凯尔特特别强调“价值”概念，认为价值是区分自然和文化的标准：一切自然的东西都不具有价值，不能看作是财富，可以不从价值的观点加以考察，事实上自然科学就是这样做的，只是观察与实验并做出价值中立的事实描述与客观说明；反之，一切文化产物都是文化主体价值观念、价值判断的结晶，都必然具有价值，都可以看作是财富，因此必须从价值的角度加以考察。文化是人类对存在的感应方式以及对生存的智性反应。笔者虽然不太认同李凯尔特“文化科学”的说法（笔者认为“文化”是一个大于“科学”的范畴，非“科学”所能含摄和简单化约）以及他将自然与文化绝对对立起来并取消自然存在的价值的做法，但是非常敬佩他在上面这段笔者重点引征的文字中所做出的有关自然存在以及一切现实之物的深刻而又精彩的论述。李凯尔特通过对“现实”的“连续性”和“差异性”原理的阐发，点明“概念”通过“把每个现实中的异质的连续性，或者改造为同质的连续性，或者改造为异质的间断性”的方式，从而实现对“非理性”现实的“理性的”改造、认识和把握。现实正是由于具有这样的连续性和异质性，因而不能如实地包摄在概念之中，从这个意义上说，现实“始终是非理性的”。李凯尔特让笔者充分感受到那些存在主义者们喋喋不休试图让我们明白的“存在真谛”：“存在先于本质”。无物常在，一切皆流。时空绵延，转瞬即非。现象均为殊相而非共相。共相乃理性建构之物。这使我们自然而然地联想到古希腊先哲赫拉克利特“人不可能两次踏入同一条河流”（或曰“人不可能在同一条河里洗两次澡”）的哲学思想、柏格森的绵延哲学思想、德勒兹的差异哲学思想以及《易》经哲学崇化尚变、道家哲学贵虚尚无思想、佛教哲学“四大皆空”、现量与比量学说。在应对“变”的存在之流时，古往今来、古今中外的人类哲学积累了大量有关“变”

的哲学智慧。“故夫变者，古今之公理也。”（梁启超）自然存在的递弱代偿衍存是变，精神存在的感应属性增益是变，社会存在的生存性状耦合是变，变化着的社会中变化着的人，堪称变化着的世界中的变化探测器，文化即是诸种变化在人的介质下的总体效应。

我们所在的这个从大爆炸中生成的宇宙，大抵也只是一个“存在中的质点”或“存在流的段落”。人类的实用哲学只是预见大体上的重复现象，也即德勒兹式的异质重复，中观重复与宏观重复，而非微观重复或柏拉图式的同质重复，从而把那些使事物各不相同的细节看成是超越了理性的范围而从神秘莫测的事物深处发出来的。自爱因斯坦提出相对论以来，人类更加懂得如何在确定性中寻找不确定性，又在不确定性中寻找确定性。德勒兹从哲学上将差异上升到本体论的高度，他的哲学名著《差异与重复》（1968），从尼采的“永恒回归”以及柏格森的绵延哲学中获得灵感，立足于存在的差异性而非同一性，并以此审视差异主导、重复实为假象与错觉的流动、生成、嬗变的多元差异性世界。在他看来，事物首先而且立即与它自身不同，差异就是间性，所谓重复的过程，其实也就是差异产生的过程，一个所谓的重复，其实在本质上与它所重复的东西已有所不同，与其说是对同一的重复，不如说是对差异的重复，差异的重复产生张力和意义，如同人的衰老基因，可以使一个人在不知不觉中年华老去、面目全非，也因此使一个人的生命得以展开，从而完成生老病死的人生。德勒兹的差异哲学思想，与李凯尔特存在的异质性原理、连续性原理在精神实质上高度吻合，似乎只是表达上的差异而已。这在很大程度上改变了传统同一哲学的基本精神。而这些，也与下文将要重点阐述的自然存在的递弱代偿衍存原理有着深度契合。李凯尔特的深刻洞见，使笔者对阅读和理解王东岳的哲学著作与深刻思想大有助益，让笔者长期横亘心头的诸多哲学意义上的“大问题”涣然冰释，使人类置身其中的存在、现实以及文化开始变得透明。反复细读王东岳先生所著的《物演通论——自然存在、精神存在与社会存在的统一哲学原理》，笔者获得一次前所未有的大彻大悟。如果说李凯尔特的《文化科学与自然科学》一书，触发了笔者对科学技术与文学艺术的研究热情，那么王东岳的《物演通论——自然存在、精神存在与社会存在的统一哲学原理》，则使我对整个问题的研究奠定了基本框架，确立了基本思路。故笔者冒昧将自己这部拙作题献给我的这位神交已久但素未谋面的学术偶像兼精神导师王东岳先生。李凯尔特论著中所包含的本体论、主体论以及文化论的哲学内涵，若以王东岳的哲学视野加以审视，则令笔者有茅塞顿开、豁然开朗之感。

长期以来，一旦触及"存在"这样高深莫测的哲学本体问题，人类就会陷入盲人摸象式的混乱哲学困境之中。古今中外，概莫能外。这是因为，作为设问者的存在者，同样不能逾越自身相对性或有限性的规定。"所以，哲学虽然表现为是究诘'终极原因'（或'绝对本原'）的学问，却决不是有关'终极真理'（或'绝对真理'）的学问，反而恰恰是**何以不能有终极真理**的学问。"[①] 没有一个一成不变的本体，存在的相对性主要表现为在历时性的纵向演动上的层层相依和步步分化。我们置身其中的世界，并非是由一个个支离破碎的存在者简单集合而成的一个稳定的存在，而是由已在者随着存在性与存在度的递弱代偿衍存分化出的生生不息、变动不居的存在。从足以被奉为人类思想史上的第一位圣哲泰勒斯的传世名言"水为万物之原"开始，一直到现代物理学寻找到的"基本粒子"都算不上是本体意义上的真正的"基质"与"原料"。本原似乎越追越远，本体似乎越求越虚，存在似乎被架空，可是存在怎会在空转？"而且，尤其令人费解的是，恰恰是那些没有自身独具'质料'的后衍性存在形态或'存在的空壳'反而具有越来越多的'能耐'、'活力'和'灵性'，并同步呈现出越来越复杂、致密和有序的叠加结构

① 子非鱼（王东岳）：《物演通论——自然存在、精神存在与社会存在的统一哲学原理》，第7—8页。

体系。”[①] 但所有这些，都得在自然存在的递弱代偿衍存的大背景上来审视和反思。

人类哲学思想的发展经历了自然本体论—神灵本体论—理性本体论—人类生命本体论等重要时期。“在古希腊古典主义中，核心观念就是存在、一致、实质、神性的观念；中世纪基督教则把上帝的概念作为全部现实的源泉和目的；文艺复兴以来，核心的观念是自然，它是作为惟一的存在和真理而出现，同时也作为理想；直到17世纪围绕自然法则概念建立了自己的概念，灵魂的个性、自我渐渐成为新的核心观念，它既是绝对的道德要求，又是形而上学的世界目的。19世纪的理性主义未能建立起统一的核心观念，直至20世纪初，核心观念由一个新的实在‘生命’取代。”[②] 20世纪中期以前，核心观念是“结构”。此后，则是“交流”与“传播”。21世纪，也许可以得出这样的哲学本体论命题：存在即信息。人类哲学建构出来的各式本体，如猿捉影。

尼采把本体论哲学所讨论的存在的概念嘲笑成由哲学家的大脑所孵化出来的最富欺骗性的鬼怪，是最一般因而最空洞的概念，从感官的具体实际中分离出来的不可捉摸的本质。本体论哲学在反本质主义的后现代思潮中臭名昭著，一落千丈。德里达将一切作为本体论之证明的所谓“在场”的存在，化为不断流动、时隐时现的“踪迹”，西方形而上学的传统本体论，至此彻底终结。在后现代的视野中，科学、真理以及理性也在很大程度上变成了带有虚构或建构性质的美学范畴，出现了韦尔施在《重构美学》中所阐发的认识论的审美化以及审美“原理化”、“普遍化”的趋势，审美范畴被当作理解现实的基本范畴或一般范畴。存在、物质等这些古典本体论范畴，正在逐渐被绵延的流动性、不确定性、模糊性的场与能等这类准审美范畴所取代。是为本体

---

① 子非鱼（王东岳）：《物演通论——自然存在、精神存在与社会存在的统一哲学原理》，第6页。

② 吴予敏：《美学与现代性》，第148页。

乌托邦。然而就是这样的乌托邦本体，作为源远流长的哲学原型，几乎成为贯穿漫长哲学史的主导性宏大叙述与集体无意识。

本体论哲学在古希腊时即很发达。诸多有关世界本源的哲学流派均给出独树一帜的哲学本体回答，如：水（泰勒斯，被称为西方哲学史上第一位哲学家，米利都学派创始人，“七贤”之一，开创了为变化的现象寻找统一性的哲学思维方式）、火（赫拉克利特）、存在（巴门尼德，爱利亚学派创始人，芝诺的老师。其名言有“存在者存在，非存在者不存在”）、无限（阿拉克西曼德）、数（毕达哥拉斯）……凡此种种，不胜枚举，不一而足。柏拉图的理念哲学坚持摹本相对于原型具有或多或少的落后性、伪劣性以及本体性距离。亚里士多德第一哲学的主要内容是：（1）研究存在的原则、第一原因和本质属性；（2）研究超验的、永恒不变状态的神。本体在他的《形而上学》中基本上用以泛指存在。西方哲学直至近代笛卡尔，才开启“我思故我在”的主体论、认识论理性哲学之门。作为德国古典哲学的集大成者，黑格尔不是在“始源”的意义上来确立作为“本体”的理念概念的。他虽将绝对理念当作本体，却并不认为自然是源于精神的。理念并不是作为开端的现实实体，相反，自然才是认识世界进程之目的的先决条件。在黑格尔看来，历史上精神的运动遵从一个辩证的过程，普遍精神中的矛盾可以被理解为如一次辩论中的双方（正题和反题），当双方综合起来时，矛盾就解决了。这一过程，会一直持续到精神的所有矛盾自我解决。在历史的这个最后时刻，精神完全认识了自己。黑格尔是接受赫拉克利特思想的第一位哲学家，认为流动和变化是存在的部分本质。黑格尔探问“什么是历史?”以及“历史朝什么方向发展?”这使得他成了一位极其重要的哲学家。

“存在”是两千五百年西方哲学中一直处于中心和支配地位的概念。探讨“存在”本身、即一切现实之存在的基本特征的学说，被称为“本体论”（ontology）。早在古希腊人那里，“存在”问题就是第一哲学。但“本体论”这一概念 17 世纪才出现，最早见于德国哲学家郭克兰纽等人的著作中，并因德国哲学家沃尔夫的使用而得以流行。本体乃是哲学上最深层次的思考。唯其深，古往今来的本体哲学充满哲学迷思。古人眼中，实体或理念均为存在。哲学家从古到今地追究存在，也都是为了解释人生与宇宙奥秘。亚里士多德从修辞学入手，将“被修饰的存在者”称为“本体”，又对那些修饰本体的存在者细加区分，依次定名为数、性、状、时、地等范畴。他相信，本体是独立的存在本质，其他存在者理当依附本体。对于巴门尼德来说，一切事物，不管它们之间的区别有多大，都同样是存在。被亚里士多德当成问题的问题从来没有困扰过巴门尼德，即为什么事物在运动和变化，哪怕这种变化是幻象，因为巴门尼德关心的是存在本身而不是具体的事物的变化。巴门尼德认为存在总是存在着，因此存在是无时间和不运动的，因此，既没有上帝创造“存在”，也没有亚里士多德所谓的形而上学的“第一因”推动“存在”。也就是说，既然存在一直存在，上帝的存在就是不必要的；既然存在是不变的，亚里士多德所说的“第一推动力”也是不必要的。巴门尼德这种独立于变化之外、时空之外的超验存在本体，某种意义上可以说是后来康德物自体的哲学原型。先哲先贤们未曾弄明白的存在问题，一路马虎下来，竟被欧洲人篡改成了本体论。在西方，柏拉图之前的一些先哲，如赫拉克利特，将存在视为一种不断涌现、聚合与消散的活动。它意味着存在者的持续到场与离去。柏拉图之后，西方人开始与存在发生对峙。他们越来越相信自己拥有支配存在的主体性与知识能力，这与当初质朴天然的古希腊思想大相径庭。直到现代，康德才把现象界连根带叶交给我们的悟性，而对于本体界则不许我们问津。存在不是一个真正的谓词，或者，可以加到一物的概念上去的某物的概念。存在是无法恰当地用概念去表达的。存在与关于存在的理论不是一码事，犹如一份菜谱并不是像一份热气腾腾的饭菜那样有效的一种营养形式。还有，一个掌握了存在理论的人可能使他陶醉到这个程度，以致完全忘掉还需要存在。就像情人迷恋于关于爱情的理论，可能更甚于迷恋他的爱人，并因此而停止了爱的本身。总之，在存在与理论之间、事实与认识之间，出现一个重大脱节。

从理性知识的观点看，存在作为一个形而上学的问题是可以忽略的。所有现代实证主义都从康德的学说中得到暗示，抛弃了对存在的思考（这个学派称对存在的思考为形而上学），认为对存在的思考毫无意义，因为存在不能在思想中得到反映，因而思考它绝不能在观察中导致具体的结果。即不在一切东西中求一个东西为其根源。现代哲学的十字路口就在这里。当代逻辑实证主义者卡尔纳普反对形而上学的本体命题，并不是因为它们是“假命题”，在他看来，假命题亦可通过经验证明（“天下所有的天鹅都是白的”就是这样的假命题，并因南半球澳大利亚的黑天鹅而被证伪，是谓“黑天鹅现象”），因此，假命题仍是有意义的，而形而上学命题则“完全没有意义”。然而，当卡尔纳普以有否“意义”作为命题的标准时，就已经不自觉地将此设定为他的本体论（意义）了。就像你为了避免不在巴黎的每一个地方都能看到埃菲尔铁塔，你反而只能置身于埃菲尔铁塔。

西方哲学的发展始终是以“显”的方法论与“隐”的本体论为特征的，所以我们看到的西方哲学史，一个体系对另一个体系的突破，基本上是方法论上的突破。海德格尔何以说传统的哲学忘却了本体论呢？真正的本体被遮盖。《存在与时间》指控西方哲学一大原罪：遗忘存在。存在惨遭阉割，只留下一个僵死的本体论。什么本体论？海德格尔痛斥道：它只看重存在者，丝毫也不顾及存在的真理。在海德格尔看来，关键是把存在（being）与存在物（beings）之间的差异拯救出来。抹杀这种差异，势必将存在的意义硬化为实体，从而遮蔽了存在的意义。海德格尔认为：一个“是”字竟引起世界崩解！凡以“是不是”设问的命题，全都落入形而上学俗套，暴露传统形而上学的暴力，所以问题本身就是错误的。海德格尔提出了基本的本体论：存在是一切存在者的本源。人对存在的领悟就是此在的存在规定。海德格尔承认：真理的麻烦，在于它稍纵即逝，无法一劳永逸地锁定。刚被提示的东西，转眼又堕入伪装或遮蔽之中。时间中持续运动的现象，时被捕捉，时被隐藏。真理本是一个显现过程，就是说，人通过综合、判断与反思，能促使对象显露出来。换言之，真理意识的对象，即是存在者。而存在的真义，正在于显现。西方哲学从一开始就混淆了存在与存在者，并因此遗忘了天下第一哲学命题，即存在。海德格尔此言一出，就等于指控西方哲学犯有原罪。小技得逞，大道废弛，天威莫测，天道无情，人言嚣张，天道式微，人类始终处于尼采所谓的“有学问的无知”状态。海德格尔迷恋哲学的玄妙，扬言“终生只想一个问题”，其执着程度不让其师胡塞尔。天下万物，唯有人能经验一切奇迹的奇迹，此即现实的存在。在海德格尔看来，人不但是存在问题的出发点，也是无数存在者中最为特别的一类。天以万物来养人，人以何德来报天？人成为宇宙万物中能够反观万物和自身的独特存在者。为此，他将人称作**亲在**。亲在依赖共在而在。无论人是认同还是反抗，这世界总是默然耸立。人之生世若遭抛掷，宿命的“不得不”的存在，在“神秘”与“虚无”的世界中充满“畏惧”和“忧虑”的“沉沦”。恰如李白《上云乐》所云：“女娲戏黄土，抟作愚下人，散在六合间，濛濛若沙尘。”海德格尔将虚无当作存在的永久性背景（萨特则认为，在充实的存在中没有余地容纳作为不在场的否定物，虚无乃是由有意识的存在来构成为现实之物）。

西方文明亦称两希文明，作为两大重要源头，古希腊文明表现出鲜明的理性特征，希伯来文明则表现出强烈的信仰文明特征。恶劣的生存环境，使希伯来人几乎是在绝望中体验着“上帝”。基于此种紧张的天人关系，天被人视为外在于人并与人对立的东西，人为了自己的生存去认识它、征服它。正因为深受古希腊和希伯来文明的影响，西方的思维从其萌芽状态起就具有工具与方法的意义。西方古代各种哲学流派，都有着自己的本体论基础，如神学中的神，唯物主义哲学中的物质，唯心主义哲学中的精神等等。但是，西方从古希腊开始就已经将本体概念化、范畴化，视本体为自在自为、永恒不变、纯粹客观，或将其彻底客观化，所以是概念的、理性的本体论，将本体看作某个固定的范畴，而不是非自身封闭的、不断发展的东西。西方的传统的本体论从逻辑上看是一种强原则，始终遭到存在无情的抵抗。西方传统的本体论事实上造成了一种主客分离、主客对立的局面。从亚里士多德到康德直至黑格尔的庞大哲学体系，虽然其出发点和建构的方法有所不同，但无不以“客观知识”为对象，表现了一种知识论的倾向。西方的“理性主义”危机在某种意义上正是始于人们对人生的价值和意义之失落感。非理性主义哲学的兴起乃是对西方传统的反动，它试图解决知识论结构中的价值问题，但始终未找到出路。它徘徊于这样两个选择之间：是将价值彻底知识化还是建立独立于知识的、有关生命与意志的哲学？

“在东方人看来，为哲学而伤脑筋的唯一理由，就是要从人生的折磨和困惑中寻求解脱或平安。”[①] 中国的古代哲学本体论同时又是价值论，故“天人合一”即为“天人合德”。《易经》再现了原始体验中的宇宙图景。现象是作为本体而存在的，抽象符号所反映的整体世界，乃直接取法于自然现象。也就是说，现象的东西和本体是同一的，现象即本体，本体即现象。但“易”之“三义”也是言简意赅，大有深意的。譬如，作为大道至简、大道无繁的“三义”之“简易”，其对世界与事物的极简主义把握，与现代科学何其相似：牛顿的 $F = ma$ 与爱因斯坦的 $E = mc^2$，均是“简易”的精彩体现。还有，自然科学对于宇宙中电子、光子、质子、中子四种基本粒子以及电磁力、强核力、弱核力、万有引力的认识，也与“易”之“三义”之“简易”有着深度契合。

大体来看，中国传统思想的哲学方面经历了五个阶段。在先秦，主要是政治论的社会哲学。在秦汉，它变化为宇宙论哲学。到魏晋，则是本体论哲学。宋明是心性论哲学。直到近代，才有谭嗣同、章太炎、孙中山的认识论哲学。

新儒学的代表人物熊十力认为：本体是无可措思的。物因心而一时俱现，但本心也非始源。所谓“本”，即实在（reality），“体”则是实在的体系。本与体是不可分割的，“本”不仅产生了“体”而且还在源源不断地产生着“体”。“体”的发展变化

① ［美］威廉·巴雷特：《非理性的人——存在主义哲学研究》，杨照明、艾平译，第5页。

之根据便在于此。然而“体”亦可能遮蔽和扭曲“本”，这就需要时时由“体”返回“本”，通过“本”之再生或重构以获得更开放的空间与更自由的发展。以此，本体所构成的不是一个静止的系统。认识本体需要主体，但作为“体”的意识只有远溯到作为“本”的存在，方能于动态演化中化解二元分立，圆融于一以贯之的本体。没有永恒，永恒性只是想象出来的时间的不动方式。假如世上只有一种物质，那么万物就永远等于自己。时间不是活人的敌人，而是盟友，它赋予人以希望，摆脱僵死物质的统治才有可能。所以，永恒性，即没有时间，才是人的真正敌人，是死亡的象征和体现。

西方哲学的问题是如何在知识宇宙中安排价值；中国哲学的问题则是如何在价值宇宙中建立知识。西方哲学家与神学家所追求的是“真理”（truth），而中国哲学家追求的则是“道理”（the principle of the way or human reason）。张岱年先生认为：“西洋哲学讲本体，更有真实义，以为现象是假是幻，本体是真是实。……这种观念，在中国本来的哲学中，实在没有。中国哲人讲本根与事物的区别，不在于实幻之不同，而在于本末、原流、根支之不同。”[①] 中国的思想文化传统重人生和精神的探讨；重本末、源流之区分；重直觉、了悟的方法；重道德和善的追求；重义轻利，等等。西方的思想文化传统重认识、重自然之研究；重现象与实在之分；重推理、分析的方法；重真理之追求；重功利；等等。中国哲学著作几乎同时都是文学著作，哲学家大多同时是文学家和诗人，这已是不言而喻的事实。中国哲学缺乏“哲学性”：逻辑思考的薄弱，知识论的奇缺，高层次的方法论工夫的不足，德性之知的偏重和见闻之知的贬低等。毫无疑问，孔孟的话语建构本质上都是对价值秩序的建构，而不是为外在世界命名、分类、编码的认知性活动。也就是说，中国传统文化中“纯粹理性”远远稀薄于“实践理性”。儒学对于自然存在的高

---

① 参见张世英《天人之际——中西哲学的困惑与选择》，人民出版社 1995 年版，第 116 页。

存在性远不及对精神存在的高感应性更感兴趣。道家虽然看重自然存在的高存在性，但迷恋其“混沌”的低感应性，认为“智慧出，有大伪”，反对人为的七窍凿，混沌死，力主“绝圣弃智”、“绝学无忧”。道家学说的“道可道，非常道。名可名，非常名”、“言不尽意”、“得意忘言”，比之儒家的“辞达而已”、“巧言令色，鲜矣仁”，更加噤若寒蝉、目击道存，不著一字，尽得风流。为实现中国哲学的现代转化，我们必须关注哲学思想（在问题设定上的）齐全性，（在解决问题上的）有效性，（在解决程序上的）严密性，以及（在语言表现上的）明晰性。

哲学上有一些似乎是不证自明的默认点，例如：世界上有独立于心灵的许许多多的现象；但并非世界上的所有现象都独立于心灵。在任何人或其他有意识的生物出现之前，宇宙早就存在了，我们统统在世上消失以后，它还将长期存在。是事物决定了认识，而不是认识决定了事物。外部实在论认为，有一个实在世界，它完全地、绝对地不依赖于我们所有的表象、所有的思想、情感、意见、语言、论述、文本等等而独立存在——是如此明显，并构成了合理性，甚至可理解性的一个如此基本的条件，以至于使我们感到对这个观点提出异议并讨论有关它的各种挑战真有点为难。外部实在论不是关于这个或者那个物体存在的主张，而是我们如何理解诸如此类的主张的前提。它不是一种理论，而是一种背景性的预设前提，一种当我们执行各种意向的行为——例如吃饭、走路、开车时被我们当作不言而喻的东西。它是一种框架，在这种框架中才可能产生理论。“只要我们认为自己置身其中的这个世界是一个统一的存在体系，则无异于已在逻辑上给出了如下一项默认：世界应该而且必须自始至终被‘某一个’法则所支配。”[1] 直到近代哲学（以笛卡尔为标志）产生以前，人们从未对了解外部世界的可能性认真提出质疑。对外部实在论的攻击最著名的也许要数贝克莱主教，他主张，我们当作物质对

① 子非鱼（王东岳）：《物演通论——自然存在、精神存在与社会存在的统一哲学原理·第一版序言》。

象的东西实际上只是“观念”的集合。他所说的“观念”指的是意识的种种状态。这种有时候被称之为“唯心主义”或“现象主义”的传统，一直延续到21世纪。唯心论并不是说一切实体由心所创生，只是说一切秩序由心所构造。或许有史以来最有影响的唯心主义者要算黑格尔。唯心主义者认为，我们所断言的知识不是与独立存在的实在相符合，而是相反，我们要使实在符合于我们自己的表象。在康德的哲学中可以看到一种最深奥玄妙的唯心主义观点：世界全在于我们的表象，实际上在我们的现象世界背后还有另一个世界，“自在之物”的世界，但这一世界是我们完全不可认识的，我们甚至不可能富有意义地谈论它。这意味着人的意识既不可创造经验对象，“物自体”也不可能被还原为人的意识构造。在康德看来，虽然超出感觉之外的或者现象背后的自在之物不可知，但我们没有理由否认它的存在，因为这个不可知的存在也是经验得以可能的前提条件之一，没有它对我们感官的刺激，我们的经验材料就成了无源之水。康德与其他唯心主义者（如贝克莱）之间的区别在于，别的唯心主义者认为，现象——用贝克莱的说法，“观念”是唯一的实在，“物是观念的集合”，“存在就是被感知”，“对象和感觉原是一种东西”，而康德则认为，除了现象世界之外，还有一个在现象背后的自在之物的实在，对于这个实在我们无论怎样都不可能有任何知识。我们无法接近、无法表达实在世界，也无法与实在世界相交涉。如果没有接近实在的直接途径，那么按照这种观点，谈论实在就是真正毫无意义的，实际上，根本没有不依赖于我们的立场、角度或观点的实在。正因如此，叔本华提出意志哲学，在充分肯定康德推翻传统独断哲学的功绩的同时，对康德批判哲学进行哲学批判，将意志视为真正的自在之物，并对作为意志和表象的世界进行哲学阐述。尼采也认为没有必要思认客体，一切服从人的权力意志。攻击外部实在论的哲学在指出科学没有给我们提供关于实在的客观知识以后，紧接着的下一步就是要说不存在这样的实在。

王东岳所著《物演通论》，为我们提供了一个将自然存在、精神存在与社会存在有效统一的“物演”（即“宇宙观”或“进化论”）模型。把“认识论”问题与“本体论”问题表述为同一个代偿衍存系统，证明了“认知过程不在于求真而在于求存”这一重要论断，从根本上解决长期以来困扰众多哲学大师的“知与在的关系”的哲学难题。这部哲学王国的二十四史，真的让人感到不知从何说起。海德格尔以其天才的哲学直觉指出：“本质的东西是在而不是人”[①]，“人不是在者的主人。人是在的看护者。……他获得了看护者的本质的赤贫。看守者的尊严在于：他被在本身唤去保护在的真理”[②]。这是对“知与在的关系”问题的存在主义哲学表达。而我们要想对这一问题有更加深刻和正确的理解，必须深入探讨王东岳提出的自然存在的递弱代偿衍存原理。如果我们明白卢克莱修《物性论》中“一物的损失是另一物的增加”、“死亡不是毁灭而是改造”、“没有什么东西曾彻底毁灭消失”等思想[③]，那么我们理解自然存在的递弱代偿衍存原理就不会太难。“自然物演呈现为在流逝中常存、在衰亡中新生，由以嬗变出从简到繁、属性渐丰、结构重叠的宇宙万物和人间气象，盖由于物质存在度不可逆转地趋于递减，从而要求相应形式的代偿过程予以追补所致。”[④] 宇宙机器运转到现在，已呈现能量耗损慢下来的迹象。世界像一个熔炉那样在燃烧，能量虽被贮存着，却在不断消耗着。能量是系统状态的一个函数，只依赖于能够确定系统状态的参数（压力、体积、温度）值的函数。宇宙有如一只慢下来的大钟，需要但却没有一只巨手给它上发条。天地犹如外衣，渐渐旧去。科学目前最重大的发现之一是宇宙似乎正在衰退这一现象。引导太空大逃亡的仍然是

---

① ［德］海德格尔：《人，诗意地安居——海德格尔语要》，郜元宝译，上海远东出版社1995年版，第12页。

② 同上书，第13页。

③ ［古罗马］卢克莱修：《物性论》，方书春译，商务印书馆1981年版，第12—13、119页。

④ 子非鱼（王东岳）：《物演通论——自然存在、精神存在与社会存在的统一哲学原理·跋》，第370页。

熵。热力学第二定律很快使人发现具有相当普遍的意义（也许并非时时处处有效）。极热物体的粒子运动很快，而冰冷物体的粒子运动较慢。因此，当许多迅速运动着的粒子处于同一场所时，迅速的会与缓慢的发生冲撞，直到两组粒子获得平均的相等速度。类似的道理适用于各种形式的能量。在数十亿年前，上帝封闭了物质世界，并且使其听天由命。随着自然存在的递弱代偿衍存，精神存在的感应属性增益，社会存在的生存性状耦合，随着物演复杂性的增高，从物理存在、化学存在到生命存在、精神存在，从石头到人类社会，时间之矢的作用（也就是宇宙运演节奏的作用）在增长。

为了更好地理解上述思想，我们必须理解王东岳的哲学概念："存在性"。"一切'存在物'（严格地讲是'存在形态'）均有一个与其'存在'有关的内在宿性，是为'存在性'，它决定着某物能否存在、为何存在以及如何存在。【以海德格尔为代表的存在主义哲学就是拟以解决这类问题为己任，并提出'存在是无定义的'、'存在先于本质'等发自思想空洞的疑惑，其哲学性的敏感着实可嘉，然而，他们虽然采取了'诗化的'以及其他种种崭新的哲论形式，却到底未能摆脱笛卡尔以降的旧世纪思路，致使其抽象的'（存）在'仍然迷失于支离破碎的'（存）在者'之外而飘渺无着】"① 放眼寰宇，天地悠悠。然而论及"存在性"，则"天诛地灭"也非谬悠之辞、荒唐之言。与地老天荒的物质世界相比，生命世界的存在性显然更是相形见绌，难以与天同寿。"天地尚不能久，而况于人乎？"地球上99%以上的物种早在人类问世之前业已绝灭，其中绝灭速率最快的恰恰是那些从脊椎动物到哺乳动物的所谓高等生物。日月经天，江河行地，与这样悠长的存在性相比，人类只能喟叹自身短暂生命的白驹过隙、昙花一现。试看《三国演义》开篇词"滚滚长江东逝水，浪花淘尽英雄。是非成败转头空。青山依旧在，

① 子非鱼（王东岳）：《物演通论——自然存在、精神存在与社会存在的统一哲学原理》，第9页。

几度夕阳红。　　白发渔樵江渚上，惯看秋月春风。一壶浊酒喜相逢：古今多少事，都付笑谈中”，呈现的就是天地人间种种不同事物的各不相同的存在性。存在不过是存在的衰变存续方式而已。

如果宇宙的存在效价是十足的、完满的，那么它的存在就应该是绝对稳定的、永恒不变的。事实并非如此，根据哈勃望远镜的观测，宇宙在膨胀，存在中无时无刻不在发生的流变不居，表明一切存在者存在效价的先天不足。当王东岳将存在之所以存在的问题予以量化之后，他又继“存在性”之后提出“存在度”的概念：“假定，绝对稳定以至永存的存在度为1，绝对失稳以至失存的存在度为0，那么，现实的存在则必然一概处于这个存在度的从0到1的区间之内。”[①] 因为“**任何存在者，即使由于自身的存在效价不足而必趋消逝，它终究不会失灭到一无所存的程度，它或者让自身向前转化为另一种存在形式，或者向后灭归为自身存在以先的某种前体存在形式**”[②]。所以滚滚逝水，不竭长江，淘尽英雄，浪花如雪，虽是非成败转头而空，难改青山依旧，几度夕阳。“**由于依据上述之证明，存在度最大的存在效价只能<1，或者说只能趋近于1；而存在度最小的存在效价只能>0，或者说只能趋近于0；因而现实的存在度区间就应该被修正在（0，1）的合理范围之内。**”[③] 存在的统一性首先在于整个存在系统纵向分化的有序性上，而不在于其横向分布的庞杂纷呈。“**从存在的本质上讲，世间万物根本没有‘类别’之异同，只有决定其‘能否存在’以及‘如何存在’的‘度’之异同。**”[④] 故白发渔樵，惯看秋月春风，古今多少事，尽可都付笑谈中也。也许这样高密度的哲思，有些类似天文学上的不可思议的质子星球，米粒大小的质量也大得惊人。

---

① 子非鱼（王东岳）：《物演通论——自然存在、精神存在与社会存在的统一哲学原理》，第11页。

② 同上书，第10页。

③ 同上书，第11页。

④ 同上书，第34页。

物存形态的转化和跃迁的直观序列提示，从物理存在到化学存在，再到生物存在直至人类存在，宇宙存续的演化进程表明物态存在效价的某种弱化规律。这是理解自然存在的“递弱代偿衍存”原理的难点所在。由于宇宙中至今不明的某种原因（或许是反物质、暗物质之类的存在也未可知），总之，这种大力、神力或曰超能的作用，使得自然物存在或曰自然场域在“递弱”中“存在性”削弱，“存在度”降低，为了续存，“衍存”势在必行，依存变本加厉。也可以作这样形象化的理解，即自然存在的“递弱代偿衍存”过程，是一个“文胜质则史”而非“质胜文则野”的虚弱化过程。虚存的扩展式显现表达着实存的虚弱性或弱化性。从宏观世界到量子世界，从微生物到人类世界，概莫能外。从这个意义上讲，生物的智质存在和精神存在是宇宙演化系列的临末代偿属性或极端代偿形态，借此，踵事增华的人类文明得以产生和发展。王东岳将物演基本态势概括为六个方面：一、相对量度递减；二、相对时度递短；三、衍存条件递繁；四、存变速率递增；五、“自在”存态递失；六、“自为”存态递强。[①] 为了有效理解这六个方面，笔者逐一稍作例解。关于“相对量度递减”，我们只要想到宇宙中先于我们存在的星云、星系、星球是如此之多，数不胜数，而后继生发的有机体、生命体是如此稀少，我们作为宇宙中形单影只、孤苦伶仃的地球人，寻觅至今尚未发现外星人，就会明白“相对量度递减”这一物演基本态势；关于“相对时度递短”，我们只要想到宇宙存在三百亿年，各类星云、星系、星球存在时间虽然长短不一，但均远远悠久于人类存在的短短二百万年，就会明白“相对时度递短”这一物演基本态势；关于“衍存条件递繁”，我们只要想到后来居上的人类，天以万物来养人，万物皆备于我，人比一切植物、动物的衍存条件都要繁多，理解“衍存条件递繁”这一物演基本态势就不会太难；关于“存变速率递增”，我们只要想到原始

① 参见子非鱼（王东岳）《物演通论——自然存在、精神存在与社会存在的统一哲学原理》，第 17—18 页。

社会形态比封建社会形态相对漫长而平稳，封建社会形态比资本主义社会形态相对漫长而平稳，即可明白这一物演基本态势；关于“‘自在’存态递失”，我们只要想到无机物可得大自在，生命体难得大解脱（除非灭归为自身存在之先的前体存在形式），即可明白这一物演基本形态。关于“‘自为’存态递强”，我们只要想到后来居上成为宇宙之精华、万物之灵长的人类自由意志与能动性最强，凭借自身得天独厚的学能与智能，跃居物华天宝的至尊地位，即可明白这一物演基本态势。

王东岳指出，人文学者对老子《道德经》第四十章中的“反者道之动”耳熟能详，殊不知后一句可能更为重要，不解其意则不足以查知包括人类逻辑禀赋在内的整个自然衍存之道的根脉，其言曰：“弱者道之用”，大意应该是说，**弱化现象是“道”的展开和实现**。[①] 我们平日所用“活跃”一词所形容的状态，其实正是这种弱化现象中的失稳状态，而所谓的“动荡”一词所形容的状态，已是这种弱化现象中临近于失存的状态。自宇宙大爆炸以来，继物理存在以及化学存在之后，生物存在无疑是整个宇宙进化系列上最为薄弱的存在方式。“薄弱的生物存在如何运用其积重难返的代偿‘招数’来延续宇宙系列的艰远进程，正是自然界充分显示自身**存在性**即**递弱代偿法则**的生动舞台。在这个舞台上，生物进化——严格地讲是**宇宙进化**——终于把物理**感应性**转化为生物**感知性**、把理化**运动性**转化为生物**能动性**，还把死物的**聚合结构**转化为活物的**社会组织**。”[②]

智质属性完全是处在代偿演运进程中的生物体质属性的自然延伸。“放眼寰宇，无机物界相对稳定而长存，其中变得最快的一脉就演成动荡不宁的生物世界，生物界变之过剧，遂形成这种间或种内‘竞争’亦即‘竞存’格局，以及物种或亚种的‘生存极限’。在这里，我们可以再一次窥见‘自然选择’的作用原

---

① 参见子非鱼（王东岳）《物演通论——自然存在、精神存在与社会存在的统一哲学原理》，第19—20页。

② 同上书，第29页。

理，即在宇宙演化的总体衍存区间内，加速度式的内溃性嬗变和繁复性依存是‘物竞天择’的基本动因。待到这一进程步入智化生物的临产和降生阶段之际，变异的加速度业已抵达物质实存无可追随也无可耐受的极致，虚存形态的智质随之派生，作为生命系统的代偿性产物，智质运动自然继承了实存领域的递变法则，且只能一脉相传地将这种递变衍存之物性发扬光大，是为智质创新活动之渊源。”[①] 精神存在的感应属性增益以及社会存在的生存性状耦合，并不能从根本上逆转自然存在的递弱代偿衍存，只是使前二者表现出特有的叠加效应。“‘智性物种’其生物生存度已趋近于零，他们必须时刻仰赖社会结构的有序运转才能苟存，可偏偏此一结构体系也已走到了自然代偿演运的尽头，亦即社会结构的脆弱程度业已发展到一触即溃的地步，然则‘你不入地狱谁入地狱’?”[②] 这是老子为学日益，为道日损，损之又损，以至于无为的人道与天道反其道而行之的无奈之态的现代哲学阐释。王东岳先生的哲学观点太过澄明，透过他所提出的“递弱代偿衍存”原理，我们仿佛看到宇宙的池塘里原本相对纯净，风平浪静，倒映着蓝天白云，后来微风掠过，漾出涟漪，再后来长出水草，生出虾蟹鱼鳖，也许假以更多的时间和可能性，在我们的想象中，有些寄居于水面和水体的生命居然登陆成功，于是岸边的风景也开始精彩起来，我们会惊讶地发现，一只蠕动的毛毛虫竟会摇身一变而为飞翔着的美丽蝴蝶。然而涟漪终归消失，生命终归湮灭，天地不仁，以万物为刍狗，表面上看是万类霜天竞自由，实质上是谁也逃不出如来佛的手掌心。生命的出现、精神的出现，人类社会与文明的出现，无异于宇宙中平淡无奇的毛毛虫的蝶化，尽管所有这些仿佛白驹过隙、昙花一现，最后都将被“删除”或“清零”。智质作为生命的机能性虚存，是自然属性系列的最高代偿形式，或者以沉思、幻想、梦境和意识

① 子非鱼（王东岳）：《物演通论——自然存在、精神存在与社会存在的统一哲学原理》，第315页。

② 同上书，第361页。

流的形式潜在，或者以意志化的言行和物化的工具来表达生物体质的生存规定。智质本身简直没有片刻的安宁，纵然潜入梦中，也须凭空冶游而不止。“生者，假借也”（《庄子·外篇·至乐》），“绝圣弃智”、“绝学无忧”（《道德经》第十九章），道家所谓的致虚守静、返朴归真，其实是对生命弱以至虚却无从守静的自然规律的误解与浩叹。“在人类的古代思想史上，如此透彻地阐明自然之强与生命之弱的关系者，老子之道学是绝无仅有的一脉。虽然他尚不能透识自然存续由强至弱的递演原理，然而，在弱以衍存的开创性破题上，老子的解答足以显示他对生存的本原所见极深。”[①]

宇宙物演至此达到了这样一个崭新的境界：仿佛某种“精神虚存”要一反常态地宰制一切“物质实存”了。人成为万物的目击者和代言人。

然而，“智质属性无论何等的虚渺浮华，它**必以某种根本性的自然衍存规定作为自身发生和发展的前提**，而且**必为那个本原性的存在前提施以相关的代偿效应**，否则它就断然不会有**自在的根据**和**自为的依托**”[②]。中世纪有一句格言说：“自然惧怕真空。”物理事素充满所有空间。在星球上、在地球的内部、在月亮的另一边，都有事情在发生着。由于知识依赖着事物，所以**事物为认识铺平了道路**，而**不是认识为事物的存在铺平了道路**。“精神现象说到底不过是原始物理感应属性的代偿发展产物而已，由此渊源出发，才能揭示精神发生和精神运动的全部规定性，并借以廓清久久笼罩在认识论、意志论以及美学理论上的种种哲学谬误。”[③] 是的，我们熟视无睹太多非生命物质的感应属性，石因滴水而穿，水因烈火而沸，火因燃油而旺，无处不是物质世界的物理感应属性，我们实在应该顿悟：除了美妙而神奇的心灵感应之外，还有太多我们不以为意的物理感应、化学感应、生物感应

① 子非鱼（王东岳）：《物演通论——自然存在、精神存在与社会存在的统一哲学原理》，第328页。

② 同上书，第309页。

③ 同上书，第370页。

等诸多感应。递弱在进行，代偿在发生，衍存在继续，存在是依存，世界以及万物普遍联系，气象万千、五花八门、各不相同的感应属性在呈现并增益为精神存在以及精神感应属性的不断增益。更有甚者，自然的物质存在，可能也与反物质、暗物质以不可思议的方式依存。宇宙中物质存在的稀薄性低于5%，更多的宇宙形态是空、虚、无的状态。

从自然存在的“递弱代偿衍存”，到精神存在的“感应属性增益”，再到社会存在的“生存性状耦合”，物演完成其跨度惊人的“三级跳”。“**社会是自然属性的全面实现和高度集约，人类理性逻辑的智质演运过程及其生物性状的物化重塑过程就是‘自然社会化’的生动表达，故而社会的内涵呈现越来越丰富的倾向，即‘社会存在’倾向于将一切自然函项（或曰‘一切自然代偿项’）统统囊括在自身之中**。”[①]“社会存在是衍生于生物存在之上的又一层代偿相或代偿存态，亦即生物分化及其生物属性分化正是社会结构分化的自然基础，因此以生物为其基质的社会实体自有与生物进化史同步发展的自然演运史。”[②] 人间喜剧这出大戏的真正幕后工作者是自然存在的递弱代偿衍存，它是这出戏的总策划和总导演。自然存在的“递弱代偿衍存”原理，隐秘地掌控着“感应属性增益”的精神存在，并最终制约着“生存性状耦合”的社会存在，后二者不过是前者的友情客串与助演嘉宾。

递弱代偿衍存法则，与我们固有的进化论观念大相径庭。不妨这样讲，所谓“物竞天择，适者生存”的“适者”，说到底其实不过是“弱者”的代名词，须知“适应”无非是弱者不得已而采取的生存方式，强者无需屈尊去适应谁。物理物态的存在者其存在性与存在度得天独厚，其坚挺的存在在遭遇分化瓦解的时候表现为均匀而稳定的平滑直线动态过程。因此，无机界大可不

---

① 子非鱼（王东岳）：《物演通论——自然存在、精神存在与社会存在的统一哲学原理》，第366页。

② 同上书，第370页。

必玩弄什么“适应”的花招，倒是难以金刚之身不倒肉身不坏、为生老病死所困的生物界不得不表演“适者生存”的闹剧。宇宙衍存物的感应度与其存在度成反比，与其代偿度呈正比。能者劳而智者忧，无能者无所求。何以劳？何以忧？劳在求存，忧在难存之下企求何以衍存也。不劳不忧则不足以生存，这也正是人类“谋生”求存的真正缘由与意义之所在。无能者无所求，何以无求？一块石头块然自在，安然自足，无需谋生，无欲则刚也。一块石头无知，是因为它无需知识即得其存也。“一切神经精神运动的动机无非是要达成与原始单细胞及其前体生物的‘无能’被动状态同一的生存目的，可见‘无能’比‘本能’稳妥，‘本能’比‘智能’牢靠，但生物的系统演化却不能不朝着智质发育的方向迈进。”① 由此可见，弗洛伊德所谓的“生本能”与“死本能”，实非空穴来风，而是与自然存在的“递弱代偿衍存”，精神存在的“感应属性增益”以及社会存在的“生存性状耦合”诸法则盘根错节一脉相承。也正是因为这样，人才会分裂为本我、自我和超我，人类才会既掌控意识的世界，也反被潜意识的世界所操控。人类人类，活得很累，累就累在递弱者需代偿以衍存，累就累在感应属性高，累就累在生存性状强，谋生求存时费尽心机，绞尽脑汁，尔虞我诈，勾心斗角，口是心非，阳奉阴违，老谋深算，不择手段……人类无论是在求真，求善，还是在求美，均伴随着层出不穷的造假、作恶与出丑，剥去文化及各种意识形态的外衣与花招，识破其种种递弱代偿衍存表征，其核心深处无不与求存息息相关。难怪卡尔德隆愤世嫉俗地说：人的最大罪恶，就是：他诞生了！“人类前赴后继、高歌猛进，终于大功告成，这是宇宙演化的无上极品，是自然苦修的涅槃境界，它必须经由生物的自为努力才能有此正果，可它也必须借助人类的自我牺牲才能有此升华，宛若光和热的释放一定要让燃烧物化为灰烬一样。说来可叹，灵慧有余且自命不凡的人类居

① 子非鱼（王东岳）：《物演通论——自然存在、精神存在与社会存在的统一哲学原理》，第306页。

然也会身不由己地上演一出灯蛾扑火的闹剧，或者换一个不动声色的讲法：人这种自然物品终究不过是在为自然衍存之道作嫁衣裳罢了！”[1] 一语惊醒梦中人，也许我们并不愿意接受这种人类“心比天高，命比纸薄”的哲学判辞。但是，人类早已习惯于欣赏诸如莎士比亚《麦克白》一类悲剧中的诗意悲叹：“人生不过是一个行走的影子，一个在舞台上指手划脚的拙劣的伶人，登场片刻，就在无声无臭中悄然退下；它是一个愚人所讲的故事，充满着喧哗与骚动，却找不到一点意义。”

王东岳认为：“既然存在是一统的存在，就不要为弱化的衍存以及衍存者悲观，因为**弱势的衍存正表达了存在本身的强势**——即宇宙存在无论怎样艰危都要坚持存在下去的那样一种强势。而且，正是由于弱化的衍存进程才造就了可乐可悲或忽乐忽悲的‘诗意的栖居者’（海德格尔语）。【所谓‘诗意’，其实就是至弱者对其弱性的无意识抒怀，乐其为弱性所成就，并继续有所成就；悲其为弱性所困挠，且无法克服此困挠。至于哲学上或科学上针对人的衍存及其前途所发生的‘悲观论’和‘乐观论’之辩，却未免失之于无知和无聊，无知在毫无任何学术意义可言，无聊在毫无任何实践意义可言，因此最好把这类吟唱留给诗人们——以及感情富余而哲思贫乏的‘诗哲’们——去浩叹。】”[2] 在文学和美学领域，为什么穷愁之言易好，欢愉之辞难工，其实不仅仅是审美心理学的问题，也可以在递弱代偿衍存的物演哲学中寻找到答案。积极心理学的精神胜利，终究抚平不了递弱代偿衍存的物演大势所造成的精神圣痕，也掩盖不了人生在世不如意事常十有八九的存在之痛，故文学是苦闷的象征，文学家是人类的人质，代表着人类在受苦。美学所探究的美的本质，也成了哲学中最神秘的问题之一。叔本华从其意志哲学立场出发，认为“痛苦是生命本质上的东西，因而痛苦不是从外面向

① 子非鱼（王东岳）：《物演通论——自然存在、精神存在与社会存在的统一哲学原理》，第 361 页。

② 同上书，第 43 页。

我们涌进来的，却是我们每人在自己内心里兜着痛苦的不竭源泉"①。"原来缺陷、困乏、痛苦，那［才］是积极的东西，是自己直接投到我们这里来的东西。因此，回忆我们克服了的窘困、疾病、缺陷等等也使我们愉快，因为这就是享受眼前美好光景的唯一手段。同时也无容否认，在这一点上，在自私自利这一立场上说，——利己即是欲求生命的形式——，眼看别人痛苦的景象或耳听叙述别人的痛苦，也正是在这种路线上给我们满足和享受。"② "原来任何史诗或戏剧作品都只能表达一种为幸福而作的挣扎、努力和斗争，但决不能表出常住的圆满的幸福。戏剧写作指挥着它的主人公通过千百种困难和危险而达到目的，一达到目的之后，就赶快让舞台幕布放下［，全剧收场］。这是因为在目的既达之后，除了指出那个灿烂的目标，主人公曾妄想在其中找到幸福的目标，也不过是跟这主人公开了个玩笑，指出他在达到目标之后并不比前此就好到哪儿之外，再没剩下什么［可以演出的］了。因为真正的常住的幸福不可能，所以这种幸福也不能是艺术的题材。"③

从卢克莱修的《物性论》，到休谟的《人性论》，西方一直在探索物性与人性的种种奥秘以及物性与人性之间的戏剧性差异及其难解之谜。《物演通论》使笔者耳目一新，看到了物性向人性的跃升与人性向物性的回落。"'存在'表现为**结构存在**，'物性'表现为**物性相关**，这是近代物理学从牛顿式的绝对实体（绝对时空、绝对质量）向爱因斯坦式的相对存在（时空弯曲、质能互换）逐渐深化的客观规定，也是海德格尔哀叹人类的思想史从着实追询于本体论上的'存在'滑入面对三论（系统论、控制论、信息论）的'空壳'虚与周旋的根源所在。"④ 王东岳

① ［德］叔本华：《作为意志和表象的世界》，石冲白译，商务印书馆 1982 年版，第 436 页。

② 同上书，第 438 页。

③ 同上书，第 439 页。

④ 子非鱼（王东岳）：《物演通论——自然存在、精神存在与社会存在的统一哲学原理》，第 72 页。

为我们描绘了这样一种存在格局：存在阈决定存在者能否存在；存在度决定存在者能否稳存；代偿不过是存在度失量的虚性递补，从而令趋于失稳的衍存者得以维持在作为存在基准的存在阈之上继续存在；而存在性的概念内涵至此充实起来：所谓存在性，实际上就是存在度、代偿度和存在阈之间相互关系的内在整合，由此确立任何存在者的存在本质。①

在王东岳看来，人类的求稳意识和保守行为同样是合乎天理的自然秉性，就像人类的求变心理和激进行为是合乎天理的自然秉性一样。前者基于递弱，而后者立足代偿。东方哲思的保守性质源于前者，西方哲思的躁动性质源于后者。愈原始的存态愈偏于保守，愈发展的存态愈偏于躁动。“没有任何一个文明结构可以幸免这种磨砺，非但如此，递弱演进的自然规定必使变异代偿的周期日益缩短，‘求变’本身似乎成了不变的通例，社会运动的‘浪潮’层层紧逼，令人目眩。你不能说这其中只有痛苦，因为激荡本身就是活力和兴奋的体现，站在变异者的立场上，变异者反而会为未变者叹惜，并且深深地自觉到变通的荣光，其实这是由于他已脱离了那个曾经使他照常生存的层面的缘故，倘若当年自足如故，求变无由，今天的变通者未必不是扼杀一切变革举措最积极的一员，因为追求稳定同样是他们的需要，而且可能是更与存亡攸关的大事。是故，一切革命者终于都要以同样激烈的方式保守起来，这真是一件令人汗颜而又无可奈何的事情。”②

王东岳指出：“从表面上看，所谓‘代偿’似乎与既往哲学上惯用的‘转化’一词颇为雷同，然而，‘转化’的词义仅仅涵容着‘演变存续’的意味，既不足以揭示宇宙物质在其有序发展进程中如何演变的规律，也不足以阐明自然体系在其存在稳定性递失的流程中如何存续的机制，结果造成人们对诸如精神存在和社会存在等重大课题的深刻困扰，甚至造成人类对自存本质及

① 子非鱼（王东岳）：《物演通论——自然存在、精神存在与社会存在的统一哲学原理》，第53—54页。

② 同上书，第315页。

其行为后果的茫然无知，一言以蔽之，这相当于拿一个没有矢量内容的空洞物理概念去求证物体的运动规律一样荒唐，因而不免造成人类整体世界观的严重误导。”① 人类在文明的恶之花面前，已经很难参透恶之花结出恶之果的这棵参天大树盘根错节、枝叶旁逸斜出的总体面貌。

宇宙万物唯因其弱化才有所代偿，唯因其代偿才得以活化。这颇应证了《庄子·至乐》中的警句：“生者，假借也。”这是生存的前提条件。条件者，存在之根据和支持也，犹如母体之对于胎儿，非此则无以自存，非此则不能自持。譬如人，人是依赖于衍存条件最多的那样一种存在者，万物皆备于我，天以万物来养人。人不能风餐露宿，人的一生海吃海塞，坐吃山空，耗尽大量的各类资源。人在风烛残年、老态龙钟的递弱之际，步履维艰，需要拐杖、轮椅等代行工具才能衍存，病危时更需要吸氧、心脏起搏器等代偿设备以及医护人员的悉心照料才能衍存。

细数人类当下文化在高科技主宰下的信息化、媒介化、数字化、电子化，在经济决定下的商品化、消费化、快餐化，在政治引导下的民主化、大众化，以及在文艺、美学等意识形态影响下的休闲化、娱乐化、平浅化、日常生活审美化和审美日常生活化，这诸多文化表征的背后，呈现的感应属性增益与生存性状耦合，并不是其最终指意之所在，相反，恰与自然存在的递弱代偿衍存最终相反相成，形成充满张力的动态平衡系统。文明的浪潮愈逼愈急，人类的生存日趋紧张，它主要体现在如下几个方面：经济与资源范畴的紧张或物欲张力上升（与衍存条件递增律相对应）；文化与信息范畴的紧张或知性张力上升（与衍存感应泛化律相对应）；行为与信仰范畴的紧张或自由张力上升（与衍存动势自主律相对应）；政治与制度范畴的紧张或社会张力上升（与衍存结构自繁律相对应）；环境与人口范畴的紧张或生态张

① 子非鱼（王东岳）：《物演通论——自然存在、精神存在与社会存在的统一哲学原理》，第46页。

力上升（与衍存时空递减律相对应）。[①]

“生存性状耦合”的社会存在，加剧“感应属性增益”的精神存在，但并不能改变或缓解自然存在的“递弱代偿衍存”原理。“这就是**递弱代偿衍存法则**的严峻性所在——一个**彻底立足于存在**的规律，或**自身直接就是存在本身**的规律，因而是**宰制一切规律的规律**。”[②] **“人类出于某种无可奈何的内外压力而不得不将自己的浑身解数都调动出来以寻求更快的发展，恰恰是递弱代偿法则运行到理性阶段的又一个通例和证明——一个对自然存在性和自然统一性的最后也是最辉煌的证明。”**[③] **“一切逻辑的或非逻辑的物存属性——包括‘人性’的方方面面——归根结底都是存在的展开、存在的发扬或曰‘存在流的实现’。于是，‘人’就是物的后衍质态，而‘社会’就是存在的集大成，即是代偿衍存的集大成，亦即是代偿衍存的集约化存境或代偿属性的集约化属境。”**[④]

哲学是从一些后果或现象的原因或原则来取得这些后果或现象的知识。自然存在的“递弱代偿衍存”原理，昭示了人类哲学思想本体乌托邦探求的悲壮历程的深层缘由所在，也是人类精神存在感应属性增益、社会存在生存性状耦合，文化热衷于建构、解构与重构的深层原因所在。任何不变的事物，任何永恒的事物，譬如逍遥学派——经院哲学的本体形而上学，绝不可能成为知识的对象，它们不过是一种空洞的言辞，必将被从哲学和科学中驱除。后现代的解构热潮与动荡，预示并酝酿着更加庞大、更加紧密的人类文明结构之母体。而这也恰好印证了自然存在的“递弱代偿衍存”原理的深刻与伟大。

天道是人道的缘起。人道是天道的赓续。

---

① 参见子非鱼（王东岳）《物演通论——自然存在、精神存在与社会存在的统一哲学原理》，第 76 页。

② 同上书，第 43 页。

③ 同上书，第 77 页。

④ 同上书，第 366 页。

第一章　心物分立的形而上学困境

第一节　天启真理的形而上学玄思

亚里士多德将哲学区分为第一哲学和第二哲学，即形而上学与物理学。“第一哲学”和“形而上学”都因亚氏而得名，但“形而上学”一词并非亚氏自创，而是其第十一代传人安德罗尼科首创，在编纂完祖师亚里士多德《物理学》之后，以“形而上学”（metaphysics）标著“那些在自然的著作之后的著作”，意即“物理学之后”、“后物理学”。此后古典哲学就用“第一哲学”和“形而上学”专指那些“在自然事物之后”、“远离感官知觉”、难以理解的研究科目。

形而上学在某种意义上就是人渴望成为全知全能的神，至少是试图拥有神、拥有神的知识的努力。它形同一场旷日持久的人神之恋，有如人对神的热恋与单恋，最终以幻灭而失恋和分手。精神分析学以及人类大量的精神现象学研究表明，人类的精神活动每每含摄三个重要层面：精神圣化、精神圣痕与精神胜利。人类从来没有停止过想入非非，more human than human 的超凡入圣，是人类精神活动超越性的体现。世界上无论什么时候都有形而上学。不仅如此，每个人，尤其是每个具有哲学精神、宗教气质、善于思考的人，都会情不自禁地寻求自己的形而上学，而且由于缺少基本的共识与标准，每个人以及每个时代都可随心所欲地建构形形色色的形而上学。“只要人还是理性的动物，他也就还是形而上学的动物。只要人把他自己理解为理性的动物，像康德曾言，形而上学就仍属人的本性。”① 人类思想史上充满各种重量级的深度形而上学。

西方哲学史上的形而上学，一般地说是把关于一般事物的原理、概念、范畴加以绝对化、抽象化和神秘化，而中国哲学史上占主导地位的儒家形而上学则主要是把人伦道德原则，特别是封建道德原则加以绝对化、抽象化和神秘化。这是西方的爱智求知与东方的重道修德在文化精神上的重要不同。中国的思想文化传统重人生和精神的探讨；重本末、源流之区分；重直觉、了悟的方法；重道德和善的追求；重义轻利；等等。西方的思想文化传统重认识、重自然之研究；重现象与实在之分；重推理、分析的方法；重真理之追求；重功利；等等。中国传统文化“道”之观念，体现了东方文化的形而上学思想，也充分表达了先哲对宇宙和谐与秩序的体认。《庄子·天运》曰：“天其运乎？地其处乎？日月其争于所乎？孰主张是？孰维纲是？孰居无事推而行是？意者其有机缄而不得已邪？意者其运转而不能自止邪？云者为雨乎？雨者为云乎？孰隆施是？孰居无事淫乐而劝是？风起北方，一西一东，有上彷徨，孰嘘吸是？孰居无事而披拂是？敢问何故？”以西方现代诠释学观点看，老庄思想中“道”这一范畴有诸多层面：（1）道体（Tao as reality）；（2）道原（Tao as）；（3）道理（Tao as principle）；（4）道用（Tao as function）；（5）道德（Tao as virtue）；以及（6）道术（Tao as technique）。从道原到道术的五个层面，又可以合成“道相”（Tao as manifestation）。我们可以将不可道不可名的道之体理解为隐而未显的存在。天道无亲，守道归朴，大道至简，大道无繁，唯道集虚，凡此种种，皆属本体形而上学。屈原《天问》，所问为人，所扣在天，其兴致似在本体形而上学，暗中涌动的其实是隐伏着的主体形而上学的上下求索：“遂古之初，谁传道之？上下未形，何由考之？冥昭瞢暗，谁能极之？冯翼惟像，何以识之？明明

① ［德］海德格尔：《人，诗意地安居——海德格尔语要》，郜元宝译，第33页。

暗暗，惟时何为？阴阳三合，何本何化？圜则九重，孰营度之？惟兹何功，孰初作之？斡维焉系，天极焉加？八柱何当，东南何亏？……”

在近现代西方哲学中，“形而上学”通常是指研究事物的存在、实体、属性、样式、因果、变化、时空、一般和个别、个体和类、心灵和形体、外部世界的实在性、人类知识的可能性、人类知识原理等问题的理论。叔本华在充分肯定康德批判哲学对传统独断哲学的改造伟绩的同时，对其批判哲学进行哲学批判，指出意志乃是真正的自在之物（康德认为，we can't know thing in itself，叔本华则认为 we can't know consciousness in itself），以根据律为基础的事因学的说明到了尽头，形而上学开始发端。[①] 一切科学的，或前科学的，甚至后科学的认知基点或终极标的，最终都会不可避免地与某种广义的形而上学纠缠在一起。“因为形而上学的真理如此深奥莫测，所以形而上学领域始终潜伏着铸成大错的危险。也正因此，没有哪一门科学原则能够和形而上学的严肃性同日而语。”[②] 用现在的流行语稍加改造，可戏说为“太过深奥，吓坏宝宝”。海德格尔认为，“形而上学通过把在者的‘在性’（是者的‘是性’）形成概念来告诉我们在者是什么。形而上学用在者的‘在性’思在的思想，但是它又不能够用其特殊的思想方法来思在的真理。形而上学固然奔忙于在的真理之境，此一真理始终是形而上学未知的、深奥莫测的基础。”[③] “我们所谓哲学的终结，恰恰是指形而上学的完成。”[④] “形而上学即柏拉图主义。尼采标榜自己的哲学是倒转过来的柏拉图主义。其实，倒转形而上学的工作，在卡尔·马克思那里就已经完成。”[⑤] “形而上学对尼采来说，就是被理解为柏拉图主义的西方哲学，

---

① ［德］叔本华：《作为意志和表象的世界》，石冲白译，第 204 页。

② ［德］海德格尔：《人，诗意地安居——海德格尔语要》，郜元宝译，第 34 页。

③ 同上。

④ 同上书，第 23 页。

⑤ 同上。

走到了自己的终结。尼采由此把他的哲学理解为对形而上学的反动，而这在他看来就是和柏拉图主义作对。”①

形而上学建立起一种体系，力图从不证自明的第一原则出发演绎出其他事物。这种哲学按照不同的等级来安排事物，确定它们的地位，整个世界成为一个等级体系。形而上学的基本特征是：运用先验的逻辑研究，求助于概念的分析来把握世界，而不是像科学那样利用感官的明证、观察和实验来了解世界。也就是说，将认识视为事实的本质，把间接推知的凌驾于直接感知的。它研究的是世界的不可知觉的本体界。形而上学还可能运用非理性、非逻辑的方法，如借助内心的神秘体验和直觉，中世纪的经院哲学家、神学家，西方现代的一些哲学家如叔本华、柏格森等都是如此。胡塞尔和海德格尔要建立新的本体论，所运用的也是非理性的方法（物质本身的存在就是非理性的）。但是非理性并不是感性。它仍是以情绪和意志等非感性的东西作为本体论的基础。**海德格尔认为，形而上学最大的缺陷，就是主客分立**。**德勒兹指出，传统的形而上学是一种纵向性的安营扎寨性的城邦式的思维方式**。**后现代思想文化观念则取根茎发散状的游牧式的思想形态，属于反形而上学的弱思想而非形而上学的强思想**。

在西方，前苏格拉底时期的哲学本体论已呈现如下诸多猜测：变化（有变化才有事物的生与灭）是由外界强加给某种惰性物质的吗？还是物质独立的内在活性的结果？必须要有一个外部推力吗？还是演化本来就是物质内所固有的呢？大自然本质上就是随机的吗？有序的行为只是原子及其不稳定结合偶然碰撞的一种瞬时结果吗？

毕达哥拉斯最先发明了“哲学”一词，并最先使用“宇宙”一词指称大千世界。而宇宙，就像你的邻居，绝不会暴露无余，全部让你看见的，故结论只能是：其余的应该是它自己。自然既不是核，也不是壳；她同时是一切。赫拉克利特洞悉“万物皆

---

① ［德］海德格尔：《人，诗意地安居——海德格尔语要》，郜元宝译，第42页。

流”，发现一切在地上爬的东西都是被神的鞭子赶到牧场上去的。希波克拉底则认为，大多数自然灭亡，因为体质太弱。这有些接近王东岳所说的自然存在的递弱代偿，只是尚不知所谓的灭亡，仍是自然递弱代偿之后的衍存不堪一击，昙花一现，物质不灭，失存失稳之后，回归到更为坚实的原初存态，而非真的消失殆尽。

理性产生之前的世界，人类把自然事物奉为神灵，并从它们身上获得神谕。斯多葛派给神话以自然的解释，认为众神之王宙斯代表万物的本源，其他诸神都是他的延伸。他们认为宇宙自然和人互相关联，这一观念对后来中世纪所谓自然大宇宙（macrocosm）和人的小宇宙（microcosm）对照感应的讽寓关系有着十分重要的影响。按照这一观念，观测天象可以有助于了解人事，所以星相学在中世纪有着重要发展。基督教从教义创立始，就融合了柏拉图、亚里士多德等人的形而上学哲学思辨成分。古罗马哲学家普洛丁将柏拉图哲学嫁接于基督教，称世界之美不在物质，而在反映神的光辉。自然，成为认识上帝的线索和依据。帕斯卡尔这样说道：我们经常会发现，把一件困难的事情做好的最后一个方法是，在神面前把事情放下来。

基督教的神学思想启示人类，上帝是在所有生物中流溢出来的，所以所有的造物皆是上帝。中世纪的经院哲学多为“形而上学”，研究超自然的上帝、天使、天堂、地狱、魔鬼等。休谟指出，我们所认识的世界不是创造出来的，而是生成的。谢林认为某种“宇宙灵魂”是联结和组织自然现象的力量。而在黑格尔看来，自然界则是精神、绝对观念的“异在”。黑格尔认为，上帝有两种启示，一为自然，一为精神。宇宙本身似乎蕴含着合理性。伍迪·艾伦曾以极富文学想象力的方式这样说道：宇宙不过是上帝头脑中的一闪念。地球上的生命不过是上帝梦中可有可无、可长可短的梦境细节。

宗教把位于知识所能及的界限之外的东西归为信仰，理解为神迹及其启示，而科学则把所有在那个界限之内的东西力图从因果关系上加以理解。火对战士来说是一种武器，对工匠来说是他的设备的一部分，对教士来说是来自上帝的一种神迹，而对科学家来说则是一个问题。火的存在并不是为了人们做饭，而是一种能量形式。科学的昌盛使世界发生了某种比宗教信仰的衰落更为激烈得多的事情。对在现代科学文明中受过教育的文明人来说，世界变得不再神秘莫测了。我们不再把世界上所看到的神秘之事当作超自然意义的表现。我们不再把那些奇异的现象看作是上帝以奇迹般的语言来完成语言行为的实例了。奇异现象只不过是我们所没有理解的现象。对文明人来说，如果结果竟然是上帝存在，那必然像其他任何事实一样是一个自然的事实。这样，在宇宙四种基本的力万有引力、电磁力、弱核力和强核力之外，人们还要加上第五种力，即神力。或者更有可能的是，人们把其他几种力看成是神力的不同形式。但它仍然是十足的物理学，尽管是神学物理学。如果超自然的东西存在，那么它也一定是自然的现象。罗素晚年曾面对这样的提问：假定你在上帝存在的问题上的看法是错误的，假定关于上帝存在的全部故事都是真的，而当你来到天国之门请求圣彼得的允许时，由于你一生都在否定上帝的存在，那么你将对他怎么说呢？罗素毫不犹豫地说："那么，我就会走近他，就会说，'你没有给我们足够的证据！'"宗教问题就像性的偏好问题一样，人们已很少在公开场合下讨论这些问题。有一种集体无意识的感受觉得宇宙已经成为没有神灵寄寓其中或其外的存在。伍迪·艾伦的影片《汉娜姐妹》中的米奇当被问起为什么选择天主教时，他的回答令人啼笑皆非："因为这个宗教很美、很强，而且组织很健全。"在今天的无神论者看来，天主教不过是世界上最大的皮包公司而已，它兜售世界上谁也没有见过的特供商品：上帝。而一些所谓的宗教信仰者，其上帝或神也只不过是仅供自己意志调遣的心灵保护神而已。若作深度追问，使上帝得以成为解释万事万物的原因又是什么，则人们难免陷入没完没了的思想困境之中。可见自诩超越于理性真理的天启真理也有诸多难言之隐，最终只能以神学玄思不了了之。

中世纪的思想家常常认为凡是理性的东西事实上都是信仰。整个中世纪哲学，同现代思想相比，是一种"无边无际的理性主义”。一切均是上帝的注脚，一切均是宗教信仰的附加物。事无大小，一味酬神。在托马斯·阿奎那看来，整个自然世界，因为它是朝着作为“第一因”的上帝敞开的，显而易见是可以为人类理性所理解的，而对于在启蒙世纪之末从事著述的康德来说，人类理性的范围已十分急剧地缩小了。基督教的基本信念本质上讲是历史的道德的而非哲学的，它与东方佛教最主要的不同就在于它的非哲学性。圣奥古斯丁一向认为，与宗教启示相比，哲学只是次要的。不过，他的那些最出色的哲学思想却是精妙绝伦的。与古希腊文明注重正确思考和认识不同，希伯来文明更看重正确的行为与实践。叔本华认为，基督教在近代已忘记了它的真正意义而蜕化为庸俗的乐观主义，“实际上原罪（意志的肯定）和解脱（意志的否定）之说就是构成基督教的内核的巨大真理，而其他的一切大半只是［这内核的］包皮和外壳或附件。据此，人们就该永远在普遍性中理解耶稣基督，就该作为生命意志之否定的象征或人格化来理解［他］；而不是按福音书里有关他的神秘故事或按这些故事所本的，臆想中号称的真史把他作为个体来理解。因为从故事或史实来理解，无论是哪一种都不容易完全使人满足。这都只是为一般群众［过渡到］上述这种理解的宝筏，因为群众他们总要求一些可捉摸的东西”①。

关于上帝的存在，早期哲学史上出现过三种不同的重要论证：（1）目的论证明：宇宙浑然一体，秩序井然，万物生长似乎目的非常明确。随着近代科学的兴起，人们依据原因或随机率来解释自然现象，无意识现象的目的观不再站得住脚，从而也就削弱了目的论论证的基础。并且，尽管宇宙中秩序井然，但混沌也是显而易见的，人们有时候也许夸大了秩序。此外，认为整个自然界具有某种目的，这样的说法是否有意义，也是非常值得怀疑的。目的论是一种既不能为任何一种经验所证实也不能为任何一种经验所驳斥的信仰形式。证据、证明、概率等这些观念是完全无法运用于它的。总是存在着一种比任何已有的洞察力更深刻

① ［德］叔本华：《作为意志和表象的世界》，石冲白译，第556页。

的层次，对于什么构成最后的情状，原则上不存在经验的检验。（2）宇宙论证明：当下的宇宙必然是创造出来的，它不可能自发而生，无中生有。这种证明最大的弊病在于它会带来无穷的倒退。如果说宇宙的奇妙存在需要其他东西来解释，那么其他东西必然更奇妙，应该依据什么来解释呢？这样，在做出一种解释之后，必须对这种解释进一步做出解释，凡此种种，没有终结。（3）本体论证明：始作俑者为圣安瑟伦，他设想并确信有最伟大最完善的存在物。圣安瑟伦确定了上帝的本质，而关于本质的描述不管多么详尽，都不能为存在辩护。上帝自身的本质不可能先于自己的存在。上帝必然是纯粹的存在（以王东岳的哲学思想来看，所谓上帝，应该是"存在性"最高、"感应性"最低的那种存在，也就是人们可以想象但是谁也没法体验和经历的永恒，不可道之道或是当代宇宙学所谓的宇宙大爆炸开启前的奇点状态）。

天启哲学家们倾向于认为，对一个完全理性的人描述信仰，并不比对盲人说明颜色的概念容易。可以这样说，信仰与理性之间的对立就是生命同理性之间的对立——这种对立是今天的一个关键问题。从理性的观点看，一切信仰，包括对理性本身的信仰在内，都是自相矛盾的。信仰不是对我们所闻、所见、所学的东西的信赖。**如果我们永远不会真的知道，就只能存有一份信念了。如同赫胥黎所言，唯一可靠的哲学是不可知论**。信仰是不同于理性关系的一种存在关系，超乎知识之上，它在知识的彼岸。信仰使单纯的原始人对神祇的愤慨内在化了。"信仰就是信赖，至少最开始时是我们在日常生活当中所说的信赖某某人的那种意思。作为信赖，信仰是一个个人同另一个个人之间的关系。信仰首先是信赖，其次才是信奉，信奉教规、教义以及后来的宗教史用来模糊信仰这个词最初含义的宗教信条。"[①] "作为人类存在的一种具体方式的信仰，先于作为对一个命题的理智的赞同的信

① ［美］威廉·巴雷特：《非理性的人——存在主义哲学研究》，杨照明、艾平译，第74页。

仰，就好像作为人类存在的一种具体方式的真理先于任何命题的真理一样。”[①] 宗教不是一套信仰者同意的智力命题的体系。对于精神哲学，信仰只是不完善的知识，是信贷中的知识，只有当它得到理性的承认后，它才能是真实的。信仰是思辨哲学无从知晓也无法具有的思维之新的一维，它敞开了通向一切可能性之本源的道路，敞开了通向那个对他来说在可能和不可能之间不存在界限之人的道路。在帮助人类了解上帝的问题上，理性和逻辑是非常有限的甚至是毫无用处的。狂热的宗教徒们坚信，如果谁有芥粒大小的信仰，那么他就能够移山倒海。“但丁在象征人类理性的维吉尔引导下，经过地狱的深渊走上了炼狱的斜坡；可是当他通过天国——那是只有由上帝的恩赐所选定的人才能进去的领域——走上旅程时，维吉尔反而消失了，改由象征神的启示的比阿特里齐代作向导。简言之，理性带领我们到达信仰，在没有理性的地方乃由信仰接管——这些就是在但丁的有条不紊的水晶般的世界里人的幸福与和谐的所在。”[②] 歌德《浮士德》所表现的是后来尼采在他的一生中和哲学中不断深思的问题：人是怎样从当代绝望中诞生而成为一个历史上前所未有的更老练、精力更充沛的存在者？浮士德即是尼采的“超人”原型。浮士德原本是个中世纪的老年学者，后来致力于魔术和妖术，他的欲望和野心极大，居然谋求超越教皇和皇帝的权力。当诗剧一开始，浮士德由于他内在生命源泉的枯竭，曾决定自杀以了此一生。可是他刚把盛毒药的酒杯送到嘴边时，忽然听到街上传来耶稣复活节的一首圣歌。他以出卖灵魂与魔鬼订约，却最终赢得以永恒女性引领向前。

在“天使博士”托马斯·阿奎那的思想中，人是一个在自然秩序和神学秩序之间被分割的存在物。在自然秩序方面，托马斯主义者是属于亚里士多德学派的，这个生灵的中心是理性，他

---

① ［美］威廉·巴雷特：《非理性的人——存在主义哲学研究》，杨照明、艾平译，第 75 页。

② 同上书，第 110—111 页。

的实体形式是理性的灵魂。这个理性的动物在自然的秩序中对超自然的现象而言是处于次要地位的。根据托马斯·阿奎那的看法，宗教的真理是超自然超理性的；但它不是“非理性”的（也不是“反理性”的）。单单依赖理性我们不可能深入信仰的神秘中去。然而这些神秘并不与理性相矛盾，而是使理性尽善尽美。在圣·托马斯之后，邓斯·司各脱以及他的追随者提出了与托马斯主义相对立的学说——意志高于理智。

阿奎那吸纳亚里士多德的许多思想，尤其是关于无限追溯之不可能性（infinite regress）的思想，为上帝的存在提供了五条证据。无限追溯之不可能性，意思是原因或理由不能永远寻找下去，在某一点上，一系列原因或理由必须终止。理性原则和天启神启，是不容易结合在一起的。阿奎那不以《圣经》为基础的自然神学体系，其宗教理性的长期影响，在教会内部点燃了世俗思想缓慢燃烧的引信，从而搬开了压在人类心灵上的神学巨石。阿奎那摒弃了本体论证明，在《神学大全》和《反异教大全》（八百万言）中他采用理性证明上帝存在的“五条途径”，这是不同于老“五法”的新“五法”，通过拆零的策略，即把总体问题分解成尽可能细小的部分，阿奎那寻觅着自己的天路历程，演绎着天启哲学的形而上学玄思。今天，人类如何超越这种天启哲学的形而上学玄思，同时又不落入理性哲学的形而上学迷思？

阿奎那首先从运动开始，寻找上帝的藏身之所。阿奎那认为，由于存在运动，就一定有“不受动的始动者”，这显然就是上帝。一切事物都在运动，而一个事物的运动都是由另一或诸多事物推动的。由此引发人们追溯某个自身不动的推动者。上帝在自然界中的首要职能从至高无上者转化为创世者，《圣经》中作为拯救者的上帝形象得以弱化。上帝的本质在自然界的运动过程中所得到的体现一点也不比在《圣经》的庄严陈述中所得到的体现更差。

巴门尼德的学生和朋友芝诺曾提出“二分法”、“阿基米德与乌龟”、“飞矢不动”、“运动场”四个著名观点来证明存在是不动的。世人似乎只看到“流水的兵”，哲人则更在意“铁打的营盘”。芝诺有这样一个关于运动的著名悖论：为了通过房间，我们首先必须通过房间的一半，但要做到这一步，我们又必须通过这个一半的一半，如此以至无穷。芝诺由此得出结论说，任何运动都是根本不可能的。芝诺认为，运动的东西既不在它所在的地方运动，又不在它所不在的地方运动。

自然是运动中的质点。尽管科学对运动的研究，颠覆和修正了古代哲学、宗教神学对运动所持的观念，但时至今日，运动仍是天启哲学本体论中充满高度形而上学特征的话题。

牛顿断言，上帝始终对太阳系起着调控作用。他认为，行星运动的规律是不可能有科学解释的，在相同方向上有着不同速度的共面轨道不可能由于自然原因而得到解释。他晚年的皈依宗教，也绝非老年痴呆所致。“莱布尼茨指出了牛顿的看法在神学上的缺陷：一个完美的上帝不会创造出一个不完美的、需要定期进行纠正的机械体系。我们还可以对牛顿的论点作进一步的反驳：作为神圣的宇宙管道工的上帝，在修补其体系的漏洞时，将成为一个仅仅关心维持宇宙现状的最大的保守分子。”①

阿奎那的第二个证据，是关于有效原因的论证。阿奎那声称由于宇宙中存在着一个“有效原因的秩序”，就一定有一个第一有效原因，也就是上帝。

因果性是世界上对象之间、事件之间的重要关系。由于这种关系，一种现象成为原因，它引起另一种现象，即结果。德谟克利特认为，与其做波斯国王，还不如找到一种因果关系。追根溯源，在研究因果问题方面，亚里士多德提出过“四因说”：质料因（形式借助什么使事物体现为如此这般模样）、形式因（何以事物是其所是呈现如此这般模样）、动力因（靠什么力量事物得以成为如此这般模样）和目的因（事物如此这般模样到底是为了什么）。亚里士多德乃古希腊百科全书式的哲学家。黑格尔曾经这样评价他：如果真有所谓人类导师的话，就应该认为亚里士多德是这样一个人。虽然如此，亚里士多德形式逻辑的局限性如

① ［美］伊安·G. 巴伯：《科学与宗教》，阮炜等译，第53页。

今已是显而易见，尽人皆知。内因外因，主因次因，有限之因与无限之因，倒果为因或变因为果，在怀疑论的认识论中，疑点丛生。

神学拒绝接受任何世俗证据的终结性，除上帝外一切终将被怀疑和抑制。信仰上帝就意味着相信一切都是可能的。推定一个造物主就是推定一个原因，而因果的推论，只有当它们产生于观察到的因果法则时，才能得到科学上的承认。从无到有是一种不曾见过的现象。因此，假定世界是由造物主创造的并不比假定世界是无前因的更有道理；二者都与我们所能观察到的因果法则有矛盾。“如果事物的终极原因是可以认识的，谁还会拒不参加实现这一目标的努力，或者说，谁还会为那些带有关于我们可怜而又脆弱的人类存在的有限性和不完整性的目标所烦扰呢？罗马的诗人说：‘能够知道事物原因的人是幸福的’，而最幸福的人则应该是能知道事物的终极原因的人。”① 因与果实际上跟科学是同一的。没有它，世界就成为一堆无意义的、混乱的偶然性。宗教曾用神学收拾这混乱的局面，科学则用因果神话放逐宗教。

阿奎那的第三个证据，是关于偶然性的论证。阿奎那声称，在自然界一些事物的存在总是决定于另外一些事物的存在的。理解这种形而上学的相依性（不使用无限追溯证明）的唯一方式，便是承认一定有一种必然的有，这种有，其存在不依赖其他任何事物，这种有，便是上帝。

自第一位旧石器时代的部落战士偶然被石块绊倒时起，关于偶然性问题在宇宙事物中的作用问题就已浮出水面。“儿童与原始人类多么甘愿相信有一个离奇古怪的自然界，在其中，反复无常性所起的作用并不亚于必然性。”② 许多古代文明中存在着渎神空间和神明空间的分野。这个分野对应着把世界划分为一个通常的空间即服从于机遇和堕落的空间，以及另一个有意义的与偶

① ［美］威廉·巴雷特：《非理性的人——存在主义哲学研究》，杨照明、艾平译，第90页。

② ［法］柏格森：《时间与自由意志》，吴士栋译，商务印书馆1958年版，第158页。

然性和历史无关的神明空间。这就是亚里士多德所建立的恒星世界与我们月下世界之间的对比。这个对比对于亚里士多德用来估价对自然进行定量描述的可能性的方式来说是决定性的。因为天体的运动不是变化而是一个永恒同一的“神明”状态，所以它可以用数学的理想化来描述。但是，数学的精确和严格与月下世界无关。不精确的自然过程只能服从于某种近似的描述。偶然性被作为虚幻的、不科学的概念加以拒绝。事物是不可能始终存在的，因此在某些时刻它不存在。这个事物、这个世界是如此这般的，也是偶然的。奇妙的不是世界是怎样的，而是世界就是这样的。宇宙包括人在内也许都是偶然性的事物。亚里士多德把失落在合规律性事物之外的、一次性出现的事态的发展，完全归结为偶然的、不可预测的和理性所不能及的范畴。对亚氏来说，偶然性不过是扰乱物的目的实现的骚动。亚氏设想一个目的，从而构成一个不为偶然性所骚扰和造成烦恼的世界和宇宙。而古罗马伟大的哲学诗人卢克莱修的《物性论》则认为：我们的世界不是由计划造成的，而是由原子的偶然运动形成的。①

宗教神学认为相信自然定律，就是怀疑上帝的全能。如果出现了一条规则，那是因为它也邀上帝的喜悦；但是，认为这个规则是一种必然性，就等于屈服于魔鬼的引诱。

为什么存在的是世界而不是虚无？为什么世界是这样的而不是那样的？人的生与死就是非常发人深省的偶然性。这种偶然性将我们抛入存在中，又随时可能意想不到地将我们推入非存在中去，死亡如同我们脚旁万劫不复的万丈深渊。斯宾诺莎认为，我们越多地理解个别事物，我们就越多地理解上帝。

在中国的神话传说中，龙代表秩序法则，也就是阳，它脱胎于混沌之中，也即阴阳未分的太极状态。中国的许多创世神话认为，阴是一道清光，它脱离混沌，与阳一起形成了天地。所谓“天得一以清，地得一以宁，人得一以灵”。中国传统文化的阴阳五行思想蕴含着丰富的混沌特性。任何一方比例过大都会使世

① ［古罗马］卢克莱修：《物性论》，方书春译，第55页。

界重新陷入混沌之中。叔本华指出，“‘极性’，即一个力的分裂为属性不同，方向相反而又趋向重新统一的两种活动，——这种分裂最常见的是在空间上显示为相反方向的背道而驰——几乎是一切自然现象的，从磁石和结晶体一直到人的一种基型。不过从上古以来，在中国阴阳对立的学说中已经流行着这种见解了”①。钱锺书曾有感于偶然性推翻了人们至今所理解的必然性，认为必然性的原有观念失效了。一切无常事物，无非譬如一场。随着必然性的递弱，偶然性的递强，人生成败与否的因缘次序在某些人看来，可以概括为“一命二运三风水，四人五德六读书，七工八技九盘算”。罗马帝国晚期斯多葛学派的奠基者塞内卡曾说：愿意的人，命运领着走；不愿意的人，命运拖着走。笛卡尔《谈谈方法》则说：我始终只求克服自己，不求克服命运，只求改变自己的欲望，不求改变世界。这些都是对于大不终、于小不遗的宇宙自然力的原始敬畏与原始领悟。所谓的“命中八尺，莫求一丈”。“一个人年岁越长，就越容易相信他的好运有四分之三全靠这个可悲的世界的工作”（腓特烈大帝致伏尔泰）。纯粹偶然的事件乃是历史表面的一种结晶形式，它可能被其他合适的偶然事件所代表，但划时代是必然的和先行决定的。将一种偶然提升为一个命运的象征，命运即是力大无边的偶然之物。在这一点上，古希腊的命运悲剧使我们感同身受。

在西方传统中，对于必然性的承诺是全部形而上学承诺中的要点。如今，必然性的大宗份额已经被数理逻辑和力学抢走。内格尔把偶然性接受为自然的一个真正特性，把可错性接受为人类探索的一个不可避免的特点；但到处出现神迹，都是偶然，没有规律，科学将寸步难行。

“二十六种尝试发生在今天的创生之前，所有的尝试都注定地失败了。人的世界是从先前的碎片的混沌中心出现的，他也暴露在失败且无任何回报的危险面前。‘让我们希望它工作吧！’上帝在创造这个世界时这样呼喊过。这个希望（和这世界及人

① ［德］叔本华：《作为意志和表象的世界》，石冲白译，第 208 页。

类的所有后来的历史相伴）恰从一开始就强调了：这个历史被打上了根本的不确定性的印记。”①

阿奎那的第四个天启哲学玄思，是关于完美程度的论证。阿奎那认为，由于我们能区分完美和不完美，便一定存在一个完美的最终标准，这就是上帝。

然而，宗教神学中与自然秩序有关的上帝的活动方式是什么？上帝在一个受规律支配的世界中又是怎样起作用的？

和阿奎那一样，圣奥古斯丁一生努力从事神正论的著述，为上帝宇宙的完善而辩护。威廉·帕列夫《自然神学》（此外还有著作《基督教证明一览》），副题为“神的存在及其属性的证据”，认为大自然的复杂性正是上帝存在和神参与了造物的证据。他想象自己正在散步，忽然发现石头间有一块表。表不像石头，它有许多复杂的部分，但为着一个共同的目的而一起工作。像自然物这样的无理性事物朝向一个目的活动，从其活动来看，它们总是或近乎总是遵循可以达到最佳结果的同一条路线活动。因此，它们达到目的的活动不是偶然的，而是有预谋的。如果没有赋予其理智的东西的指导，没有理智的自然物怎么可能朝向它们的目的活动呢？正如没有射手，箭就不会飞向目标一样。因此，必定有一个理智的东西存在着，指导着所有自然物朝向其目的活动，我们把这种有理智的存在物称为上帝。一朵花里见世界，一粒沙中见上帝。譬如，氢，易燃（纯度不高即爆炸），氧，助燃，然而由氢和氧化合而成的水，却是抑燃的。再譬如，水有三种物理状态：液态、气态和固态，固态的冰因其反膨胀浮于水面而不沉于水底易于春来消融，这一点对于地球生命意义非凡。正是因为这样，卢梭才会在《爱弥尔》中这样感慨道：出自造物主之手的东西，都是好的，而一到了人的手里，就完全变坏了。真所谓天以万物来养人，人无一德以报天。中国古代先贤将天地人视为三才，如同西方将人视为宇宙的精华，万物的灵

---

① ［比］伊·普里戈金、［法］伊·斯唐热：《从混沌到有序——人与自然的新对话·导论》，曾庆宏、沈小峰译，第313页。

长。不过对于宗教神学来说，上帝是造物主，而人只不过是受造者，勉强以万物皆备于我的“物主”自居。在宇宙自然从稳定向失稳，从有序向无序的递弱代偿衍存的过程中，完美无缺的上帝是否也风烛残年，直至寿终正寝？

最后一个玄思，是关于设计的论证。阿奎那宣称在自然界，我们随处可见上帝旨意的证据，自然界看上去是一个和谐的系统，万物似乎都是为了某种终极目的而存在。因此，宇宙一定有一个设计师，这就是上帝。

这种神学思想无异于给物理世界一个智能的框架。自然是精确设计并受严密控制的，不会自动出现大量过剩的问题。“前定和谐”被最普遍地用来描述莱布尼兹（被誉为“哲学家中的哲学家”；他曾因有思无：“为什么有东西存在，而不是空无一物？”）的思想体系。休谟在《人类理解研究》中这样写道：“我们宁可假定，神明在创世时就用极完备的先见，把宇宙结构设计好，使它自动地借自己的适当作用，就可以来实现上帝的一切意旨；而不可假定，伟大的造物主不得不时时刻刻来调整宇宙的各部分，并且借他的气息来鼓动那个大机器的全副轮子，因为前一种假定更能证明他有较大的智慧。”[①] 我们可以追问，万事万物是否被普遍的目的决定着；生存世界是否被无限广大的无目的的混沌世界所包含着。物有其演化且有其不得不演化、不得不如此演化的缘由所在。神奇的宇宙大力、宇宙大有，以万物为刍狗，展现着超级魔术师的拿手好戏，时空变幻，生死无常。

“斯宾诺莎得出的结论则走得更远，他完全抛弃了传统的上帝观念。他写道，不存在什么宇宙目的，因为一切事物都是遵循不可改变的、客观的因果法则而发生的。世界是一个机械的和数学的体系，在任何意义上说，它都不是一个人格的和伦理的体系。斯宾诺莎喜欢用‘上帝’这个词来表示非人格性宇宙秩序的不可更改的结构，但他明确摒弃了任何视上帝为有用的和理智

① ［英］休谟：《人类理解研究》，关文运译，商务印书馆1957年版，第66页。

的存在物的观念；他说，‘理智与意志都不属于上帝的本性’。神是有广延性的‘无限实体’，广延是其一种属性，但它不具有伦理性质，因为善恶只同人的欲望相关。这个世界体系的和谐与完美本身就可以成为人类为之献身的至高无上的目标。他认为，真正的智慧存在于对宇宙力量的顺从之中，人必须理解支配着他的生命的无情法则的公正和必然性。然而，斯宾诺莎对一个机械世界体系的神学含义的解答大大背离了流行的观念，因此在他那个时代不可能产生很大的影响。”① 今天看来，宇宙运演有其物性特征，这种递弱代偿衍存，在物性基础上生发出人性，使物理感应、化学感应等基本属性代偿衍存生发出生理感应、心灵感应等更加复杂的感应方式与感应属性。如果进行逆向推衍，我们则可以将心理的还原为生理的，生理的还原为化学的，化学的还原为物理的。矿物是物，植物是物，动物是物，人物也是物，是谓物演。物理是理，生理是理，心理是理，情理也是理，是谓通论。

李约瑟指出：西方思想总是在两个世界之间摆动，一个是被看作自动机的世界，另一个是上帝统治着宇宙的世界，这是“典型的欧洲痴呆病”。当代科学仍然在创造论模式与进化论模式之间摇摆不定，对天的启示与人的启蒙莫衷一是。伊安·G.巴伯认为，创世说的基本宗教含义并不依赖于有关宇宙起源的特定科学理论。这些问题依然存在：为什么存在着宇宙？为什么宇宙具有一个可理解的结构，而且在这个结构中生命能够出现？

天启哲学认为，神不按人的方式（诸如人的理性、逻辑等）行事。人妄想把上帝放到某种条件下进行实验，但神不会按照人给出的条件做出反应。被实验者（往往是无意志的客体）被动地按实验者给出的条件做出反应。黑格尔和谢林的精神之父斯宾诺莎，在其著名定理中说：上帝只根据自己的自然法则行事，并不受任何人强迫。《圣经》里五个饼和两条鱼喂饱五千人，只能被视为神话或神迹。黑格尔指出：奇迹是对现象的自然联系的暴

① ［美］伊安·G. 巴伯：《科学与宗教》，阮炜等译，第39页。

力，因此也是对精神的暴力。今天，在无神论者和理性主义者眼中，不再有全宇宙的大神迹。要求存在中的不可能或不可能的存在就意味着愚蠢和疯狂，而愚蠢和疯狂则对人类最有害。亚里士多德曾告诫过人们，哪里开始了不可能的领域，哪里就是人的追求应当终止的地方。理至见极，必将不可思议。《严复家书》曾云："迷信者，言其必如是，固差；不迷信者，言其必不如是，亦无证据。故哲学大师赫胥黎、斯宾塞诸公皆于此事谓之 Unknowable（不可知），而自称为 Agnostic（不可知论者），盖人生智识至此而穷，不得不置其事于不议不论之列，而各行心之所安而已。"在神学家看来，物质的东西所以在无人注意的情况下依然存在，是因为上帝无时不在注意它们，更确切地说，是因为它们始终是上帝头脑中的思想。物质多么像漫不经心慢下来的思想。没有任何理由说世界不会自然产生，只能说这似乎显得奇怪；但是，没有任何自然法则表明我们感到奇怪的事情必不会发生。上帝的"帝"之所以被一些文字学家释为花蒂之"蒂"，乃喻"帝"之创生力量（生殖崇拜）。（中华人文始祖炎黄二帝，据考乃两母系社会部落老祖母，其一头戴红花，其一头戴黄花，故曰"炎黄"。）有趣的是，英文中的上帝 God，字母倒过来写就是 dog。"帝"字还被释为人形偶像，并得出人形偶像崇拜比之自然物崇拜已有了很大的进步的结论。这便有了依人赋形与依类赋形的上帝。观念意义上的上帝，始终代表和体现着人类心灵中心主义的形而上学。神灵中心主义只不过是心灵中心主义的原型，心灵中心主义也只不过是神灵中心主义的移位而已。恰恰是人类理性精神的增长，使人类越来越认识到生物能以及心能智能只不过是其他能量形态的代偿衍存形态而已。从植物、动物到人，自然创造自然本身。精神存在只不过物质存在递弱代偿衍生而出的副现象而已。一方宇宙养一方人。人是宇宙的小心思，宇宙是人的大身体。与此同时，宇宙也是上帝的灵与肉。从某种意义上说，传统的神学总向人类献媚，神学观点把人看成神的秩序的一部分，与此同时人类也厚着脸皮跟神套近乎，甚至发展出一种狂热的恋情，奢望成为上帝的新娘。

兰克说，所有年代都相同地靠近上帝。马利坦的新托马斯主义则针对着中世纪结束以来，人一方面觉醒过来，另一方面又由于自己的孤独而感到压抑和挫折的心理事实，主张应从“以人为中心”返回到“以神为中心”，以神本主义代替人本主义，确认上帝是最高的存在，即存在之作为存在。休谟认为，上帝的存在是一个事实问题——要么他存在，要么他不存在，而事实问题或者说存在问题只能通过观察来解决。康德否认上帝存在的理性证明，反对用哲学理性来证明上帝的存在，并且对上帝存在的传统证明做了深刻的批判。康德不是排除上帝的存在，而只是排除了有关上帝存在的知识。诚如康德的名言所说，他排除了知识，以便为信仰留下地盘。一个演绎的和决定论的体系如何可能为上帝留下地盘？他消解了上帝存在的所谓“证据”，这样，许多世纪以来（即使不说是千年以来）的绝大多数哲学便土崩瓦解。科学时代人们形成的普遍而基本的共识是：上帝的存在无法进行理性证明，无法证真或证伪。“毫无疑问，文明社会的世界肯定是人创造的，因此它的原理是在我们人的思维的变化之中发现的。无论是谁，只要想到这点，就禁不住感到惊奇：哲学家们竟会倾其全部精力去研究那个由上帝创造的因而也只有上帝自己才能认识的自然世界，他们竟会忽略对各个国家所组成的世界（或民众世界）的研究，而这是人创造的世界，因而人能够去认识它。”[①] 费尔巴哈认为，人们应该把对神的爱变成对人的爱。上帝是我们负担不起的奢侈品。霍布斯，这个在无敌舰队的惊吓之中诞生的伟大的早产儿，认为谈论上帝及其属性已经远远超出了任何人的能力。帕斯卡尔不喜欢形式哲学，更不喜欢形式或理性神学。这种神学的头等任务是为证明上帝的存在而制造理性的证据。帕斯卡尔认为那些证据是离题的，头一天看好像是有根有据的，可第二天就不够确凿了。在帕斯卡尔看来，上帝不是哲学家的，上帝是亚伯拉罕的、以撒的和雅各的。诺斯替教（Gnosti-

① ［比］伊·普里戈金、［法］伊·斯唐热：《从混沌到有序——人与自然的新对话·导论》，曾庆宏、沈小峰译，第 5 页。

cism，波斯祆教的一支）认为，并非只有一个上帝，而是两个：一个是恶的上帝，一个是善的上帝。宇宙是由邪恶的上帝创造的。上帝还恶意地把人类的精神囿禁在罪恶的肉体里。科学主义者、理性主义者认为没有理由把上帝看作比世界更适当的终点。何不在人们本来就不理解的宇宙面前止步呢？上帝的观念，An Unmoved Mover，只不过为说明的过程提供了一个偷懒、省劲、廉价、看似一劳永逸实则无济于事的终点而已。

人类文明从神道设教向人本主义的世俗化演进，始于先验信仰，终于理性怀疑。康德和福柯两人的同名文章《何谓启蒙?》关注的均是人类文明的这一宏大叙述。启蒙运动带来的后神学文化使理性哲学成为文化之王。实证主义哲学的科学化隐含着把科学作为文化基础的要求。凡失去者，均为长高长胖的科学取而代之。海德格尔曾把荷尔德林的诗说成是一座“没有神龛的庙宇”，这一描述实际上也适用于他自己的哲学。现在是世界的黑夜，海德格尔引用诗人荷尔德林的话说：神已退隐，就像太阳落到地平线之下。这时思想家若想拯救这一时代，只有力图理解对人既近在眼前又远在天边的问题：人本身的存在和存在本身。宗教信仰文化不再一统天下。艾略特极力反对为宗教寻找任何替代物，然而人们仍然身不由己情不自禁地不断寻找它的替代物——人文主义、科学、理性、艺术、道德、激情等。

前科学的思维借助于直观经验和想象力，将分离的时空表象整合成系统，并且赋予这些系统以功能、生命、运转和演化的程序。有机的感应论和神秘论在已感知的实在世界与隐匿的超验世界之间填充了必要的解释。这种非科学的思维是真正科学思维的源头。“科学和宗教的关系并不像人们想象的那么简单。事实上，即使在中世纪，教会和信仰也为科学的发展留有空间，没有中世纪人们的科学思考和研究，近代科学的发展就是不可想象的；即使在启蒙时期，科学家和思想家们也为信仰的存在留有空间，因为科学并不能穷尽一切问题的答案。如果说，宗教和科学确实存在彼此冲突的一面，那也是由它们各自在历史发展中的不成熟造成的。只有意识到各自的功能差别，剔除对宗教来说非本质的东西，也让科学回归到自身的恰当范围，宗教和科学才能在不断对话中走向和谐，并共同为人类的福祉发挥积极作用。”①科学家的普遍困境，就是他们可以描述世界如此这般，却不能解释世界为什么会如此这般。宗教采取了各种不同的“我—你”关系，我们进入了这种关系，并通过它们建立了永恒的“你”即上帝的观点。人与人的关系、人与他者的关系是人与上帝关系的一个反映。因此，一旦从形而下的对世界如此这般的研究进入形而上的对世界为什么会如此这般的思考，科学家们就会不由自主地形成自己的宗教意识。“由于宗教认识缺少科学所追求的那种精确性、客观性和必然性，所以，科学必然会对宗教采取怀疑和批判态度。在认识问题上，相对来说，越是形而下的认识问题，它们离科学就越近，离宗教就越远。反过来说，越是形而上的认识问题，它们离科学就越远，离宗教就越近。由于如今认识所要解决的更多是形而下的问题，所以，仅就认识功能而言，科学已经并且应该取代宗教的位置。”② 康德在《纯粹理性批判》中试图限制科学理性的范围，认为科学理性只能关乎现象界，只能为人们提供具有普遍性和必然性的知识，而和人的道德与自由意志无关。要确立普遍的道德法则，只能通过实践理性。但恰恰是在实践理性这里，康德又重新恢复了上帝作为道德基础的地位。康德无疑恢复了宗教在道德生活中的核心地位，而其道德哲学也是对启蒙时期过分强调科学理性的一种矫正。正如卡西尔所指出的那样：启蒙运动最强有力的精神力量不在于它摈弃信仰，而在于它宣告了新信仰形式，在于它包含的新宗教形式。这让我们想起法国著名启蒙主义思想家伏尔泰的名言：即使没有上帝，我们也要造出一个上帝。

启蒙运动最重要的成果是运用理性的怀疑精神与推理能力，打破了中世纪宗教神学的束缚，使理性和知识得到了广泛

① 张志平：《西方哲学十二讲》，重庆出版集团、重庆出版社 2008 年版，第 75—76 页。

② 同上书，第 91 页。

传播。启蒙运动的两个主要信念就是，人可以认识自然和人可以控制自然。无限的宇宙恰好为人的理性力量的无限发挥提供了无限的空间。人从对神性的依赖中解放出来，开始依靠自身的理性力量探索自然宇宙，改造人类社会与生活，并以此谋求自身的幸福。

曲终奏雅，笔者不禁要问：幽思难忘的天启哲学的形而上学玄思，是否真的可以被人类理性哲学的沉思所彻底对冲？

第二节　理性真理的形而上学迷思

从天启真理的探寻，到理性真理的追问，西方文明走过了漫长的道路。在“上帝死了”之后，人类理应为上帝验尸守灵。当初圣托马斯·阿奎那一心寻找上帝藏身之处，种种关于上帝存在的神学论证，如今纷纷从形而上学的管辖下移置出来，而从认识论的角度予以研究，置于科学与哲学视域之中加以拷问。

“对于知性意识来说成问题的一切也因此可归结为一个终极的、最严重的问题，那就是运动的问题。”[①]“运动问题仍旧是一切高级思维的重心。所有的神话和所有的自然科学全是起源于人类面对运动之奥秘时所生的惊奇之感。”[②] 理性真理率先在启示真理的信仰地盘圈地，把作为与第一推动力相关的运动问题从神学问题转化为科学问题。基尔霍夫（1824—1887年，德国物理学家，光谱分析理论的确立者之一）说过：“物理学，即是对运动作完整而简单的描述。”自从伽利略以来，物理学的中心问题之一是对加速度的描述。伽利略发现，如果运动是匀速的话，我们就无需寻求这个运动状态的原因，就像不必去问静止状态的原因一样。无论运动还是静止都将永远保持无限的稳定，除非某种事情偶然扰乱了它们。

牛顿的万有引力学说解释了地球的公转现象但不能解释地球

① ［德］斯宾格勒：《西方的没落》第二卷，吴琼译，第12页。

② 同上书，第13页。

的自转问题。牛顿也因此变得异常谦逊，声称自己不过是在知识的大海边捡到几个贝壳而已。“自牛顿以后，万有引力理论已成为颠扑不破的真理，可如今，也只能被当作一个有着时代局限的、靠不住的假设。”①

运动与时空有关。爱因斯坦相对论通过引入时间之维，使我们明白宇宙无限大，世界不同期。时间和空间一样，对于宇宙秩序具有重要意义。时间是阻止所有事物同时发生的东西。如果我们假定宇宙是从大爆炸开始的，这显然隐含着在宇观层次上的一种时间秩序。热力学为无时间的机械论引入时间之维。科学正在重新发现时间。太阳绕着银河系中央旋转一周需要 2.25 亿年，天文学家称之为一个宇宙年。这时太阳就像钟表面上的指针，告诉我们浩瀚的天文时间。时间隐含着衰退和死亡。量子物理学的原子钟，通过计算某一原子恒久不变的振动率，比如每秒钟振动 9192631770 次的铯原子，来计量时间，这样的钟每 200 万年误差还不到 1 秒。此外，计量时间还有化学钟，“化学钟就是以连贯的、有节奏的方式进行的化学反应”。“在化学钟里，所有分子以一定的时间间隔，同时改变它们的化学性质。如果可以把这些分子想象成是蓝色的或红色的，我们就会看到它们的颜色随着化学钟反应的节奏而变化。”② 今天，人类科学与学术研究的兴趣正在从“实体”转移到“关系”，转移到“信息”，转移到“时间”上。没有什么实验或观察能够告诉我们时间是否有开端。在广义相对论之前，大多数物理学家和哲学家都认为，时间是一种放之四海而皆准的鼓声，是宇宙要与之同步的一种稳定节律，不会变化，不会摇摆，也不会停止。爱因斯坦则证明，宇宙更像是一场盛大的复合节奏爵士摇滚即兴演奏会。时间可以变慢，可以拉长，可以被“撕成碎片”。宇宙大爆炸的“奇点”（singularity）这个术语，实际上所指的正是时间的边界，可能是

① ［德］斯宾格勒：《西方的没落》第一卷，吴琼译，第 399 页。

② ［比］伊·普里戈金、［法］伊·斯唐热：《从混沌到有序——人与自然的新对话·导论》，曾庆宏、沈小峰译，第 15 页。

开端，也可能是终点。亚里士多德主张，时间既没有起点，也没有终点。每一个时刻都是前一个阶段的终点，又都是后一个阶段的起点。时间有一个起点和终点，这在逻辑上是不可能的。康德《纯粹理性批判》中有这样一个著名的二律悖反：正命题：如果宇宙没有一个开端，则任何事件之前必有无限的时间；反命题：如果宇宙有一个开端，在它之前也必有无限的时间。已知的物理学定律都是在时间中运作的，描述的也都是事物如何随时间移动和演化。时间的终点超出了已知物理学的范畴。负责掌管时间终点的，必定不会是现有物理学体系中的某一条未知定律，而应该是一套全新的物理学定律。它能避开运动和改变之类与时间有关的概念。大爆炸或许只是宇宙永恒生命中一个戏剧性的转折点。大爆炸前这段宇宙历史中的一些遗迹，甚至有可能流传到今天。[①] 宇宙随着时间的流逝只会变得越来越凌乱，如果这一过程已经持续了无限久，那为什么今天的宇宙还没有彻底沦为一盘散沙？尽管现代物理学家不像亚里士多德和康德那样讨厌“无限”，但他们仍然把“无限”视为一个信号，表明他们把某个理论扩展运用到超出了极限。这个破烂不堪的宇宙并不是时间对称的。科学似乎永远无法解决时间会不会终结这个问题。在一些科学家看来，时间的边界同样也是推理和经验观察适用范围的边界。时间之死不过是一个复杂体系的崩溃，就像人类生命的消逝一样，没有什么自相矛盾之处。医学如今能够挽救过去可能无法存活的早产婴儿，能够复活曾经认为已经死去的濒死病人。正如生命是在无生命的分子组织成机体的过程中涌现出来的一样，时间也可能是在无时间的原料自行产生秩序的过程中涌现出来的。[②] 存在时间的世界是高度组织化的世界。时间告诉我们诸多事件何时发生，持续多久，以及它们发生的先后次序。或许这种结构不是外部强加的，而是内部产生的。能够产生出来的东西，自然也可以被摧毁。当这种结构分崩离析时，时间便终结了。最先丧失的特性可

① 参见《追查宇宙前世》，《环球科学》2008 年第 11 期。

② 参见《时间是幻觉？》，《环球科学》2010 年第 7 期。

能是时间的单向性，也就是由过去指向未来的那个“时间箭头”。物理学家早在19世纪中叶就已经认识到，时间箭头并不是时间本身的属性，而是物质的属性。时间本身是双向的；我们感受到的时间箭头，只是物质从有序过渡到凌乱的一种自然退化。想象中的“热寂”是这样的平衡状态：凌乱到不可能再乱的混乱。单个粒子仍将持续不断地进行着自我重组，但宇宙作为一个整体不再会有任何变化，任何幸存下来的“时钟”都将在前后两个方向上左摇右摆，未来将变得跟过去没有任何区别[①]。热力学第一定律告诉我们：热与功是同一事物，即能量的两个方面，而在一个封闭的系统内能量的总量是保持不变的。热力学第二定律指出：熵值由低向高转化。熵是指在被研究的系统或整个宇宙中，无序化量的大小。宇宙中的熵通常是增加的。无序不只意味着一种混乱，而是对模式的缺乏。热力学第二定律预见的未来是一个等温、热寂的宇宙。世界在从一种转换走到另一种转换的过程中逐渐用完它的种种差别，而趋向热平衡的终态——热寂。那时将没有力，只有热，而且到处温度一样。这就是宇宙热史。然而，“现实不仅在强度方面，而且在广延方面都是不可穷尽的，也就是说，它的异质连续性不仅在微观方面（如我们已经看到的），而且在宏观方面都是没有任何界限的。因此，要把这条以有限的、可穷尽的数量为前提的规律应用于宇宙整体，那是不可能的。只要热寂这个概念不再能应用于有限的能量，那么这个概念便立即失去它的意义”[②]。现代宇宙学告诉我们：宇宙的大小在持续地增长着，但我们并不能用熵来判定宇宙的半径。这就如同球面的有限但无边界。黑洞可以轻而易举地简并物质。大量的碟状吸积物，类似宇宙中的吸尘器。宇宙的质量只有比现在的大10倍才能由膨胀转为收缩。此外光子也表明宇宙不会收缩。任何有质量的东西都不能达到光速，否则能量无穷大。如果假定能量在无穷空间中是无穷大的，能量守恒原理也就毫无意义可言了。在这个不断膨胀的宇宙

① 参见《时间箭头的宇宙起源》，《环球科学》2008年第7期。
② ［德］李凯尔特：《文化科学和自然科学》，涂纪亮译，第111—112页。

里我们既看到了可逆过程也看到了不可逆过程。[1] “一般而言，按照熵的增加与否，自然过程可分为两类：可逆的和不可逆的。在任何一种不可逆的过程中，自由的能量被转变为受束缚的能量；如果这种死能量要再次变成活能量，唯有通过在某一继发过程中把活能量的剩余量瞬间地合并，方有可能；最有名的例子就是煤炭的燃烧，即是，如果想把水的潜能转变为蒸汽的压力，进而造成运动，就必须把储存在煤炭中的活能量转化为由二氧化碳的气体形式所束缚的热能。由此可见，在世界的整体中，熵不断地在增加；也即是，动力系统显然在趋向于某一终极状态，不论此状态究竟是什么。不可逆的例子有很多，诸如热传导、扩散作用、摩擦现象、光的发射，以及化学反应等等，均为不可逆过程；而可逆过程的例子，则有万有引力、电的振动、电磁波与声波等。”[2] 少数物理学家已经推测，时间箭头可能会反转，以便宇宙自行恢复到整齐简洁的状态。最近有研究暗示，时间箭头或许并不是时间遭受死亡折磨时可能丧失的唯一特性。另一个会丧失的特性，可能是衡量时间持续长短的“持续时间”。也有可能时间没有完全死透。时间杀手变成时间拯救。正如施宾格勒所说，时间是活着的空间，空间是死了的时间。时间不复存在，而是转化为另外一维空间。时间和空间有很大的不同，空间就很少对物品在其中应该如何排列有所约束。空间关系不像时间关系那样存在必然性。这种宇宙膨胀的加速有可能是时间的绝唱吗？弦论的全息原理揭示，时间会在比奇点更大的范围内融化，连仅存的最后一项特征都消失掉。这个过程就像冰块融化。随着第三维空间的融化，时间也会融化。空间和时间已经无法再建构这个世界了。时间仍将顽强地活着。时间如此根深蒂固地渗透到了物理学的骨髓之中，以至于科学家现在还无法设想时间最终的彻底消失。宇宙时空的消失，没有人能够直接体验到它，就像没有人能够在自己死亡的

① 参见［比］伊·普里戈金、［法］伊·斯唐热《从混沌到有序——人与自然的新对话·导论》，曾庆宏、沈小峰译，第258页。

② ［德］斯宾格勒：《西方的没落》第一卷，吴琼译，第401页。

那一刻保持清醒一样。毕竟，我们并不是时间死亡的被动受害者，而是杀死时间的帮凶。只要我们活着，就会把能量转化为无用的热量，对宇宙的状况恶化有所贡献。只要我们还活着，时间就难逃一死（死亡就有机可乘）。

随着近现代科学的发展，宗教的行为观念被非宗教的做功观念所取代。黑格尔令马克思霍然开目的名言是：辩证法即运动本身。然而，“每一种物理学必定在运动问题上惨遭失败的下场，因为在运动问题上，活生生的认识者个人总是古板地强行挤进认识对象的无机的形式世界之中”[①]。“既然没有一个科学体系不包含有运动问题，那么，一个完整而自足的力学就是不可能的。不论是这个地方还是在那个地方，任何体系总会有一个有机的出发点，使当下的生命可以由此进入体系之中——这个出发点就是一个连接着有心智的婴儿与有生命的母亲，亦即思维与思维者的脐带。”[②] “数字作为对既成之物的确定评价，在非历史的人的情形中是度量，在历史的人的情形中则是函数。一个只是对现在的东西的度量，一个只是对有过去和未来或者说有一个过程的东西的探究。而这一差异的结果便是：运动问题的内在不连贯性在古典理论中被掩盖起来了，而在西方理论中被推到了前景中。”[③]

从古代哲学把空间和时间相结合的运动概念，到现代科学提出世界是运动系统的思想，我们可以把古典科学的全部历史——从其革命开场起直到非古典的收场止——想象为相对运动图像的逐步复杂化，即把愈来愈新的细节包含到这种图像中去的过程。“牛顿自己接受了伽利略那种认为自然界可以作为**运动的微粒**而得到详尽描绘的观点。只有那些可以用数学方法处理的属性——质量和速度——才被认为是真实世界的特性；其他属性则被视为纯粹是主观的，在人的意识之外便不存在的。由于动力因取代了目的因，一切因果关系都可以被降到原子间相互作用力的地位，

① ［德］斯宾格勒：《西方的没落》第一卷，吴琼译，第399页。
② 同上书，第371页。
③ 同上。

一切变化都可以被降到原子重新排列的地位。”① 爱因斯坦证明了在宇宙中根本不存在虚空。任一运动形式都是粒子在运动，离开了粒子，运动就不存在；同样道理，任一粒子又都是运动的特殊形式。通过运动，粒子和粒子之间建立联系，构成一个场，各种物理场遍布于空间。从爱因斯坦的相对论观点看，万有引力和运动是由于宇宙弯曲而引发和造成的。时间和空间是相对的，运动物体的时间会变慢，在运动方向上的空间会缩小（同时质量会变大），这就是所谓相对论的“钟慢尺缩”效应。在引力场的作用之下时空会发生弯曲，时间也会变慢。解释相对论的标准公关稿：坐在美女旁和火炉旁时间感的不同。无论静止还是运动，物体在时空统一体中都是以恒定的光速穿越，我们感知到的物体在空间中的速度，可以被看成从时间中分走的量。光速即是“变化的不变性”。所有物理事件在四维时空的整体中都呈现为一条不变的“世界线”，变化的只是在三维空间和一维时间低维度上的投影。爱因斯坦的初衷，是想把相对论叫做“不变性理论”。爱因斯坦的天才在于他意识到：宇宙中的任何物体都是在以恒定不变的光速穿越时空的，只不过光速投影在时间和空间维度上的分量不同。光阴会流逝，光子永远不会老，今天的光子，和宇宙大爆炸创生初期的光子一样年轻，从这个意义上说，时间从未流淌。相对论的本质是：所有参照系（视角）都是等价（平权）的，物理定律在不同的参照系下可以保持不变一致（或按统一规律协变）。狭义相对论，适用于匀速运动的惯性参照系，狭义相对论统一了牛顿力学和电磁力学。在广义相对论中，爱因斯坦进一步把相对论推广到加速运动的非惯性系引力现象被化约成了时空在质量作用下发生的弯曲，引力系等价于加速系（如同开车加速时的推背感）。越深层的不变性，越能把更多样性的事物统一在一起，也越具有更广泛的普适性。这并不是对立统一，而是根本没有对立面。但是宇宙最终还是辜负了爱因斯坦，这个世界或许没有他想象的那么完美而简单。超弦理论认

① ［美］伊安·G. 巴伯：《科学与宗教》，阮炜等译，第44—45页。

为：宇宙中的所有物理现象，都像琴弦在 11 维时空中震动产生的美妙音乐。玻尔认为，低级真理的反面是谬误，而高级真理的反面还是真理。相对论和量子论是 20 世纪物理学的两大支柱，然而相对论的决定论观点和局域性与量子论的非决定论观点和非局域性是不相容的，由此引发了爱因斯坦和玻尔两人之间一场持续近 30 年的著名论战。

除了运动与时空之外，理性真理对启示真理的纠谬，也充分体现在因果之维。“哲学的初学者往往很难理解哲学家们为什么如此重视因果关系。顺便说一句，因果关系也是科学家们的兴趣所在。原因在于，因果关系把已知的整个世界联结在一起：由于因果关系，宇宙不再杂乱纷呈混沌一片。一个事件引起另一个事件，或者被另一个事件所引发；如此这般的发生过程形成了连贯的规律，不同的事态相互联结起来并为我们所理解，从而使我们能够认识自身的环境。倘若没有因果关系，人类的经验就是不可理解的，人类生活（不同于低级动物的生活）也就不可能存在。常识往往认为，因果关系是自然而然的。不过，科学家们则一直致力于揭示迄今所未发现的因果关系，而哲学家们则直指因果关系的本质，他们问道：‘因果关系这一奇特的现象是什么？为什么没有它，也就不可能理解这个世界？’换言之，由于哲学家的任务在于根据现实最普遍的特征来认识现实，因此，认识因果关系也就成为哲学家的中心任务所在。”① “不管我们研究笛卡尔的物理学也好，研究斯宾诺莎的形而上学也好，或者研究近代的科学理论也好，我们处处都发现人们渴望在因果之间建立一种逻辑性的必然关系……这种渴望表现于一种倾向，要把陆续出现关系变为固有关系，要抛弃活跃的绵延，又要把根本性的同一来代替表面性的因果。”②

“因果之被人发现不是凭借于理性，乃是凭借于经验。”“任

① ［美］布莱恩·麦基：《哲学的故事》，季桂保译，生活·读书·新知三联书店 2002 年版，第 113—114 页。

② ［法］柏格森：《时间与自由意志》，吴士栋译，第 155—156 页。

何人也不会想像：火药的爆发，或磁石的吸力，可以被先验的论证所发现。”① “根据经验而来的一切推断，都假设将来和过去相似，而且相似的能力将来会伴有相似的可感的性质——这个假设正是那些推断的基础。如果我们猜想，自然的途径会发生变化，过去的不能为将来的规则，那一切经验都会成为无用的，再也生不起任何推断或结论。”② 休谟对于因果问题的哲学思考，较之亚里士多德大大推进了一步。他否定了亚氏归纳是从特殊过渡到一般的错误结论，也就是人们所坚信不疑的新知识来源于积累的那种错误。这就是所谓的“休谟陷阱”或“休谟问题”。休谟是一个经验论者，他的知识源于感觉经验之说，是对柏拉图的知识源于理念回忆之说的纠偏。他试图使我们明白：因果的关系，并不在物之自身，而在人的信仰。物对人并无表示这个是因那个是果，所以物的自身丝毫没有因果的关系。（There is more meaning in the statement that man gives laws to Nature than in converse that Nature gives laws to man.）根据经验来的一切推论都是习惯的结果，而不是理性的结果。各物象之间如果没有有规则的会合，那我们便想不到任何因果的意念。每一个白昼都由一个黑夜相伴随，但白昼却不是黑夜的原因。白昼不是黑夜的原因，青年不是老年的原因，开花不是结果的原因。人们之所以将其高度因果化，只是出于人们的习惯性联想。在一般情况下，每当水加热到100℃时都会沸腾，但这并不能证明加热是水沸腾的原因，也肯定无法证明在不同情况下加热到100℃时水必然会沸腾。“一个十盎司重的物体在天秤上被举起后，就可以证明在另一头可以平衡它的那个法码是重于十盎司的，但是却不能给我们任何理由，使我们说那个法码重于百盎司。我们给某个结果所找出的原因如果不足以产生它，那我们或则抛弃那个原因，或则给它加上必需的一些性质，使它和那个结果有了正确的比例。”③ 关于因果问

① ［英］休谟：《人类理解研究》，关文运译，第28页。

② 同上书，第37页。

③ 同上书，第120页。

题，王东岳对其认识非常深刻独到，对休谟的评价也非常中肯："休谟最早提出，因果联系纯属知觉印象在时空排列上的习惯性误解，即表现为恒常性的前后相随事件之间未必具有客观上的因果主导关系，这是相当精辟的洞见。但休谟没能揭示因果动势的深刻内涵和自然本质，反倒借此索性否认了外部世界的衍存序列，从而使知觉现象本身及其逻辑运动规则全都成了无可追究的人性特质。透彻地讲，**'因'只是一个代偿分化流程**，这个分化流程使得后衍依存条件发生不间断的倍增效应，亦即使后衍事物逐步陷入多因素交织的递繁联系和复杂影响之下，结果导致任何局限性的因果分析终于一概不能成立。"[1]

斯宾诺莎认为，实体的存在是无需自身以外的原因的。这或许可以称作自因或无因之因。但在人类的经验世界中，没有事物先于自己而存在，是自身的动力因。人类很难想象自有、永有的情形。有开始、有结束的都不是永恒，都是受造，都有成因。在因果序列中，初始动力因是中间动力因的原因，中间原因是最后原因的原因。原始条件必是所有后继条件的条件。没有原因就没有结果。所有行星之所以是圆的，一定有其根本原因。如果说因果关系在当代科学哲学中是一个未予足够重视，并没经过太多研究的概念，那么"说明"就是一个最有活力和意义的课题。对无因之果的恐惧，意味着对理性工具失效的恐惧。答案本身也许已经丢失了，但是寻求答案的强烈渴望依然如故。王东岳认为："由无可选择的'自因'导演的'决定论'，说到底，就是在**物自性**或物的**存在性**这个最根本的基点上被'决定'。质言之，就是**自然存在'决定'让自身继续存在下去这样一个简单的规定**。"[2]

康德认为，单纯通过经验，我们的确无法证明一切变化都有原因。叔本华在《康德哲学批判》中指出："世界本身只能是由

---

① 子非鱼（王东岳）：《物演通论——自然存在、精神存在与社会存在的统一哲学原理》，第 41 页。

② 同上书，第 42 页。

意志（因为就意志显现说，世界正就是意志本身）而不是由因果性来解释的。但在世界上因果性却是说明一切的唯一原则而一切一切都只是按自然规律而发生的。”[①] 马赫的其他观点姑且不论，他主张用函数关系的概念取代因果关系的概念确有一定的道理，其道理在于函数关系有利于超脱观念时空（即康德正确地称之为“先天直观形式”的那种时空）的狭隘制约。柏格森以其独特的绵延哲学概念刷新他对因果问题的认识与理解。“关于因果与绵延这些互相矛盾的解释，其中每一种都可保证人类有自由；可是合在一起就消灭自由。”[②] “虽然在一般情况下，我们进行生活与进行动作一般地是在我们之外，是在空间内而不在绵延内，虽然我们通过这种形式致令那把同样结果跟同样原因联系在一起的因果律对于我们有所借口，可是我们总能回到纯粹的绵延里去；而在这绵延里，各瞬间是内于彼此而又异于彼此的，并且一个原因再也不会重复产生它的结果，因为这原因自身永远不能重复出现。”[③]

为什么自然存在的递弱代偿衍存总在发生、总能实现？“均匀的不稳定性来自何处呢？为什么均匀会自发地产生差别呢？为什么事物总会存在呢？它们是在彼此冲突的自然权力间力的静态平衡中出现的不公正即不平衡的某个脆弱和注定要死亡的结果吗？或者说，创造和驱动事物的力是自发地存在着——爱和恨的竞争导致出生、成长、衰老和消散吗？变化是幻影呢，还是正好相反，是在组成事物的对立面之间不停息的斗争呢？能够把质的变化归结为仅在形式上互相区别的原子在真空中的运动呢，还是原子本身是由许多性质上各不相同的细菌组成的呢？最后，世界的谐和是数学上的吗？数字是自然的钥匙吗？”[④] 当人类通过宗教、哲学与科学探究和思索因果问题时，最终又与万事万物运动

① ［德］叔本华：《作为意志和表象的世界》，石冲白译，第 689 页。

② ［法］柏格森：《时间与自由意志》，吴士栋译，第 160 页。

③ 同上书，第 174—175 页。

④ ［比］伊·普里戈金、［法］伊·斯唐热：《从混沌到有序——人与自然的新对话·导论》，曾庆宏、沈小峰译，第 41 页。

变化的形而上学问题盘根错节在一起。爱因斯坦的相对论使现代人懂得：光速，是物理学的一个垒，它是信号传播速度的极限，这个垒的存在是很重要的，假如不存在的话，因果性就会摔成碎片。然而，令人不可思议的，也许是因果性必须死，物理学方能获得新生。2000 年旅美中国物理学家王力军在铯原子气室激光实验中实现了超光速。2002 年澳洲华裔物理学家林秉溪让包含自信的激光束不经过任何中间过程而直接越过了 1m 的距离。

理性真理与启示真理的分歧，还体现在目的论方面。“目的”概念似乎涉及某种意愿和对某种目标的意向，对这种表征方式，自然科学往往不感兴趣，于是有识之士将目的性当作纯粹主观的和不科学的观察方法予以摒弃。孔德曾主张摒弃对形而上学问题、世界的始因和目的因的关注。自然事物或活动间的相互因果作用不涉及任何价值。宇宙的存在从根本上看是一种不以人的意志为转移的物质存在（包括占宇宙份额多达 96% 尚待探究的暗物质、反物质）。这种存在没有知觉、价值和目的，它的直接形态就是它本身的存在形态，它存在的终极原因和结果超出了人的知觉的把握范围。这种观念对于终极因果和内在规律的悬置，使思维比较集中于对经验事实的观察分析，因而在实验方法论上取得了巨大的成就，在终极问题上却保持了传统的宗教信念。这是科学探索方法与价值意义系统的妥协式的融合。但以王东岳的学说观点来看，自然存在各事物均有自身相应的感应属性，而这些感应属性在增益的过程中，表现出物理感应、化学感应、生物感应以及心灵感应等多种不同形态，而这正是目的论与因果问题的深远背景。

理性真理又是如何理解和回答偶然性与必然性的问题的呢？西方古典科学因为把自然描述成一个（自组织的）自动机而造成文化的危机。在这样的世界中偶然性不起任何作用，在这样的世界中所有细部聚到一起，就像宇宙机器中的一些齿轮那样。事实上，人类也许过于夸大了这个宇宙的有序性，这个宇宙的混沌与随机随处可见。随机性和不可逆性起着越来越大的作用。皮尔斯指出：“力从长远看来是耗散的，机遇从长远看来是聚集的。

能量按正规的自然规律耗散着，也正是按这些规律，伴随着越来越有利于它靠机遇而重新聚集的环境条件。所以必定有这样一个点，在这里两种趋势处于平衡，而且毫无疑问，这正是目前整个宇宙的实际情况。”[①]这种“耗散”，正是“递弱”。而这种“递弱”又每每有其“代偿”与“衍存”之道。“我们发现自己处在一个可逆性和决定论只适用于有限的简单情况，而不可逆性和随机性却占统治地位的世界之中。”[②]“人为的过程可以是决定论的和可逆的。自然的过程包含着随机性和不可逆性的基本要素。”[③] 美国气象学家洛仑兹这样分析蝴蝶效应：南美原始森林里一群蝴蝶翅膀的颤动，会在北美引发一场龙卷风（他也强调，如果一个蝴蝶翅膀的一次拍打能够产生一场龙卷风的话，那么它同样能够抑制一场龙卷风。进一步说，一次拍打产生的影响不会比任何其他一只蝴蝶的任何一次拍打所产生的影响大或者小）。蝴蝶效应表明，小的输入可以引发大的后果。这种神奇的放大效应，很好地体现在数学的指数函数关系中。它也是我们理解雪崩效应以及病毒式爆发与传播的关键所在。兴都库什山的一次跺脚，经过漫长时空的放大效应，也许会酝酿为洛杉矶的一次地震。埃及艳后鼻子的长短，居然改变了安东尼和罗马帝国的命运。克伦威尔肾里的一粒沙子也许会结束他的军事专政和当时的英国政局。初始状态中的一些小的差别可能会在最后的现象中造成很大的不同。谚语“差之毫厘，谬以千里”，我们所熟知的多米诺骨牌连锁效应，均是人类对蝴蝶效应的具体感应。西方有这样一首古老歌谣：因为缺少一枚钉子，失去了一只鞋；因为缺少一只鞋，失去了一匹马；因为缺少一匹马，失去了一名骑手；因为缺少一名骑手，失掉了一场战争；因为缺少一场战争，失去了整个王国。我们完全可以做出这样的推导和想象，远古一种蝴蝶的灭绝，也可导致当下总统选举结果的不同。为什么说开头开得

---

① ［比］伊·普里戈金、［法］伊·斯唐热：《从混沌到有序——人与自然的新对话》，曾庆宏、沈小峰译，第302页。

② 同上书，第9页。

③ 同上书，第11页。

好就等于成功了一半？为什么麦克风能使声音放量增长？为什么股市能挣大钱？为什么传销如此可怕？为什么网络传播如此迅捷和广泛？凡此种种，均与蝴蝶效应有关。偶然性作为随机的无果之因，竟然会引发如此不可思议的后果。当代科学似乎越来越倾向于认为，除了宇宙偶然性外，没有任何其他必然性。庞加莱认为，预测是不可能的，我们只有偶然的现象。这种科学思想，也深深影响到“无巧不成书”的文艺世界。美国电影连续拍出多部《蝴蝶效应》系列，就是最佳说明。事实上，心理世界的蝴蝶效应，人类历史与文化领域的蝴蝶效应，要远甚于物理世界和自然界。

混沌学证明，混沌的问题是科学上最大的疏忽之一。混沌理论让人振奋的原因有以下几点：(1) 它揭示了简单性与复杂性、规律性和随机性之间的微妙关系，从而将人们的日常经验与自然规律联系起来。(2) 它展现在我们面前的是一个确定的、遵循着基本物理法则的世界，同时又是一个无序的、复杂的、不可预知的世界。(3) 它告诉我们，可预测性是罕见的，它只存在于科学家剔除复杂世界里大量存在的多样性的有限范围内。(4) 它揭示了把复杂现象简化的可能性。(5) 它将充满想象力的数学和让人敬畏的现代电脑运算能力结合起来。(6) 它向传统的科学建模提出质疑。(7) 它认为在复杂性的各个层面，我们对未来的理解和预测都有着先天的局限。[①] 混沌是一个负载大量信息的术语。混沌是决定性动力系统中出现的一种貌似随机的运动，其本质是系统的长期行为对初始条件的敏感性。理论物理学家大卫·罗尔提出混沌吸引子或奇怪吸引子术语。人类面对着多种层级的混沌，譬如宇宙混沌、宏观混沌、中观混沌、微观混沌、整体与局部混沌、生命混沌（所谓青春是一条河，流着流着就变成浑汤子了）、信息混沌（海量、海选与云计算时代）。复杂性理论使我们更好地走向混沌的边缘。复杂性理论关注事物

① 参见［英］扎奥丁·萨德尔、［英］艾沃纳·艾布拉姆斯《视读混沌学》，孙文龙译，安徽文艺出版社 2007 年版，第 4 页。

如何发生，而混沌理论倾向于观察和研究不稳定的非周期现象。混沌探索的是复杂系统中潜在的动力学。复杂性理论则是同真正的大问题较量。复杂性理论最大的贡献在于，它告诉人们热力学第二定律并非事物的全部。第二定律把“时间之箭”引入物理学中，并声称宇宙中的熵（或者说无序状态）只能朝一个方向运动——它只能增加。宇宙注定要进入完全无序的终极状态。震荡系统变得混乱，因为它们具有反馈成分。当各种非线性力返回到它们自身时，就会发生混沌行为。这被称为非线性反馈，它是产生混沌的基本前提。反馈对制造麦克风很重要，但也因此使它时有啸声。地球上越来越频繁的极端天气，也是如此。耗散系统、耗散结构和自组织，均为开放系统，凭借组织，系统可以不受外部因素的制约。如今，人类甚至拥有后现代的耗散城市。总而言之，随着宇宙“存在性”的“递弱”，其“代偿衍存”的态势必然递强，偶然性出现的频率与几率都会越来越强。

不稳定的非周期现象能用简单的数学式表示。这是对复杂事物的简单解答。黎曼球面几何使欧几里德平面几何面对复杂问题的简单性暴露无遗。不同于笛卡尔的分析几何，布诺瓦·曼德布罗特的分形几何，是理解无穷的一种方法。手纹、大脑（意识是两次睡眠之间的无聊时光）、树木、山峦、海岸线、闪电、地震以及都市形状等都是分形的实例。二维物体在哪个点转变为三维物体？内在结构和外在关系决定和限制着发生的每一事物的出现和消失，在自然中和自然外不存在超自然力的作用，不管这种超自然力是被看作一种引导着事件历程的假想的非物质的精神还是被看作自然死亡之后还幸存的所谓不死的灵魂。事物以及它们的性质和功能的那种明显的多样性是宇宙的一个不可还原的特点，它们不是把同质性更多的某种“终极实在”或超验实体掩盖起来的虚假现象；事件发生的前后次序或事物存在的种种依赖关系只是偶然联系，而不是具有必然的逻辑联系的一个固定的统一模式的体现。不可还原的多样性和逻辑偶然性是我们实际上栖息的世界的根本特征。我们拥有的是“耗散存在”与“耗散生活”。

威廉·奥卡姆指出：逻辑具有必然性，而自然秩序并没有必然性。正因为如此，“如无必要，勿增实体”。这就是著名的“奥卡姆剪刀”。在后人看来，从洛克、贝莱尔到休谟，英国经验主义哲学似乎都应该把奥卡姆奉为最负盛名的先驱。

马克思用自然科学的方法研究社会现象，得出可以与牛顿的运动定律相比的一套决定论定律，不容有偶然性、神的干预或个人选择的余地。他不求助于那些以他所不屑一顾的人道、公正或道德为基础的论点，而以历史为根据。他认为历史的途径是由它自己的“铁的规律”所决定的，人能够了解这一规律，而且能够与它合作（这就是马克思的自由概念），但是它的运作，却不是人能够改变的。历史发展的决定性因素不是人的思想或者信念，而是“生产的经济条件方面所发生的物质的、可以用自然科学的精确性指明的变革”。人类行为太丰富和复杂了，不能用任何单个因素来解释，像马克思和恩格斯那样从唯物或经济的观点来解释历史。即便是经济的因素，也非唯一与最后的因素，就像求真、求善、求美的背后，还有更为根本的求存。对于这些初始状态的非性线反馈，势必造成人类社会与历史文化的混沌效应，干扰人们对社会存在与发展规律性的认识。马克思也认为，“如果‘偶然性’不起任何作用的话，那么世界历史就会带来非常神秘的性质。这些偶然性本身自然纳入总的发展过程中，并且为其他偶然性所补偿。但是，发展的加速和延缓在很大程度上是取决于这些‘偶然性’的，其中也包括一开始就站在运动最前面的那些人物的性格这样一种‘偶然情况’”[1]；恩格斯《家庭、私有制和国家的起源》指出：“偶然性只是相互依存性的一极，它的另一极叫做必然性。在似乎也是受偶然性支配的自然界中，我们早就证实，在每个领域内，都有在这种偶然性中为自己开辟道路的内在的必然性和规律性。”[2]《路德维希·费尔巴哈和德

① 《马克思致路·库格曼》，《马克思恩格斯选集》第4卷，人民出版社1972年版，第393页。

② 同上书，第171页。

国古典哲学的终结》还说："被断定为必然的东西，是由纯粹的偶然性构成的，而所谓偶然的东西，是一种有必然性隐藏在里面的形式，如此等等。"[①] 偶然性在分叉点或接近分叉点处起作用，此后决定论过程再次接替，直至下一个分叉。偶然性被镶嵌到决定论的框架中。对偶然性赋予一种特殊的作用，偶然性也因此被解除。但是，人们不可能决定下一次分叉会在何时发生，偶然性像凤凰似的再次飞起。

人类需要一种比较多元化的观点来看待多种思想——不论是宗教的还是世俗的——与经济利益和社会利益的相互渗透。我们生存的此时此地性在我们面前暴露出其全部不稳定的、易渗透的偶然性。

存在主义者对偶然性有着自己的独特观点。存在主义者认为，人从根本上看绝不是既定的事实性存在，实际存在只有在非理性的体验中才能领悟到。在萨特看来，偶然性是人的存在的根本状态，他认为人的认识是有局限性的，偶然性是根本的东西，是世界的尺度。

新历史主义的代表人物海登·怀特认为，新历史主义尤其表现出对历史记载的零散插曲、轶闻轶事、偶然事件、异乎寻常的外来事物、卑微甚至不可思议的情形等许多方面的特别兴趣。历史的这些内容在"创造性"的意义上，可以被视为是"诗学的"。

物理学十分正确地把偶然性逐出了它的视野，但物理学本身居然在地壳的冲积时期，独特地作为一种特殊的智性组合而出现，这还是偶然的。

"偶然性的世界即是曾经现实的事实所组成的世界，我们满心渴望或焦灼地把这个世界当作未来来憧憬，我们把它当作活生生的现在来激发或压抑我们自己，我们快乐地或悲哀地把它当作过去来冥想。因和果的世界则是一个具有永久可能的世界，是我

① 《马克思恩格斯选集》第 4 卷，第 240 页。

们通过解析和区分可以认识其无时间的真理的世界。”[1] 不论偶然和因果在日常图像中显得多么密切相关，根本上，它们属于不同的世界。命运会问：“往何处去?”因果律会问：“从哪里来?”真理存在于科学视为“无”的地方，也就是说，存在于单一的不可重复的、不可理解的、永远与解释为敌的“偶然的”东西中。知识的进步总是从偶然的例外发现开始，通过对以往理论的修改来达到。证伪和纠错能力越来越成为人类重要而伟大的能力。

科学研究表明，生命并不完全只是服从于基因的先验的规定，而是不断地容纳和利用各种不确定的因素，借助于偶然性的闪现，发展出进化的多种可能性，从而取得自由。分子生物学家莫诺将生命过程的必然性概括为繁殖的不变性、行为的目的性和形态结构发生的自主性。必然性和偶然性都不能单独构成对生命进化规律的圆满解释。必然性代表了生物体的延续，偶然性成为生物创化变异的原因。休谟论述“可然性”，对我们理解这一问题颇多启发：“如果一个骰子，四面有相同的形象或点数，另两面有另一种相同的形象或点数，则前者翻起的可然性要比后者大。自然，那个骰子如果有一千面，而且面面的标志都一样，只有一面不同，则那种可然性更会大起来，而且我们对那件事情的信念或期望会更稳固，更坚定。”[2]

后现代思潮越来越看到和看重不确定性。瞬间即世界。**各种体系的自然选择因此不再属于生物范畴，而是属于宇宙范畴**。

今天看来，宇宙运演有其物性特征，这种递弱代偿衍存，在物性基础上生发出人性，在人性基础上生发出文化，使物理感应、化学感应等基本属性生发出生理感应、心灵感应等更加复杂的感应方式与感应属性。

理性真理一样重视对世界与事物的目的性与和谐性问题的解答。在牛顿之后，自然还像在中世纪一样是个独立而和谐的系

① ［德］斯宾格勒：《西方的没落》第一卷，吴琼译，第 136—137 页。
② ［英］休谟：《人类理解研究》，关文运译，第 53 页。

统，但它已不再是一个具有目的性的等级体系，而是一个力和质量的结构了。这个系统和结构遵循永恒不变的规律，人类对其每一细节都可以做出精确预测。牛顿相信，这个机械世界体系是由一位智慧的创造者设计的，并且表现了他的目的。“人是一个宏大数学体系的渺小的、不相干的旁观者，按照力学原理，正是这个数学体系的规则运动构成了自然界——这个人们曾自以为生活于其中的世界，富于色彩、音响和芬芳的气息，充溢着欢悦、爱与美、四处显现着目的性的和谐与创造性的观念，现在则被塞进一种散布在四面八方的有机体的大脑中的狭小角落里。外面那个真正要紧的世界则是一个坚实、寒冷、无色、无声的死寂的世界；是一个量的世界，一个由具有力学的规定性并可用数学来计算的运动构成的世界。”[①]“依次对中世纪、伽利略和牛顿加以考虑，我们也就经历了‘目的论的解释’、‘数学和观测’以及‘实验和理论’这几个阶段。对目的性的专注，在好几个世纪转移了人们对自然中机械原因的注意，阻碍了近代科学所特有的研究方法的发展。在17世纪，对描述性解释，以及动力因而不是目的因的重视，使人们取得了显著的成就。”[②]

如今，宇宙大爆炸与宇宙膨胀以及星系离散，已由类似声学多普效应（声音远去，声波频高波短；声音趋近，声波频低波长）的光学红移现象（Red Shift：由于宇宙的扩张而引起的光的延伸）所证实。宇宙中所有的元素都来自宇宙爆炸时的超高温，宇宙充满和弥散着大量的核尘暴。所有目前现象都可溯源到宇宙大爆炸以及其中广阔的核反应现象。宇宙充满太多难以想象、不可思议的核反应景象。太阳能就是由四个氢原子核聚变融合为一个氦原子所提供。最复杂的生命现象均可追溯到宇宙中这类大量存在的核反应。20世纪物理学发现一种宇宙化石，即剩余黑体辐射，它告诉人类有关宇宙诞生的事情。对均匀的宇宙辐射背景的研究，使贝尔实验室与普林斯顿高能物理

① 转引自［美］伊安·G. 巴伯著《科学与宗教》，阮炜等译，第45页。

② 同上书，第64页。

研究人员同时获得诺贝尔奖。2016 年初，人类首次探测到引力波，再一次证明了爱因斯坦以及当代宇宙学的伟大与辉煌。

宇宙的一切东西都有周期性的标志，或者说具有节奏。小宇宙的一切东西都有极性，或者说具有张力。在自然的秩序中，有组织的东西具有因果的优先性。秩序意味着除了“法则”之外还有别的东西。我们的科学遗产包括两个至今尚未得到答案的基本问题：一个问题是无序与有序的关系，另一个问题甚至更为基本，经典物理学或量子物理学把世界描绘成是可逆的、静态的。非平衡是有序之源，非平衡使“有序从混沌中产生”，从无序向有序演进，再从有序向无序循环。植物把太阳能固定下来转化为化学能储存起来，生物系统进化加速，自催化，均是开放系统，均是不可逆过程。人生的线性展开，生命的生老病死，均是不可逆过程。不可逆性是从混乱中造就秩序的机制。不可逆性是使有序从混沌中产生的机制。在所有层次上不可逆性都是有序的源泉。由于熵垒的存在，我们不能创造出一种能向我们的过去演化的情形。“从数学上看，熵是一种数量，由一个自足的物体系统的瞬间状态所固定，而在一切物理的与化学的变化下，其量只能增加，而绝不会减少；我们最乐于见到的，是熵保持不变的情况。熵，像力与意志一样，是一种内在地清晰而有意义的事物（对任何人而言，这个形式世界是可理解的），但对它的阐述，却因人而异，绝不能使人人都感满意。在此，又一次，在世界感要求表达的地方，才智显得力不从心。”[①] 在科学图式中，宇宙不再被视为根据道德原则建立起来的神圣天体，而被看作一个机械的体系，只是遵从严格、客观的数学原理。唯其如此，爱因斯坦作为科学巨人，可以在旧信封上演算和推求宇宙结构。而在人文领域，永远堆积着过度阐释，使人不惜去反对阐释。

不但生命有历史，而且整个宇宙也有一个历史，这一点具有深远的含义。宇宙有一开始，也将有一终结。在某种意义上，爱因斯坦违背他自己的意愿，变成了物理学的达尔文。达尔文教导

① ［德］斯宾格勒：《西方的没落》第一卷，吴琼译，第 401 页。

我们，人类是镶嵌在生物进化中的；爱因斯坦教导我们，我们被镶嵌在一个进化着的宇宙之中。分子生物学表明，一个细胞中的各种东西并非以同一方式活着。有些过程达到平衡，另一些则被一些远离平衡态的调节酶支配着。与此类似，在我们周围的宇宙中，时间之矢所起的作用也很不相同。现代科学能够做到所有的宗教都不让神做的事情——不仅改变未来，而且也改变过去。

雅斯贝尔斯认为在各个历史时期人类思想文化的发展速率及重要性存在重大差异，公元前500年左右是所谓“轴心时代”，此时的中国、印度、希腊、埃及等文明都发生了“超越的突破”，以革命性的方式埋藏了史前和古代文明，形成了各自特殊的文化传统。在中国和印度，理性思维活动都没有同人的其他精神活动、同人的情感和直觉完全独立和区分出来、分离出来。东方人是直觉的人，而不是理性的人。释迦牟尼和老子一类东方伟大的圣者高于神话的编造者，但他们并没有成为理性的倡导者。东方太极图是东方文化精神中关于阴和阳的力量的图式，其中光明和黑暗在同一个圆中比肩而卧，黑暗的区域为一束光明所渗透，光明中也有黑暗，以此来象征两者必须互济。把理性思维活动从无意识的原始深渊中提取出来，是希腊人的成就。由于擅长理性思维活动，西方文明因而具有了使之有别于东方文明的特征。“无论在印度还是中国，还是这些文明产生的哲学中，真理都不处于智力之中。相反，印度和中国的哲人都坚持与此截然对立的看法，即人如果完全闭锁在他的智力当中是无法获得真理的。在这些哲人看来，力图在心中寻找其真理的人不仅仅是犯错误，而且是一种人类心理的畸变。西方人和东方人之间具有历史意义的分道扬镳，是因为他们各自对什么是真理做出了不同的结论。”[①] 譬如巴门尼德的学说有两个方面：一方面与本体有关，另一方面和逻辑有关。无论从哪方面看，巴门尼德都想借此增进我们的知识和理解力，但他并不热衷于告诉人们如何由此合乎德

---

① ［美］威廉·巴雷特：《非理性的人——存在主义哲学研究》，杨照明、艾平译，第227页。

性地行动。与巴门尼德相比，尽管老子并没有排除本体和逻辑的考虑，但他的主要目的却是通过对“道”的认识来为“德”奠定基础。中国哲学的思维方式更侧重于“求善”，而西方哲学的思维方式更侧重于“求真”。“在老子看来，作为‘非存在’（‘无’），‘道’是‘存在’（‘有’）的源泉；而在巴门尼德看来，‘有’不能从‘无’中生成，或者说，‘有’只能生成‘有’，而‘无’只能生成‘无’；在老子看来，‘存在’从一化为二，从二化为三，再化为万物，从而是变化的；而在巴门尼德看来，‘存在’却是不动的和不变的。”[①] 反者道之动，弱者道之用。天道的递弱代偿衍存，隐现在先贤老子神秘的直觉与神奇的潜意识中。从无到有谓之造，从有到无谓之化，自然造化就是这样生成演化的。“中国道教徒认为空无是宁静的、和平的，甚至是快乐的。对于印度的佛教徒来说，虚无观念对在根本无根的一种存在中受苦受难的所有生灵，唤起了普遍的怜悯之心。在日本传统文化里，虚无观念贯穿在绘画、建筑，甚至日常生活礼仪中所表现的唯美感情的优雅方式之中。但对深陷于万物和一切客体之中并孜孜以求驾驭它们的西方人来说，他们对任何可能遇到的虚无都畏缩躲避，并认为加以讨论是‘消极的’，也就是说：在道义上是应受指责的。”[②] 以求善为主的实践理性和以求真为主的纯粹理性一开始就在东西方文化中有着各不相同的表现。

存在的可理解性与人的理解能力是理性产生和发展的基础。所谓理性，是指试图依据抽象和普遍有效的原理认识世界，对世界所持的冷静客观的态度，实际上可以用三个特征作为它的定义：首先，它依靠说服而不是依靠武力；其次，它谋求使用者所相信完全正确的论点进行说教；最后，也是尤其重要的一点，在提出意见的过程中，它尽可能使用观察和归纳，尽可能地少用直觉，超越直接感知，达到间接推知。理性的使命是要克服主观

① 张志平：《西方哲学十二讲》，第 18 页。

② ［美］威廉·巴雷特：《非理性的人——存在主义哲学研究》，杨照明、艾平译，第 278 页。

性，抵达科学所追求的客观性。理性不是行为的原因，它仅仅是行为的控制者。理性不允许随便搭乘一架别的航班的飞机去纽约，抵达别的地方后骂周围的人不是纽约人。理性能力，是指受理性支配的所有素质。

人类理性产生以前的神灵世界，对于无权无势的凡间众生来说可能是一个极端恐怖的所在。人类理性首次提供了帮助人们逃离这些无端恐惧的一些思维方式，世界开始成为人们欣赏和理解的东西，这代表了人类知识史上的一次重要演进。

数千年来，理性一直是人类一种优越的并被广泛使用的思维范式。完全可以说，得到理性之光是人类最大的福祉。理性是人类实践的产物，是历史的产物。古希腊的理性文化精神充分体现在苏格拉底、柏拉图以及亚里士多德这些先哲身上。柏拉图遇到苏格拉底后焚烧所有诗稿，放弃早年试图成为剧作诗人的打算，师从崇尚理性精神的苏格拉底，构建其影响后世巨大而深远的理念哲学。他的《理想国》中的洞穴隐喻，表明理性缺席的愚昧和可怕。因此他在《斐多篇》指出，最大的不幸是憎恶理性，成为理性的敌人。《斐多篇》中有一个关于灵魂的著名神话：双轮马车的驭手理性，手里挽着白色骏马和黑色骏马的缰绳，白色骏马代表着人的精神饱满或充满热情的一面，比较顺从于理性的指挥；而不听话的黑马代表着嗜好或欲望，驭手必须不时挥鞭才肯就范。马鞭和缰绳不过表达了强迫和限制的概念；只有理性这个驭手才具有人的面孔；而人的其他部分，非理性的部分则往往用动物的形象来代表（譬如狮身人面）。理性，作为人的神圣的一面，从人身上的兽性分离开来，实际上成了人的另一本性。因此在理性主义者看来，理性是人之为人、人高于动物的本质所在，是超越动物本能从而使人成为人的学能与智能的结晶。希腊人关于人是理性动物的定义，从字面意义上来说，就是人是逻辑动物。逻辑使人类坚信冷酷的抽象思维是接近“终极事物”的真正途径。按更原本的含义则是人是语言的动物。因为逻辑（logic）这个词是从动词 legein（说、讲、交谈）来的。唯其如此，西方逻各斯中心主义一直认为，真正的知识是以理性为基础的，概念知识是唯一的真知识。只有理性才有力量来回答困扰人类灵魂的一切问题，只有理性才能找到永恒真理，只有理性才能成为哲学的立足之地。对于其他动物来说，没有真理而只有事实存在。动物大都活在眼下与当前，人类则可凭借思想对时空的自由穿越，透过当前现象推求抽象的知识与真理。真理是为心灵而存在的，事实则只涉及到生活。这就是实践的知性和理论的知性之间的区别。休谟指出："人类理性（或研究）的一切对象可以自然分为两种，就是观念的关系（Relations of Ideas）和实际的事情（Matters of Fact）。"①

亚里士多德对"科学"的基本定义是"分科之学"。只有通过把理性思维活动区别开来，并把它奉为人类力量的皇冠，科学，这一西方的独特产物才可能产生。西方的科学基础已经打下，这之所以可能，是因为理性已从神话的、宗教的和诗歌的创作冲动中分离出来。理性以前一直和这些冲动搅在一起，因而没有自己可以辨认的独特身份。文艺复兴最伟大的贡献就是复兴古希腊人文主义精神，重铸理性文化精神。从哥白尼天文革命始，通过牛顿力学、麦克斯韦电磁理论和达尔文的生物进化论，人们意识到宇宙有一种意义，有一种可理解性，而且相信通过知识和理解的稳定持续的增长，宇宙会变得越来越容易了解。自然科学的一系列新发现不仅解放了人们的思想，也无限提高了人对自身理性（主要是科学理性）的信心，用理性原则来启蒙人类，建立一个新世界，成为17、18世纪西方先进思想家的共同理想。一切过去的事物都要被拉到"理性法庭"上加以重新审视。那个时代，人本主义或人道主义与理性主义是完全一致的，理性原则是人本主义的核心尺度。

笛卡尔仿照亚里士多德，将哲学区分为第一哲学和第二哲学，即形而上学与物理学。笛卡尔作为文艺复兴之后形而上学的重建者，接受了本体和现象的区分，形而上学的对象是本体界，它的主要内容仍然是上帝存在、灵魂不死、意志自由。上帝作为

① ［英］休谟：《人类理解研究》，关文运译，第26页。

外部世界的保证，真理的来源和最后保障。“笛卡尔圆圈”就是这样的“循环论证”，只不过他的上帝，是理性化的上帝，认识论的上帝，主体性的上帝。

尽管笛卡尔把形而上学和物理学之间的关系比做树根和树干的关系，形而上学是基础，但是笛卡尔哲学的目的以及他的主要兴趣之所在却是物理学，即新兴的自然科学。他要追求的是确实无误的科学知识，他确立的方法实际上是科学中应用的方法，它把我们引向科学真理。因此，笛卡尔的哲学也被称为理性哲学，他继承和发展了近代以来的自然科学新思想，基本上确立了一个比较完整的理性自然观。笛卡尔曾提出许多科学原理和定律，如物质不灭、运动量守恒、光的折射定律、反射弧理论、天体漩涡说，宇宙演化理论，在科学史上产生巨大作用，对科学进步发挥积极影响。笛卡尔的人类知识之树是由形而上学、物理学和其他有益于人生的科学所组成。他认为，果实不在树干上，而是在其枝端上，哲学的功用体现在各门具体科学之中，在医学、机械学和伦理学的枝端上结的是人类幸福之果，医学直接是为了恢复和保护人的身体和健康，机械学是为了减轻和解放人类的体力，而伦理学则是使人的精神安宁和幸福。从王东岳的哲学观点来看，笛卡尔所说的，恰好充分体现了精神存在的本质是感应属性增益，而社会存在的本质则是生存性状耦合。笛卡尔已经预示了西方传统哲学精神中树干状的本体运思方式将被应运而生的根茎状主体运思方式所突破，呈现出德勒兹所渴望的摆脱安营扎寨的城邦思维，推行逐草而居的游牧思维的迷人景象。但是，千高原的远处仍是高耸入云的本体身影。形而上学在笛卡尔哲学中仍然具有不容忽视的意义。一方面，自然科学这种新的自然观还不能彻底地、科学地说明世界，特别是在一些带有根本性的问题上仍然需要形而上学的帮助。另一方面，这种新的自然观还需要形而上学的神学的保护，取悦教会，涂上一层宗教的保护色，因为在当时的历史条件下科学还没有具备与神学相抗衡或完全冲破神学束缚的力量，如果完全与以往的学说或神学相对抗，就有可能使这种新的学说被扼杀在摇篮之中。笛卡尔形而上学的一个革命性转变是，他力图用以形而上学为基础的物理学来代替以物理学为基础的形而上学。因为被中世纪改造过的亚氏哲学是把对上帝存在的论证建立在运动理论之上的，运动属于物理学，物理学是为神学作论证的。笛卡尔的最终目标是要建立新的物理学。第一哲学是为物理学寻找理论基础、确立支点。笛卡尔哲学是颠覆的、进步的、革命的。[①] 之所以有后来的神学家从科学家那里寻找宗教的科学证据，而不是原先的那种一边倒的科学家从《圣经》里引经据典寻找权威支撑，笛卡尔功不可灭。

理性不断发展，18 世纪的理性已经不再是笛卡尔意义上的理性了。18 世纪的理性淡化了“我思故我在”的纯粹思辨特征，是经验意义上的，是英伦理性对欧陆理性的补充与修正，它从牛顿物理学中吸取了灵感。牛顿和笛卡尔模式正好相反，一为英伦经验主义，一为欧陆理性主义。随着精神存在的感应属性不断增益，社会存在的生存性状渐趋复杂，19 世纪开始，人本主义与理性主义之间出现了裂痕。现代人本主义开始转向了非理性主义。而坚持科学理性主义的实证主义思潮等则逐渐脱离人本主义而走向科学主义。

人类社会日益增长的合理组织，大批人口聚集到城市，随之不可避免地增加对生活的技术控制，极大地促进了工具理性和工业理性。随着封建社会的没落，资本主义社会的兴起，资本家是作为富有事业心和工于算计的头脑从封建社会中产生的，他必须合理地组织生产以达到利润超过成本。韦伯在《新教伦理与资本主义精神》中指出，理性化源自 17 世纪加尔文教徒，即一批吃苦耐劳的上帝选民。其成功发财经验，蕴生一种精于计算的工具理性，后者于不期中演变为资本主义合法精神。韦伯称此精神为一种斯多葛式的工作伦理，即把工作当天职，借此摒弃精神诉求。韦伯把世界“祛除巫魅”和理性化看作人类思想文化发展的总体趋向和线索。历史理性信仰，语言理性信仰，科学理性信

① 参见冯俊《开启理性之门——笛卡儿哲学研究》，中国人民大学出版社 2005 年版，第 9—24 页。

仰，工具理性、经济理性、商业理性等理性的多元化不是人为地促成的，而是一种历史的必然。这一必然性的根据在于：（一）它基于理性自身辩证法发展的内在逻辑性。（二）它基于人类经验发展的多向度性。（三）它基于人类理性不同功能的发展和分化，针对不同的需要，理性分化为：（1）形上理性，旨在建立整体系统，对无形的最后的真实世界做出整体的说明；（2）分析理性，用于对已知的理念、观念作形式的分析；（3）理论理性和技术理性，是对客观对象进行专业化科学研究，从而导向建构理论体系的目的；（4）目标理性和工具理性，目标理性是价值理性，导向目标的界定和价值的界定，工具理性确定方法和根据，它是受目标与价值约束的；（5）社会理性和道德理性，以之运用于人生。（四）它基于人类知识的拓展和分化。西方哲学囿于这种理性的传统，往往“知分不知合”，各执一端，有如医院鼻科分为左右鼻孔两个科室相互歧视和讥讽，彼此不能相容。目的理性行为重视效益，追求利润；价值理性行为不计成败，只讲道德义务。工具行为压迫价值行为，造成行为冲突。故而理性哲学不仅内部危机四伏，而且也常常落入自身特有的形而上学迷思。这一时期的人类，迷恋的不再是自然本体乌托邦的魔幻之城，而是精神主体乌托邦与社会本体乌托邦的海市蜃楼。

韦伯注意到传统社会的宗教—形而上学世界观的瓦解，现代社会世俗化和不同领域分化导致了理性的成熟和自主性的形成。自律性就是价值领域的区分，不同的人类活动逐渐抛弃了以其他价值（如宗教或道德）为根据的他律性要求，转向寻求“自身的合法化”。韦伯把现代性看作是一个价值领域的分化过程，是合理化与祛魅的过程。宗教—形而上学世界观被不断细分的专业领域和知识所取代。在韦伯这里，审美现代性通过与传统的宗教—形而上学世界观的分离，摆脱了宗教的律令和专制，形成了一个独立的领域，趣味判断代替了道德判断，使得传统社会中的审美感性形式与宗教伦理内容的冲突得以化解。康德的三大批判哲学著作《纯粹理性批判》、《实践理性批判》、《判断力批判》与韦伯的三大理性结构认知—工具理性结构（知）、道德—实践理性结构（意）和审美—表现理性结构（情）均是西方近现代文明这一伟大进程的历史注脚。

在福柯看来，理性这个沉睡的巨人在古典世界中觉醒时，发现到处都是混沌和无序，它开始着手赋予世界以理性的秩序。它力图通过知识和话语的系统建构来归类和控制一切经验形式。理性是还原性、强制性和压迫性的。笛卡尔之后，17 世纪的荷兰哲学家斯宾诺莎提出理性主义哲学（又名唯理论），认为感性知识不可靠，只有理性才能把握规律，才能得到真正可靠的知识，因此，理性才是主宰世界的东西。特别是自 18 世纪以来，理性话语发生了大爆炸，人类的一切行为都受制于现代理性话语的“帝国主义”和权力/知识统治。启蒙运动的任务就是要使理性的政治力量多样化，把它撒播到社会的每一个领域，占满日常生活的全部空间，理性成为知识和真理的基础。时至今日，理性主义一直是欧美主流意识形态的核心。如果说 18 世纪之前，理性主义还处在确立自身的过程之中，那么从 18 世纪开始，理性主义则开始了自己的全面殖民和扩张。哲学家们用理性的眼光来思考世界，科学家们用理性的眼光来探索世界，不仅如此，整个社会也用理性的精神来组织自身和完善自身。即使是这一历史时期的文学艺术，也不约而同地打上理性的烙印，发出理性的时代强音。18 世纪的理性主义把理性视为人的最高官能，它所倡导的是怀疑精神、实证精神、推理精神、分析精神以及批判精神，认为凭借理性，人就可以在经验材料的基础上发现自然规律和人事法则，并能够借助这些自然规律和人事法则来改造自然或推动社会进步。

启蒙运动的华美约言与理性王国幻灭之后，西方经历了两次世界大战，非理性主义一度甚嚣尘上，但并未从根本上消解理性主义。科学技术的飞速发展，反而在一定程度上强化了理性主义的霸主地位。理性无往不在，就连选美等比赛的评委打分，也将经济领域的计算理性挪用到审美领域。理性越来越被等同于效益、盈利、控制、榨取与枯竭。它已演变成一种目的—手段关系，或垄断一切的“技术理性”。麦金泰尔认为，理性是用来计算的，它可以确定事实的真假，可以看到数学上的关系，但仅此而已。因此，在实践领域内，它仅可涉及手段，在目的问题上，它必须保持沉默。通用的效益—代价—利益分析模式是：最小投入最大产出。霍克海默和阿多诺也认同理性是计算和计划的机关，对于目的它是中立的。近现代西方传统哲学是根源于理性的总体性哲学。现代文明的丰功伟绩，建立在系统分化、价值冲突基础之上。现代社会提倡制度上的合理公正，而不考虑不同群体以及不同个体的情感好恶。科学研究可以凭借理性力量突破禁忌，打破权势，彰显怀疑精神，它以人类利益和知识独立的名义来探索。当伦理摆脱了教会的权力制约，价值理性提出了有关人类正义和尊严的问题。经济的效益原则、政治的平等原则、文化的自我实现原则开始成为现代人类信奉的基本原则。哈贝马斯指出，技术兴趣导致精神控制，实践兴趣造成交往扭曲，唯有解放兴趣，能将人类从各种理性知识牢笼中解救出来。他指责马克思视劳动为“最基本的社会行为”，因此忽略交往。交往高于劳动，在哈氏这里获得本体论意义。他还批评马克思强调夺取国家机器，遗忘公共领域。哈氏根据言中、言外、言后行为，列出四种行为：（1）目的行为，（2）规范行为，（3）表演行为，（4）交往行为。交往虽以语言为中介，但规范是关键。规范不是压迫，它也包含交往理性的基本规范。美国社会学家米德提出象征交往，从低到高，分为三类：（1）肢体语言，（2）符号语言，（3）专业话语。英国学者奥斯威特认为，假如韦伯被看作资产阶级化了的马克思，哈氏就可被视为马克思化了的韦伯。

在现代理性主义泛滥成灾的过程中，审美活动的“无功利性”部分抵消了工具理性的功利性，审美活动的主动性和自由性一定程度上消除了工具理性的被动性和压制性。工具理性将鲜活的人异化和贬低到手段地位，艺术则使人们从日常生活的惯例化，尤其是从理论和实践的理性主义压力中解脱出来，摆脱理性目的的绝对命令，放任想象于假定和虚构的游戏空间与情境，从而获得审美的救赎。“美学之父”鲍姆嘉通的《美学》（感性学）试图将理性遣入不无混乱的感性领域。从这个意义上说，美学推行的是“理性的殖民化”。鲍姆嘉通在命名美学时，提出了古希腊关于“可感知的事物”和“可理解的事物”的不同范畴，在他看来，欧陆理性主义哲学往往是强调后者而忽略前者，因为较之于后者明晰的、逻辑的高级认知，前者显然是朦胧的、含混的、低级的认识。这种感性的、第一性的、暗昧性的认识方式与理性的、第二性的、真理性的认识方式之间的区别和等级，在古希腊时期的赫拉克利特等先哲那里即被明确提出，但鲍姆嘉通认为感性的、朦胧的认识也有自身的完善，这种完善就是美。后经康德的发展，美学成为协调受必然律支配的自然界和不受必然律支配的精神界的重要方式，也即汇通自然秩序（纯粹理性）和道德秩序（实践理性）的环节。在美的领域，必然和自由可以消除对立获得和谐。

康德的三大批判哲学以理性为核心确立了人类认识原则、伦理原则和情感原则。他终其一生，成为继亚里士多德之后着意拷问“知的规定性”的近代第一人，但终于还是未能澄清“知的规定性”如何与“在的规定性”统一，结果反而弄出一大堆“二律背反”的麻烦。康德是中世纪以来专业学术界第一位伟大的哲学家，其后的哲学家很多都是大学教授，但在他之前却是前无古人，且在他之后仍然有相当多的哲学家非属其类，一直到20世纪，差不多所有杰出的哲学家都是学院派出身。康德终生没有离开哥尼斯堡，思考的范围却横跨宇宙。康德完成了哲学领域的哥白尼式革命。他是理性主义与经验主义的集大成者。他把感官经验组织成有意义的思想，哲学视角对准人的心理结构和主观能动性。英、德哲学与美学都割裂了主观与客观、感性与理性、内容与形式的辩证关系，具有形而上学的性质。康德以其丰沛的哲学激情，明确提出了调和英、德哲学与美学的任务，并赋予哲学与美学以严整的理论形式。康德批判哲学的四大问题是：（1）人能够知道什么？（形而上学）（2）人应当做什么？（道德学）（3）人可以希望什么？（宗教学）（4）人是什么？（人类学）这充分体现了他的“人是人”的观点。他阐明人的所有希望都指向幸福。人具有先天综合判断能力。人自身先天具有德性，这是人的价值和尊严所在，是人作为理性存在者之根本。“有两种东西，我对它们的思考越是深沉和持久，它们在我心灵中唤起的惊奇和敬畏就会日新月异，不断增长，这就是我头上的星空和心中的道德定律。”这是人类思想史上最气势磅礴的名言之一，它刻在康德的墓碑上，出自康德的《实践理性批判》最后一章。

康德把总体的现实划分为可疑的经验世界和不容置疑的世界。康德认为，只有身体器官能把握的东西才能呈现为我们的经验，否则就永远不可能成为我们的经验，因为我们无法把握它们（今天看来，尚应包含人工增益的衍生“身体器官”）。身体各种器官具有不同功能，各司其职。我们的眼睛可以做某些极其重要的事，但在其他方面却无能为力。耳朵可以做眼睛所无法做到的事。味蕾可以做眼和耳所难以做到的事。大脑能够做无数完全不同的事。把身体器官的所有功能全部列举出来，就是认识的全部范围。我们对那些不依赖人的知觉和思维的事物一无所知。这并不是说此外无它物。随着认识的深化，它物可能存在。按照这种论点，我们必须承认关于存在着一个我们的知识永远达不到的自在之物的世界的观点。但是设想这样一种实在是既有害而又空洞的。有害，是因为它迫使我们走向怀疑论的绝境。空洞，是因为你不可能用关于独立存在的实在的假设做任何事情。按照贝克莱的说法，如果物质的确存在，我们也永远不能认识它；如果物质不存在，一切事物仍然保持原样。（有相等的神经冲动产生相等的感觉经验，而实际上并不存在被感知的物体。）我们不可能用一个开瓶器来拍照，也不可能用汽车发动机来做香肠。照相机能够拍下场景，却不能录下声音，而录音器材可以录下声音，却又不能拍下场景。如果说有看不见听不着的东西存在——比如说静止不动无色无味的气体，就不可能对之拍照或录音：底片上空空如也，磁带上也空空如也。但这并不意味着该气体不存在，相反，它存在着，这种存在甚至极其重要——它也许会置人死地。如果不具备截然不同的测量手段，它的存在就仍然是未知的。一方面存在物存在着，不以人和人的经验能力为转移；另一方面，人类具有经验能力。绝对没有理由把这两者视为等同。后者总是比前者狭窄，而且不如前者丰富鲜活。把事物的表象与事物本身相混淆是一个根本性的谬误，儿童和原始初民往往会犯这样的错误。实质上，研究人的认识能力，也是研究人本身的问题，是从不同层面回答人是什么这个斯芬克斯之谜的问题。

康德宣称，理性绝不能设想存在。《纯粹理性批判》列出肯定与否定、有限与无限、偶然与必然等12个范畴。它们与经验结合，即成为知性。在康德看来，如果抽去判断的经验内容，我们就会发现12种知性先天具有的纯粹的判断形式。他把这些判断形式分成四类：（1）从量上看，有全称判断、特称判断和单称判断，与之相应的知性范畴分别为总体性、复杂性和单一性。（2）从质上看，有肯定判断、否定判断和不定判断，与之相应的知性范畴有实在性、否定性和限定性。（3）从关系看，有直言判断、假言判断和选言判断，与之相应的知性范畴有实体性、因果性与共存性。（4）从样式看，有或然判断、实然判断和必然判断，与之相应的范畴就是可能性、存在性与必然性。所谓理性局限，是承认上述思维形式都是人为的，我们不可能超越它们，去发现物自体（Thing-in-Itself）的秘密。We can't know thing in itself. 存在的非理性残余问题，在人类思想觉醒的很远时代，就已经使哲学家们感到不安了，哲学家们顽强地毫无成果地企图“认识”它，即把它分解成为我们理性所固有的因素——它是否确实应当令人如此恐惧、敌视和憎恨呢？存在不能从理性中推演出来。现实绝不能从理性中引申出来，现实要比理性大得多。理性也只是一种现象，其存在依靠其对立面的存在来确定。理性生物的求知欲决定于它的局限性。人类无法不谋自生、不求自存，理性作为人类谋生与求存的法宝，其存在本身就与局限性直接相关。否则，人类就不是人类，而是全知全能的神类。

德国古典哲学是法国革命的德国理论。海涅把康德称作是杀死旧形而上学的革命家。狄尔泰曾向康德发难：我们实该“用历史理性批判，代替纯粹理性批判”。这充分体现了贯穿黑格尔、狄尔泰、韦伯等德国思想家的历史主义观念。列宁在《唯物论与经验批判论》中，只谈康德哲学的主观唯心主义、不可知主义、二元论和“经验批判论”的思想渊源，由此甚至称其为“反动哲学”，这一理论导向，使《纯粹理性批判》的研究长期处于被否定的批判语境之中。

新康德主义喊出“回到康德去”的口号。李泽厚在《批判哲学的批判》中说：“宁要康德，不要黑格尔。”如今，随着海森堡在物理学中的发现和哥德尔在数学中的发现，科学终于赶上了康德的哲学。

意志论哲学的创始人叔本华，据说曾经读过《纯粹理性批判》不下二十几遍。叔本华哲学的逻辑出发点是对康德哲学的批判发展。叔本华认为，现象界不是与本体界完全不同的世界，而是以不同的方式被加以认识的同一个世界。叔本华认为伦理学的基础是同情——而不是康德所误认为的那样是理性。叔本华认为，经验世界是无意义和无目的的，本质上是虚无。人类不应该被经验世界所牵制，而应当漠视它，远离它，弃绝它。在他看来，这就是使人类意志远离经验世界，哲学认识的终极目的也在于此。叔本华认为真正的自在之物是跳脱时空之外，不受个体化、客体化影响，不受因果律等根据律主宰的意志。所有这些思想同佛教的某些教义有惊人的相似之处，不过，所有这些思想都是其一人之功，与佛教知识毫不相干。叔本华在《康德哲学批判》中指出，康德以前的西方哲学是独断哲学，如同痴人说梦，难以形容的粗笨。如同斯宾诺莎被视为最杰出的无神论者、洛克被视为最杰出的自由主义者那样，叔本华被视为最杰出的悲观主义者。尼采大学期间迷恋叔本华《作为意志和表象的世界》，竟废寝忘食沉浸于其中整整两周，他曾写过小书《教育家叔本华》，也曾表明读了叔本华的著作之后自己才成为哲学家的。20世纪前叶，维特根斯坦也是从叔本华的思想开始从事自己的哲学研究的。至此，西方理性哲学的形而上学迷思，东方因素开始发酵。其后的存在主义哲学大师海德格尔，更是主动从类似老子《道德经》的东方文化经典中读取哲思，获取灵感。

在文化间性的文化碰撞与交融下，西方近现代一直用以审判各类文化现象的理性自身开始受到审查。“技术是理性主义的物质化身，因为它来源于科学；官僚政治是另一理性主义的物质化身，因为它的目的在于对社会生活进行理性的控制和整理。而且，这两者——技术和官僚政治——越来越多地统治着我们的生活。”① 西方文明终于开始清算欧陆理性，重构一种知识框架，走出理性的局限与疯狂。

无论是托马斯·阿奎那，还是已经受近代科学熏陶的帕斯卡尔，都坚持认为理性是有局限的，它并不能彻底把握人之存在的神秘性。通过划定直觉范围并与逻辑概念相对立，帕斯卡尔给人的理性制定了种种限制。帕斯卡尔清楚地看到我们的理性的虚弱性是人类一般软弱状态的重要部分。最重要的是理性够不着宗教经验的中心。如同帕斯卡尔所看到的，人类在宇宙无限小和无穷大之间，占据了中间的位置。同虚无相比，他就是全体，同全体相比，他又成了虚无。帕斯卡尔留给我们的关于人类状况的不可更改的主要事实就是，人的这个中间位置的主张，极好地启示我们所能期待于人的理性的范围和力量。这也是人类存在有限性的一幅绝妙的图像，两边都好像有虚无同时向我们侵袭。在大尺度的宏观世界与小尺度的微观世界，人类都深感鞭长莫及，不像在置身其中的中观世界这么如鱼得水。“这种对于自然界‘理性’的信赖感现在已经被粉碎了，这部分地要归因于科学在我们时代里的吵吵闹闹的成长。正如我们在序言中所提到的，我们的自然观正在经历着根本性的变化，向着多重性、暂时性和复杂性的变化。”② 简单的事实是，没有一种相关的理论框架，就不可能有测量、实验与观察。

马丁·路德著名的咒骂曾对理性出言不逊：“理性，这个婊子！”宗教和信仰的不成熟体现在它的血腥和专制中，科学和理性的不成熟体现在它的盲目骄傲中。理性主义者认为，理性能够

① ［美］威廉·巴雷特：《非理性的人——存在主义哲学研究》，杨照明、艾平译，第265页。

② ［比］伊·普里戈金、［法］伊·斯唐热：《从混沌到有序——人与自然的新对话·导论》，曾庆宏、沈小峰译，第290页。

解决的事情是善，而理性不能够解决的事情是恶。理性主义者认为非理性的东西永远不可能比理性的东西更好。然而，在非理性主义者以及反理性主义者看来，人类所有的优雅与华美可能不过是人类存在的深渊表面上覆盖着的华而不实的虚饰。所有这些不过是人类自以为是、自欺欺人的“猫盖屎”。正如罗素所质疑的那样，所谓的人类智慧，也许只是极为精致的愚蠢。就理性自身的局限性而言，理性是无法抵达绝对的客观性，即事物本身或者物自体的。对康德来说，所谓理性，就是承认物自体不可知。也即赫胥黎所坚信的，只有不可知论才是唯一可靠的哲学。理性只有一种手段去说明不从其本身产生的东西，那就是把它化为虚无。也就是说，人类无法真正和彻底改变或摆脱博学的无知状态。

笛卡尔开创的近代西方理性哲学，堪称怀疑哲学。其哲学的“阿基米德”点“我思故我在”就是建立在普遍怀疑的基础之上。笛卡尔怀疑一切，唯独对他怀疑一切的价值确然不疑。没有人能怀疑他在思想，因为怀疑他在思想也是在思想。无论人怀疑什么，人都无法怀疑“怀疑活动”本身的存在，因为如果没有“怀疑活动”，怀疑就是不可能的，而怀疑则意味着一个怀疑者的存在。这是以思想思想思想的哲学反思精神。对于怀疑，休谟说，谁有过一天怀疑过一切，谁就永远消除不了自己的怀疑，谁就永远从人们的共同世界出来而进入自己个人世界的绝对孤寂生活中。休谟在出版于1739年的《人性论》中指出：归纳法是一种没有正当逻辑的习惯，相信因果论并不优于迷信。科学和神学一起，被放逐到虚妄的希望和荒谬的迷信的地狱之中。休谟在《人类理解研究》中对“不受神助的理性”作了深刻的哲学思考：“理性不论采取了什么系统，它在这些题目方面每一步都会陷于不能拔除的困难中，甚或矛盾中。要想把人类行为的可进可退性和其偶然性同上帝的先知先觉调和了，要想一面来辩护绝对的天命，一面又来使神明卸却罪恶的责任，那在人们一向认为是超过哲学的一切本领的。因此，理性在窥探这些崇高的神秘时，如果能感觉到自己的大胆妄为，那它就应该离开那样含混而迷惑人的景象，谦恭地复返于它的真正固有的领域中，来考察日常的生活；果真能这样，那就很可庆幸了。在日常生活中，也尽有许多困难，足供它的探讨，而不必驶入这样无边的、疑虑的、不定的、矛盾的深海中。”① 这也正如康德所说的那样，把我们的感官经验组织成有意义的思想。然而“最完美的自然哲学只是把我们的愚昧暂为拦阻一时；在另一方面，最完全的道德哲学或形而上学哲学或许只足以把更大部分的愚昧发现出来。因此一切哲学的结果只是使我们把人类的盲目和弱点发现出来，我们每一转折都会看到它们——虽然我们竭力想逃脱这种观察，避免这种观察”②。在休谟那里，理性主义和怀疑主义和平地共处在一起。欧洲思想再也没有恢复它从前的一心一意，在休谟的所有后继者中间，心智健全意味着表面性，深度怀疑意味着某种程度的疯狂。美国现代主义小说家亨利·米勒在《南回归线》中说，发疯的意思就是失去理性，是理性而不是真理，因为有些疯子说出来的是真理，而其他人则保持沉默。真理只是不可穷尽的总体的核心。人类的理性远比大多数理性至上主义者想象的更为有限和脆弱。“理性本身是世界上最成问题、最含混不清的东西之一。”③“对于理解人类文化生活形式的丰富性和多样性来说，理性是个很不充分的名称。”④ 更有甚者，认为理性乃万恶之源。自笛卡尔以来的怀疑精神，其中已经孕育着后现代思潮所体现出的后理性时代精神。不论何处，只要有过分自信的关于人性、关于人类生活的命运、关于宇宙的根本性质和人在宇宙中的地位等问题的理性思考，那么，自然也会有怀疑主义、不信任和敌意。人类没有多少超越感性认识的知识，因此，我们认识终极实在的希望与机会很小很渺茫。培根的观察与试验，洛克的感官主义，牛顿的从现象材料出发的物理学，这些 18 世纪的经验主义，都是对笛卡尔唯理论的反击。人性现在是由理性和自然这双重要素

① ［英］休谟：《人类理解研究》，关文运译，第 92 页。
② 同上书，第 31 页。
③ ［德］恩斯特·卡西尔：《人论》，甘阳译，第 14 页。
④ 同上书，第 37 页。

构成。但是对于休谟来说，人主要是由自然的欲望和冲动主宰的——这同霍布斯并没有太大区别——人的行为基础正是这种冲动，它直接导致了人选择性的趋利避害：快乐可以反复激发对行动的欲望，正如痛苦可以反复地激发对于行动的厌恶一样。在人的行动中，自然情感，而非先在理性，始终是主导性的。休谟的独特之处在于从情感的角度来理解人和人性。道德也正是以此为基础。而理性，在人的行动中，不过是行为去实现目的的手段。理性既不是行为的动机，也不是欲望和情感的主宰。相反，理性是并且也应该是情感的奴隶，除了服务和服从情感之外，再也不能有任何其他职务。在休谟那里，理性和情感各司其职。理性只是对真相的辨别，它被拒绝在伦理学的大门之外，它和道德无关，和善恶的区分无关。道德问题不过是情感、意志、欲望等经验感受性问题。善恶正是自然欲望的产物；善同个别性的欲望需求相关，并非像理性主义者认为的那样，存在着一个独断而普遍的道德标准，存在着一个永恒的具有普遍约束性的正义。就此，休谟摧毁了理性主义的普遍主义道德观。叔本华对康德道德学说的批判，正是回复到休谟的正确立场上。

生物学的兴起，对非理性在人类视野中的凸显发挥了重要作用。达尔文的进化论进一步将人的存在向生物性的方向推进，中世纪关于人的神秘性、文艺复兴时期关于人的高贵性以及启蒙运动时期关于人的万能性的观念得以修正，人的优越性仅在于他与同类的生物相比更能适应自身的生存环境。19 世纪末，一种被称为“生命哲学”的人文思潮已成蔚然大观，叔本华、克尔凯郭尔、尼采、柏格森、狄尔泰等等，皆以各自的方式倾诉着对生命和世界的感悟。柏格森认为，生命之流，即生命的冲动和绵延，既是非理性的主观心理体验，又是创造世界万物的原动力。绵延和生命冲动是不确定的连续的波动。柏格森否定理性思维的认识作用，理性必须凭借概念、符号、判断、推理，采取分析的方法，因而只能把握静止的实在对象，故而要把握生命之流，不可能通过理性思维，只能通过生命直觉。直觉是梦幻般的意识或无意识的流程。狄尔泰承认人具有理性能力，但是理性能力不是万能的。卡西尔认为我们应当把人定义为符号的动物来取代把人定义为理性的动物。人本身就是诸如纯逻辑、理性等东西永远无法理解的自相矛盾、又爱又恨的生灵。理由可以打动我们，但是不能感动我们。大卫·休谟认为：理性是激情的奴隶。詹姆斯则以心理学家的敏锐捕捉到情与理的对立统一：太太小姐听了歌剧，为穷苦人眼泪汪汪，出门碰上要饭的，赶紧拿手绢捂着鼻子，上车扬长而去。在笔者看来，情理一体，它只不过是物理衍存为生理，生理衍存为心理，心理衍存为情理的复杂代偿形态而已。

逻辑，从它的高贵出身来看，旨在建立对世界的统一认识。但它是靠把不合逻辑的现象砍掉来实现这种统一。对矛盾掉头不顾，留下的当然是统一。然而，只有我们不合逻辑的，没有世界不合逻辑的。正是在矛盾的现象面前，逻辑必须扩大自己的眼界，变换自己的视角，让那些隐匿的环节浮现出来，让整个现象呈现出来。罗素曾言，应当承认，亚里士多德是人类的一大不幸。时至今日，多数大学的逻辑教程仍充满着谬误，其责任在亚里士多德。辩证法的原初含义是在谈话中通过论证进行问答。苏格拉底把它看作通过对立意见的冲突而揭示真理的一种技巧，看作通过逻辑问答而获得概念的正确定义的方法。后来，在黑格尔那里，辩证法成为概念或命题自身沿着正题、反题到合题的方向所做的合乎逻辑的运动。韦伯曾大张旗鼓地声讨工具理性主义文化的“机械僵化”，祛魅的官僚资本主义的“铁笼”。因为，**工具理性主义拥有的价值无法回答康德在第二《批判》和第三《批判》中提出的那些所谓的终极问题：“我应该怎样生活?”和“我能够希望什么?”并且，尽管它们确实对第一《批判》开始的质问——“我能够知道什么?”——做出了令人满意的回答**。由于经验概括的相对性，自然科学不可能给我们提供任何固定的规范；此外，由于它只关注事实，不回答应当如何的问题，所以也无力指导我们的生活。自17、18世纪以来，自然科学的昌盛与理性主义的高涨，并不能阻止世界大战的爆发就是铁证。在1939—1945年的“二战”期间，地球上生产的钢铁竟然几乎百分之百地用来毁灭人类自身，理性何在，理性何能?！职此之故，1961年萨特开始撰写《辩证理性批判》。

克尔凯郭尔人到中年，一个周日在花园中沉思往事，忽然想起自己碌碌半生，一事无成，而自己周围的同龄人却有不少成了受人尊敬的名人，成为造福人类的人。后来，他想到，由于到处都有人致力于使事情变得容易，可能也需要有人从事使事物再次困难起来；生活变得这样容易，以至于人们会需要困难回来；而且，这大概就是他的事业和命运。**为一个时代的浅薄的良心设置障碍，这个时代由于深信其物质方面的进步和精神方面的启蒙而自命不凡。克尔凯郭尔可以说是一个现代的、基督教的牛虻，正如苏格拉底曾经是一个古代的非基督教的牛虻一样**。

海德格尔强调，哲学、形而上学不是知识，不研究现实存在物，它是讲“无”的学问，不是讲“有”（现实存在物）的学问。对科学来说，讲“无”总是一种可怕的和荒谬的事。但“无”是一切科学知识的基础和根本，是人生的真谛之所在。可以说，全部海德格尔哲学的核心就在一个“无”字，也就是对于超出现实存在物的探讨。海德格尔不是一个理性主义者，因为理性是通过概念和精神表现的方式活动的，而他则认为我们的生存（existence）却不能用这些方式来解释。但是，他也不是一个非理性主义者。非理性主义认为感觉或者意志，或者本能，比理性更宝贵，甚至比理性更实在。从生活本身看，也的确是如此。但是，非理性主义把思的地盘拱手让给理性主义，从而在暗中接受了其敌人的假设。

卡西尔对赫尔德最嘉许的，是赫氏敢于对抗沃尔夫到康德偏重理性的传统。当然，卡西尔正如赫尔德一般，并不反对理性本身，他们反对的，只是一般孤立的或“抽象的唯理文化”，因为这种唯理文化所引生的“暴虐”势必使“人类所有其他心灵上的和精神上的能力”备受压抑。孤立的理性或许可以说明自然科学，但若要充分理解如诗歌、语言、宗教、艺术、历史等人文学科对象，则我们必须先从唯理的禁锢中解放出来。“哲学史上也有很多哲学家是反理性主义者，但他们反对的并不是理性本身，而是理性主义，即无视人的各种非理性的情感和夸大理性在人生中的作用的那种哲学。我们之所以觉得有些非理性主义哲学家说得有道理，就是因为他们对非理性的情感意志本身的思考也是以理性的方式进行的，即借助逻辑的力量并通过事实说话，这对反对现代性的后现代主义哲学家也不例外。”①

在哈贝马斯那里，理性化包含了工具化与更完善的政治或实践理性之间的比较，工具化只是单向度的、部分的、不完全的理性化。在现代时期，认知理性和效果行为不再和道德、美学交织起来。② 但是理性不能因此被简约成某种**聪明的丑妇**。自 19 世纪以来的真正的变化不是世界以某种令人兴奋的和天启的方式变得不可理解，而是由于令人烦恼和单调乏味的原因，这个世界很难理解，所以，我们必须变得更聪明些，知道得更多一些。哈贝马斯重视生活世界的交往理性，将话语伦理学的核心归结为“程序理性”。福柯将哈贝马斯交往行为理论斥为“交往乌托邦”。哈贝马斯反对福柯等人把权力看作彻底的负面而笼统地加以否定。依哈氏之见，福柯将人的社会关系视为纯粹的压抑与被压抑、统治与被统治的关系，并把这种关系所造成的不自由看作是社会化的人永远无法逃脱的厄运，他实际上陷入了“权力即压迫”的怪圈。也许，**西方诸多有识之士，每每从一种逻辑强迫症，跌入到另一种逻辑强迫症中**。

把人作为认识的主体，世界作为被认识的客体，要求主体认识和把握客体的本质，这就必然使认识具有无穷追逐的特性，也很容易产生一种在已认识的东西之上或背后还有某种未被真正认识者甚至不可认识者的思想，这背后的、在上的东西就是形而上的东西，以认识论为基础的形而上学，这种形而上学的特点就在于以形而上的本体为真为实，而以形而下的现象为假为虚。

所谓“形而上者谓之道，形而下者谓之器”，裂道与器为二，道先于器，优于器。这种形而上学从存在论上立论，而不是

① 张志平：《西方哲学十二讲》，第 14 页。

② ［德］恩斯特·卡西尔：《人论》，甘阳译，第 37 页。

从认识论上立论，所以它不讲真假虚实，不讲本根是真是实，枝末是假是虚。（我们认识到地球在转动，这当然很重要；但更重要的不是认识论上的地球转动，而是存在论意义上的地球转动。没有认识到地球的转动，人类照样度过漫长的岁月；但若地球哪怕停止转动瞬息，人类则将难以为继。）这里，形而上的东西也是超感觉的东西，但它与感觉中的形而下的东西之间，不以真假虚实来划分，而以本末根枝来划分。这种形而上学称之为以存在论为基础的形而上学。中国哲学史上的形而上学主要地（不是唯一地）是这样的形而上学。黑格尔以后，西方现代哲学中的人文主义思潮如尼采、海德格尔等人的哲学思想，其不同于西方近代哲学中占主导地位的旧传统的一个重要之点在于重“为道”，轻“为学”，就此而言，这一思潮颇有些接近中国哲学史上的旧传统。

西方近现代哲学史伴随主体性的发展而发展起来的是主体形而上学，是压在人们头上的超感性的本体世界——一个新形式的教会神权（理性特权）。文化人类学家越来越认识到，没有普遍有效的合理性，只有不同的文化具有不同的合理性。

第二章　科学真理与艺术真实

第一节　科学真理的解构与重构

人类在好奇心的驱使下求真。柏拉图《理想国》的洞穴幻象与洞穴隐喻，是西方先哲求真意志的经典表述。在柏拉图理念哲学世界，真理的化身——理念如日中天，永恒不灭，现象界的一切不过是理念的影子，也即洞穴幻象而已。困于洞穴的人们，既看不到真正的太阳，也看不清真实的事物，而只能看到洞穴里面幽暗的光线和真实事物模糊的投影。柏拉图感受到常人感知世界的局限性，但并没有真正认识到人类认知世界与事物的条件性与有限性。他有一种直觉和幻觉，认为只要人得其法，就能了解理念的真相。其实不然，他患有西方人惯有的真理强迫症。也就是说，他自己也身陷人类认识之洞而不能自拔。

承其绪，培根曾不厌其烦地为世人厘析“四种假象”。首先是种族假象，限于种族感应属性与感应能力的栅栏，鸡同鸭讲在所难免。其次是洞穴假象，每个存在者都有自身局限，都有各种各样的原因形成的各种各样有形和无形的洞穴，从某种意义上说，都在坐井观天，都是井底之蛙。再次是市场假象，市声鼎沸，各售其货，漫天广告，各美其货，夸夸其谈，天花乱坠。最后是剧场假象，社会大舞台，人生小戏剧，到处都在逢场作戏，生活如同表演艺术。

然而不能因为木偶是假的，连后面牵线的人也被视为是假的。在真假之间，人类一直渴望求得一份真真切切，证得一份明明白白。何谓真假？真或假就是表示在人类文明系统中实现语词向世界的适应指向中成功或失败的状态，人类感应能力面对世界与事物的智性反应。

张岱年先生认为："西洋哲学讲本体，更有真实义，以为现象是假是幻，本体是真是实。……这种观念，在中国本来的哲学中，实在没有。中国哲人讲本根与事物的区别，不在于实幻之不同，而在于本末、原流、根支之不同。"① 中西哲学史一般都寻求这种超越的、形而上学的东西，就此而言，两者是一致的，只不过各自寻求的超越者不同：一个是寻根，一个是求真。中国式的本根之"内在超越"，西方式的真理之"外在超越"。

理性真理与启示真理，是西方文明的两套真理话语系统，分别体现在构成西方文明的"两希文明"中，即古希腊理性文明与希伯来信仰文明这两大源头之中。**从苏格拉底的"知识就是美德"，到培根的"知识就是力量"，再到福柯的"知识就是权力"，西方走过漫长的理性真理求索之路**。何谓理性真理？理性真理观相信：它既是"物与知的相符"，也是"陈述与命题的一致"。"笛卡尔的某些继承者便宣称，凡是真实的东西必然是能够（至少在原则上）以科学概括的（也就是说，准数学的或数学般清楚的）形式陈述的，他们和孔德及其弟子一样，得出结论说，历史学中无法避免的那些概括，要想具有什么价值，就必须能够被表述为可以证明的社会学规律；而评价性的语言，如果不能用这种词汇来陈述，就必须被移至某种'主观的'杂物仓库；像'心理学的'零余、纯粹个人态度的表达、非科学的剩余物，原则上是可以完全消除的，肯定必须尽可能地被排除在它们没有位置的客观领域之外的。每一门科学（我们被诱使去相信），迟早会自己摆脱那些在最好的情况下是无关的、在最糟的情况下是严重障碍的东西，从而达到清晰的见解。"②

自然科学追求理性真理，在这个过程中，由伽利略所始创、

① 转引自张世英《天人之际——中西哲学的困惑与选择》，第116页。
② ［英］以赛亚·伯林：《自由论》，胡传胜译，第158页。

笛卡尔所完善的分析方法起了重要作用。**伽利略以一种新的法则观，展现了将科学从亚里士多德的目的论中解放出来的曙光**。亚氏把经常性的、无例外地出现的事物现象看作法则性、规律性。但在我们身边发生的事情并不都是规律性的现象。如果局限于这一规则的话，那我们可以视为是合乎规律的世界就相当窄小了。因此，亚氏又将他的“经验论”的合规则的世界扩大到频繁出现的事件的范畴。将规律性地发生的事情和反复出现的事情归结为一“类”即“秩序”，以其作为科学研究的对象。当然，这样分类的话，就有许多事物被排除在科学研究之外，比如人的遐想和梦思等，对于这些，亚氏就认为不合乎规律性和多发性的基准，因为它们只是出现过一次的，或偶然出现的个别事态，因而又将其归入一类，称为“混浊”，他认为科学没有顾及这类事态的必要，就这样切断了它们和科学的关系，否则古人就难以把握这个世界的规律性了。并且，亚氏把“类”解释为对事物本质的规定，也就是说，“类”预先决定着属于这一“类”的事物的未来，这是一种目的论的假说。伽利略、笛卡尔把新的科学逻辑和分析法带入科学。作为一种具体的科学研究方法，分析法是一种有重要价值的研究方法，在科学发展史上功不可没。但它毕竟是一种有限的方法，一旦将这样一种有限的方法非法地升格为哲学方法，夸大为无限的方法，就导致了形而上学的还原论。还原论要求将事物从复杂还原到简单，从多元还原到一元。根据这种方法，要了解事物的真相，就必须尽可能地了解构成事物的元素，最简单的基本粒子或“终极粒子”，它们是事物的最小单位，是构成一切事物的基础。它们代表着存在本身，是存在的存在。它们的特性规定了事物的特性。在终极粒子中是没有精神的位置的。它们是所谓的纯客观。科学的分析法、还原论在给我们提供有限的昂贵的冷抽象而得到知识的同时，也将许多可以滋润人的心田的富有意义的东西褫夺了。在我们的日常生活中，事物除了给我们呈现出数量、广延、重量、外形等可以计量的物理属性，还给我们呈现出声音、色彩、气味等感觉属性以及美丽、喜悦等依赖于主体心灵的审美属性。人类灵魂或人的心灵被科学视为副现象，虽然它也是存在的，但它是第二性的，只是果，而非因。但这些均是生活以及人生的有机构成，对于活生生的人来说，甚至比科学给予我们的硬知识更有意义。列夫·舍斯托夫曾从西方文化精神的两大核心要素——理性真理与启示真理出发，指出奇异的东西是不可理解的，因为在一般的和必然的判断体系中不可能把握住它。假如它在我们面前出现，我们的科学也会教我们看不见它。只要一切“奇异的东西”没有从我们科学的视野中消失，我们的科学便永无宁日。不具穿透力的空间事物如何能与非空间事物相联系？非时间的事物如何能与时间性的事物相联系？机械地引发的事物如何能与有目的的行为相联系？毫无意义的事物如何能与充满意义的事物相联系？单纯的事实如何能与价值相联系？外在的移动如何能与内在的生成相联系？**作为高级存在的个体生命，更多的受到“目的因”而不是“动力因”的作用。仅以处理惯性物质的物理的科学范式对待具有活性成分的生命是不公的。也就是说，那为理性所不理解的东西，不是永远不可能的东西。但是，在理性断定是必然的地方，联系就可能被切断。所有这些科学经验无视或懒得过问的领域，恰好为艺术活动等非科学领域留下了英雄用武之地。**

伽利略在改变人类认知自然王国方面所做的工作比任何一个帝王都多。在伽利略看来，对于亚里士多德学派来说是如此宝贵的“为什么”的问题，是向自然讲话的一种非常危险的方式，至少对科学家来说是这样。而另一方面，亚里士多德学派却把伽利略的态度看作是一种无理的盲信。对于亚里士多德学派来说，知道一个过程为什么会发生比描述它如何发生更加令人感兴趣，或者宁可说，这两个方面是互锁的不可分割的。**在这个意义上，近代科学的诞生，伽利略与亚里士多德学派之间的冲突，乃是两种理性之间的冲突。**按照伽利略的看法，大自然从来不肯放弃任何东西，从不无缘无故地做任何事情，而且从来不会上当中计；设想凭借技巧或谋略能使大自然做出任何额外的功来是荒唐的。自然不做无益之事（Nature does nothing in vain）。“自然的东西”就是不“自由的东西”、“非精神的东西”。自然存在的递弱代偿衍存，有其不得已而为之的原因，并非是其刻意为之的结果。**任何将自然存在目的化或工具化的方式均是以人的高感应能力恃强凌弱的行为**。实验方法是由近代科学建立起来的人与自然对话的主要方法。实验方法是和自然讲理的，而自然为该游戏带来最大的约束。在自然现象的具体复杂性中，必须选择一种现象，认为它最能以明确的方式体现某种理论的含义。然后把大自然放到实验的“刑具台”上，把这个现象从周围环境中抽象出来并“搬上舞台”，使理论在实验过程中可以传授和可以再生。爱因斯坦常说，自然对于向它提出的绝大多数问题都回答“不”，偶尔说“也许是”。科学家不能只做自己高兴的事，不能强迫自然只说自己爱听的话。尽管自然是部分地被容许讲话的，然而它一旦表达了它自己，就不再另有异议：自然从不说谎。至少从长远的观点看来，科学家不能在自然上面寄托他所抱的要求和希望。他包围自然，把自然逼入困境的战术越是成功，他实际上就是在进行更大的冒险和做更加危险的游戏。“在古代人看来，大自然就是智慧的源泉。在中世纪，大自然被说成是上帝。在近代，大自然已经变得如此沉默寡言，以致康德认为科学与智慧、科学与真理应是完全隔开的。”① 这是一种两分局面。“按照康德的说法，科学并不是同自然进行对话，而是把自己的语言强加于自然。”② **科学家对自然的关心被归结为把自然当作一组可以操纵和可以测量的客体，因而他能占有自然，统治并控制自然，然而却不理解自然，这样一来，自然的本真性就将在科学的把握之外，反而恰恰是不同于科学经验的艺术体验，有时更能一语道破天机。**

归纳法与数学演绎法两种科学方法上的分歧，在哲学认识论上表现为经验论与唯理论之争。经验论认为哲学的研究方法只是以实验、观察为基础的归纳法，知识只限于感官经验中的东西。经验论者都轻视或否认超经验的玄学问题。唯理论则依据数学演

① ［比］伊·普里戈金、［法］伊·斯唐热：《从混沌到有序——人与自然的新对话》，曾庆宏、沈小峰译，第 102 页。

② 同上书，第 90 页。

绎法，认为思维独立于感官经验，思维可以把握超经验的东西。唯理论者注重玄学问题的研究。17 世纪到 18 世纪英国哲学中重个别性的原则，就由洛克的“概念论”经贝克莱的极端唯名论到休谟的怀疑论和不可知论而发展到了顶峰。休谟的经验论及其取消主体与客体的思想对现代西方哲学起了很大的作用。康德认为，“知性”的概念范畴总是非此即彼的，只能应用于多样性的事物，若用它们去规定超经验的最高统一体——世界整体，则必然出现“二律背反”。康德这套思想对破除莱布尼茨 - 沃尔夫学派旧玄学的非此即彼的形而上学方法，是一个很大的贡献。它促使黑格尔达到了具体真理是亦此亦彼的，是对立统一的结论。

自然主义科学家认为，科学不仅仅是一个确定的知识体系，更重要的是一种训练有素的研究方法，它排除极端的二元论或任何神秘的“分支”，认为只有一个自然，它是相当连续的，科学方法的统一性揭示了这种连续性；人完全是自然的存在物：他的心灵植根于自然之中，并没有一个与自然界分离的神秘的“精神世界”。内在结构和外在关系决定和限制着发生的每一事物的出现和消失，在自然中和自然外不存在超自然力的作用，不管这种超自然力是被看作一种引导着事件历程的假想的非物质的精神还是被看作自然死亡之后还幸存的所谓不死的灵魂。科学提供了削弱道德教条和宗教教条的理性基础，揭露非理性习惯的硬壳为社会非正义的延续提供的伪装，逐渐形成和发展了向传统信念进行质询和挑战的知识氛围。科学使蒙昧主义所寄生的领域越发狭窄。科学不再是属于精英文化的专业问题，而是每一个人都能普遍享受的。科学不仅要造就成千上万的科学家，还要加深亿万民众对科学本身的理解。

Science 的原义是知道。科学由如下三个重要方面构成：(1) 科学观念：科学观点把人看成是自然秩序的一部分。科学采取“我（高感应性、低存在性）—它（高存在性，低感应性）”态度，让我们看到了一个有许多客体的世界。**科学真理的建构、解构与重构和自然存在的递弱代偿衍存与精神存在的感应属性增益这两大系统密切相关。在这充满自变量和因变量、人类**

理性强作分立的两大主客系统中，岂有绝对真理可言？故科学的基本态度之一就是**存疑证伪**，科学的基本精神之一就是反思批判。（2）科学方法：思维运演多采用分析、综合、比较、概括、抽象和具体化等方法，注重逻辑推理和试验。科学方法会带来实际的好处，否则，它将无法在幻想的世界里开拓前进。（3）科学意义：尽管人们坚信，不相信科学知识就是不相信人类最伟大的能力，科学并不热衷于为自己的信念找根据，或解释自身的意义。

科学理论本质上是因果关系的理论，而不是目的论的学说。科学哲学处理的问题可分解为四个主要种类：（1）理论与经验的关系问题，（2）可靠知识的本质和基础问题，（3）对一种总体的宇宙观的长期探求，（4）科学与社会的关系问题。爱因斯坦恪守科学理论真理性的两个标准——它的内在的完备和外部的证实。

科学逻辑中有三个领域需要研究：（1）科学说明的本质，（2）科学概念的逻辑结构，（3）各门科学中知识主张的评价。科学无法声称：科学方法的实践有效地排除了那些会损害科学研究成果的各种形式的个人偏见和错误根源，以及更一般地说，它保证了那些采用科学方法的研究所达到的每个结论的真实性。实际上不能给出任何这样的保证：没有任何预先确定的规则能够充当这样的自动保护措施，即有效地阻止了那些可能不利于一个研究过程的意外先见和其他错误原因。一个完美无瑕的逻辑论证会导致错误的结论。有鉴于此，20 世纪最著名的哲学家之一吉尔伯特·赖尔在提及阿基里斯与乌龟的寓言时指出：在诸多意义上，它都堪称哲学之谜的范式。或许就像费马大定理近来被解答出来那样，有朝一日该谜也会谜底见天。

在探求理性真理的历程中，西方知识论的发展经历了三个重要阶段：（1）柏拉图－亚里士多德知识与真理相符，真理与实在相符；（2）笛卡尔－康德基础主义知识论，系统提出包括一整套原则与规范在内的分析方法，来确定事实真理的基础与判断事物概念的有效性，为现代分析知识论奠定了基础；（3）奎因所提出的现代知识论，其特点为整体性，即知识是相互关联、相互制约的观念、理论和经验，而非一个独立的存在。他认为，如果我们发现一个东西有用，就会放弃相信“1+1=2”之类受人珍视的真理。因此，所有的真理都是可以修改的，和钻石不一样，没有知识是永恒的。工具主义（instrumentalism）认为科学理论并不是正确的，而是“有用的虚构”。

莱布尼兹把真理分为推理真理和事实真理。科学追求的似乎永远是隐秘真理（underlying truth）和密室真理（closet truth）。海德格尔认为，真理的麻烦，在于它稍纵即逝，无法一劳永逸地锁定。刚被揭示的东西，转眼又堕入伪装或遮蔽之中（其实是代偿与衍存形态）。凡此种种，迫使海德格尔整合出一长串诸如“召唤”、“此在”之类的存在主义哲学术语。一切皆流，无物常在（自然存在的递弱，精神存在的增益，社会存在的耦合）。这是古希腊两大哲学流派之一的赫拉克利特学派的基本哲学信念。世界上只有最短暂的东西最真实。也就是佛学所说的作为第一刹那的现量。刹那生灭，生灭位移，其余的均为第二刹那、第三刹那……的比量性衍存与次生，与第一刹那似是而非，只能是幻似而已。时间中持续运动的现象，时被捕捉，时被隐藏，比量大量堆积，现量如梦似幻。真理即解蔽。真理本是一个显现过程，就是说，人通过综合、判断与反思，能促使对象显露出来。换言之，真理意识的对象，即是存在者。而存在的真义，正在于显现。“若说觉官感触能知道物质，就叫做科学的知识，那么我们梦中所有感触的物，与醒了之后所有感触的物，不能说他有不同的价值，难道科学知识就同于梦中心态？罗素说：‘醒时所有感触的物，不能比梦中所感触者，更见实在。在我们建筑（笔者注：引文中“建筑”一词与上下文不通，原文疑有错）之初，梦与醒的生命，要受同等的待遇。梦何以能受判决为不真呢？一定有个不全由感触而得来的真实，去作审判官。’”[①] 这使得真理比谬误更加不祥。哲学要等到一个时代结束，才肯向世人昭示真

① 张东荪：《科学与哲学》，商务印书馆1999年版，第25页。

谛。马尔库塞认为，我们的尴尬处境是：整体即虚假。德勒兹、伽塔里的树喻（现代性真理体系）、根喻（后现代性真理体系），动摇了西方历千年而不倒的参天大树，这棵象征着真理的智慧树。古希腊另一大哲学流派——巴门尼德派的基本信念，变化的只是表象，不变的才是真理，遭受前所未有的重创。利奥塔指出，科学真理如今仅仅存在于实验室的尖端游戏中，除去少数专家的短暂共识，科学再无其他合法依据。在此大背景下，谁要猎取终极真理，或根本不变的真理，那么他是不会有什么收获的。真理如同没有尽头的道路上的临时驿站，真理令无数真理追求者在难以获得绝对真理之后深陷真理焦虑和真理疲惫的精神危机之中，从而导致真理乌托邦的幻灭。一些茅塞顿开之士戏谑道：真理？我不知道那是个什么玩意儿！真理也因而每每被还原为一堆神圣狗屎（Holy Shit）。这是维系人类求真意志的基础危机。在哲学精神上，爱因斯坦属于巴门尼德派，这决定了他的相对论的精神实质是绝对论，也从而导致他坚信上帝不掷骰子，后半生致力于寻找统一场理论，从而不同于普朗克的量子论，远离玻尔主导的后现代科学的主流。

贝克莱认为：“真理是所有人的愿望，但只是少数人的游戏。”[①] 邱吉尔戏言：我们为了真理而说谎。阿多诺 1944 年写下的《袖珍道德学》里有这样一段一针见血的话：“我们时代的玩笑，是人的希望自杀了。我们每一步都陷入了野蛮。世界沦为系统化恐怖。对于无家可归之人，写作提供一种偷生方式。所有真理问题，都已转换为权力问题。”米尔斯认为，为权力服务的知识分子，要比服务知识的掌权者多得多。在福柯看来，真理只不过是各种话语游戏而已，可以在权力游戏中根据需要组装与生产。对真理持游戏观念的大有人在，如维特根斯坦、伽达默尔、列维－斯特劳斯等。德里达坦言：所谓真理起源，不过是一系列符号游戏。人类不再是宇宙绝对真理的代言人，用之不竭的吐真

① ［美］布莱恩·麦基：《哲学的故事》，季桂保译，生活·读书·新知三联书店 2002 年版，第 111 页。

剂似已过期，人类真理的含真量急剧下降。

真理的客观性与知识的确定性一直是科学追求的基础，同时也是科学这一所向披靡的力士战神的“阿喀琉斯脚踵”。因为“根据经验来的一切推论都是习惯的结果，而不是理性的结果。”“没有经验的帮助，理性是不完全的。”[①]“经验”一词的根本含义就是意识到某物或对某物的意识。这一点与现象学的意象性概念有相似之处，即意识始终是对某物的意识，反过来说，某物也始终是意识中的某物。当经验主义者把我们的一切判断都建立在经验的基础上时，这也就意味着他对经验之外或意识之外的“自在之物”进行了“悬置”或“存而不论”。这颇类似于现象学还原的某些思想。现象学还原可区分为三层含义：（1）意识还原：扬弃对超验的、独立于意识的“自在之物”的信念，返回到意识领域。（2）本质还原：扬弃对意识中的个别之物之存在的信念，直观自身被给予的、绝对明证的本质之物，也即在个别之物自由变更中发现其不变项。（3）先验还原：扬弃对一切意识内容，包括经验自我、个别之物以及本质之物的存在信念，返回到纯粹意识领域。当然，经验主义与现象学有着质的不同：（1）它仍相信意识中所呈现的某物具有独立于意识的实在性，而这一点在现象学看来恰恰是非明证的，且与其意识还原的精神相违背。（2）经验主义把经验仅仅当作对个别之物的经验，并认为建立在此基础上的知识只具有或然性，这种教条无疑使它放弃了对真正知识的追求，因为按照胡塞尔的说法，真正知识的本性就在于其超越时空的绝对有效性。（3）由此教条出发，它就只能走向主观主义和相对主义。例如，心理主义就是经验主义的一种变种，它一方面把自然规律与逻辑规律加以混淆，认为两者都建立在经验概括的基础上，另一方面又把心理活动本身和心理活动内容不加区分，认为逻辑规律可还原为人的心理活动规律。心理主义的实质是把所有真理都当作是个体相对的或种族相对的。而在胡塞尔看

① ［英］休谟：《人类理解研究》，关文运译，第42页。

来，这正是一种怀疑论的相对主义立场。

在17世纪的英国，出现了与理性主义对立的一种哲学——经验主义。根据这种哲学观点，理性主义者所声称的知识扎根于数学先验的确定性是错误的。相反，他们认为，根本没有天赋的知识，知识唯一真正的、不朽的来源，乃是感官经验，因此，所有的知识都是后天的。经验主义者认为，新的科学知识是科学家仔细观察和测量现象的结果，也来源于他们对各种现象进行实验，以确定其间可能存在的精确的数学关系的意愿。在经验主义者看来，是实验，而非数学证明，保证了知识和科学影响力的真正来源，他们提出"舔一舔就明白了"（Suck it and see）的认识论，对于他们的对手滥用数学方法是一剂解毒药。休谟承认，经验主义，严重地讲，会导致怀疑主义。怀疑论者认为知识与幻觉没有什么两样。而理性主义者则认为谁否定知识谁就是疯子。推理和反省，在休谟看来，不是通往真理之路，而是激情的奴隶。不依靠先验的推理，我们不可能证明将来会像过去一样。**休谟试图利用牛顿的力学原理认识人类心灵的本质和活动。他的雄心是成为"心灵的牛顿"，希望他的哲学如牛顿的物理学阐明自然世界一样有助于阐明人类世界**。因此，他是一名心理学的先驱。"人生最愉快最无害的大路，是经过科学和学问的小径的；任何人只要在这方面能把一些障碍除去，或开辟任何新的境界，而我们在那个范围内就应当认他是人类的恩人。"① 人需要绝对的东西，一旦绝对的东西被打破，人就觉得不自在，不安全。洛克和亚里士多德一样，认为最基本的形而上学的范畴是物质。人类总是情不自禁地去琢磨独立于物质世界的灵性世界。但有时候人类又不得不既不是唯物主义，也不是唯心主义，而是唯实主义。人类已学会与大量怀疑论为伍。熟悉洛克和休谟的人认识到，科学规律最终不可能被加以证明；只是由于科学规律在长期的应用过程中没有出现显而易见的反例，人们往往把这些所谓的无穷探索看作是

① ［英］休谟：《人类理解研究》，关文运译，第13—14页。

接近确定的东西，也就是说，它们在实际运用中没有差别。

自笛卡尔以降，对确定性的寻求一直处于或接近于西方哲学的核心地位，牛顿科学体系也使西方人深信，一整套关于人类世界及宇宙的可靠知识已发现，这些知识具有根本性的意义和无穷的实际效用。并且，获取知识的方法也已经得到严谨细致的甄别规范，以确保知识的确定可靠。但是现在，一切表明“知识”似乎根本不存在。如今人类发现，知识是不确定的。很可疑的是人类现在是否已有可能看到天文背景、地质背景、古生物背景意义上的长时距的全部力量。我们相当困惑，因为我们不仅混淆了知识的含义，而且混淆了知识的内容。古希腊哲学家色诺芬在从爱奥尼亚学派转到爱利亚学派时第一次讲到“博学的无知”：关于我所讨论的诸神和万物，没有人已清楚地知道，将来也不会有人知道；即使有人能使用最完美的语言，他也对此一无所知；不过，每个人都会遇到某种假象。苏格拉底曾经自谦地宣称：“我知道我一无所知”，大抵就是在这个意义上提醒人们应该小心对知的无知。也正是因为这样，尼采才严正告诫人类始终处于“有学问的无知状态”，提醒世人在五指之外即是伸手不见五指的无知。

卡尔·波普尔提出了一种全面的知识论。在他看来，物质的实在性不依赖人的思维而存在，其秩序完全不同于人类的经验，因此也就无法直接加以把握。不同形态不同类型的存在者之间的感应栅栏各不相同，有时严重到不可知的程度。人们只能强作解人，提出无数理论对其做出解释，只要这些理论在实践中行得通，就会一直被人们运用。不过，我们也常常会碰到这样的困难，即这些理论迟早会在某些方面出现欠缺，促使人们寻求更好、更全面的理论，以便在解释世界时不再有所欠缺。我们的探究方法本质上是一种解决问题的方法，在前进的道路上并不是为现有的理论体系增加新的确定性，而是不断地证伪纠错，以更行之有效的理论来代替难以为继的理论。**确定性的寻求曾经困扰了从笛卡尔到罗素等西方伟大的哲学家，现在则应当放弃这种寻求，因为确定性是无法获得的**。根本而言，科学理论的真理性是无法证明的，整个科学体系或数学体系也难以建立在真正确定的基础之上。波普尔认为“实证主义”完全是一种误导。就像在沼泽地上造房子，必须把桩基打深以支撑起整个结构，一旦房子扩大，桩基必更深，这是没有底的过程，更不必说地震或地球毁灭之类的问题了。也就是说，当地震或地球毁灭之时，人们所谓的“不动产”全成了“动产”。不存在某种“终极的”基础来支撑万事万物，这样那样的结构没有“自然的”或现成的基础。这便是著名的“波普尔悬念”：倘若非科学是不证即伪的学识，而科学又是凡证皆伪的学识，那么，包括归纳法和演绎法在内的一切人类思想成果，其可靠性或有效性的基点又在哪里呢？人类所进行的科学探索根本没有能力求真而只是在证伪。不论观察多少只白天鹅，都不能证明“所有的天鹅都是白的”这一全称判断的正确性，因为看到一只黑天鹅就足以“打眼”和“被黑”。因此，可以通过寻找反例来验证全称判断。这样，批评就成了我们得以真正取得进步的主要途径。一个陈述如果不能被观察所证伪，也就不可能得到验证，因此也就不能算作是科学判断，因为它的正确性如果意味着一切可能发生的事情，那么就无法找到证据。典型的例子就是“上帝是存在的”这一陈述。它是有意义的，也可能是正确的，但真正理智的人都不会把它看作是科学陈述。还有人类有关是否有外星人的假设，也是如此。**波普尔指出，我们所能做的，就是去发现我们的最佳理论中的错误内容。即便是最好的知识也都是由可错和可加以纠正的人造理论构成的。**波普尔提出：**衡量一个理论或学说是否成立的标准有四条：即相符性、普解性、一致性和精炼性。**波普尔认为，科学是向着信息量愈来愈大，成功率愈来愈小的方向发展的。**“世间的一切感应效果和感知成果，包括人类的所有非科学文化和科学知识在内，非但历来不能达成‘真知’，而且越来越不能达成‘真知’，即是说，属性耦合形态的感应增益放大进程具有越来越背离元在的倾向，尽管它的‘求实效应’、也就是它的‘代偿有效性’始终都会维持在那条标志为存在阈**

的常量平行线上也罢。这就是波普尔的'证伪主义'学说得以成立的哲学根据和基础论证。"[1] **波普尔以"可证伪性"而不是"可证实性"来确认科学理论的观点**。"客"者无从"观"，"观"者即非"客"。所谓"观点"，"观"即有"点"。所谓"观念"，"观"即成"念"。全部的问题在于，"对象"是如何被"对"为"象"的。对象后面必定有一个使对象凸显为对象的支撑架构，也就是使主体自身客体化亦即结构化在有条件的存在系统中的那个自然体系。

王东岳对科学真理和人类知识的"盲点"作了精辟分析。"一切所谓的'存在形式'或'存在形态'就其'形式'或'形态'而言，都已经是存在的'属性'了，唯有奇点前的未分化存在才是没有任何属性、亦即连'形式'或'形态'都无从谈起的高'度'存在（指存在度极高以至没有任何属性代偿的那种存在），而由于一切感应或感知都只是**对属性有所感**，故此，对于无属性或前属性的所谓'绝对存在'，才真正是我们没有资格议论的存在。"[2]"作为自然分化产物的精神属性，其认知能力无论如何都无法追溯到那个没有任何属性分化的'奇点存在'上去，这个奇点在物理学上就是无可言传的'前宇宙存态'，在哲学上就是无法深究的'始基存在'之深渊（即'无生有'的那个'无'的深渊）。"[3] 在理论上存在着某种永远不可企及的盲区之险，这就是分析哲学在逻辑极点上所遭遇的形而上学奇点，也是逻辑实证论者认定一切形而上学问题概属伪命题的原因。物理学上的"奇点存在"，成为哲学上的"幽在"，"形而上学的奇点"，由此形成一切感应得以发生的临界源头和一切感知可能企及的临界极限。"所谓'形而上学的奇点'是指，以这个'点'为边界，所有直观的常识、科学的定律和可经验的存在状态均归无效，此乃逻辑实证主义者认为一切知识概属'假

① 子非鱼（王东岳）：《物演通论——自然存在、精神存在与社会存在的统一哲学原理》，第119—120页。

② 同上书，第104页。

③ 同上书，第108页。

说’的原因。”①

是啊！人类多么容易自以为是、自欺欺人！人类随着地球高速翻转，灵敏的前庭半规管却对此一无所感，致使人类空活了上百万年还不知道自己脚下的大地竟是一个自行转动的球体！人类犯了多少伟大的错误才成就了目前这点伟大的文明！

有多少种自然存在的递弱代偿衍存方式，就有多少种“真理”与“知识”的对象与内容。相对于宇宙物演的无限可能，人类有限的科学真理探求无疑是管中窥豹和盲人摸象。如果再加上生物感应属性的不断增益，“真理”与“知识”的确定性与真实性就更是雪上加霜，完全成了镜花水月。“蝙蝠以超声回波所感知的外部图景，一定与视觉动物借用反光和折光所达成的环境影像全然不同，尽管它们所面对的是同一个世界。也就是说，不同的‘能知’禀赋将会抽取同一对象的不同属性作为自身的经验素材，从而恰恰是由于自身的客观赋性，反而偏偏造就了主观化的对象形态。”②“我们永远不可能具备、也永远不可能建立一条无属性或非属性的认识通道，相反，我们只能在属性代偿愈益丰化的自然轨道上单向度地运行下去，这就是‘不可知论’得以成立的根据。”③ 科学的光谱分析征服了空间，把天空投射在大地上，进化论征服了时间，把过去的一切和未来的一切都归到现时，这是现代知识的伟大成果，它自认为是现代知识！在尘世生活的条件下，由于这种生活为绝对必要的面包而斗争，因而我们的求知求真因为求存而变形了甚至变丑了。爱因斯坦深感在知识的大海边漫步，一无所获，在他看来，有两样东西不变：宇宙和人对宇宙的无知。爱因斯坦在《相对论的意义》一文中指出：一切科学，不论自然科学还是心理学，其目的都在于使我们的经验互相协调并将它们纳入逻辑体系。科学在上帝的创造面前只是儿戏。科学让我们在上帝的面前学会谦卑。

---

① 子非鱼（王东岳）：《物演通论——自然存在、精神存在与社会存在的统一哲学原理》，第 121 页。

② 同上书，第 112 页。

③ 同上书，第 117 页。

受19世纪末20世纪初分析哲学科学语言和日常语言学派、胡塞尔现象学派、狄尔泰生活哲学以及各种历史哲学的启发，现代阐释学发展的三个阶段争论的焦点，始终锁定在有关科学与真理以及真理标准的问题，始终是有关自然科学的真理观和方法论是否对社会人文学科有效的问题，阐释和真理的关系问题，也即通过阐释的途径和方法是否可以获得真理。美国实用主义哲学家皮尔士、詹姆斯、杜威等倾向于认为，真理是暂时最有用的看法。他们认为，就实体的真正本质以及人们能否认识它，所作的所有晦涩难懂的哲学论证，在本质上都是毫无意义的，并且认为，如果你长时间地思考实体的本质，便有可能使你“疯疯癫癫”。**他们意在根据实用性，而不是如以往哲学家理解的那样根据与世界的一致性，来重构我们关于真理的观点**。比如说“这把椅子是由原子构成的”是正确的，并非因为这把椅子事实上就是原子构成的，而是因为它有助于我们以这种特定的方式认识这把椅子。在自然科学中，元数学、量子力学等科学探索，证明了科学所自诩的逻辑受到质询并出现动摇，根本无权要求人文学科与其拥有相同的逻辑。

就试图统治和组织自然界讲，可以认为科学很像巫术；就其试图正确解释自然界和宇宙的运行而言，科学又很像宗教。因此，科学可以被视为一种现代巫术，因人们发现它会对我们周围的世界施加影响，而其本身受到崇信。海德格尔《林中路》指出：现代科学与极权国家都是技术的本质的必然结果，同时也是技术的随从，归根结底是要把生命的本质本身交付给技术制造处理。“科学理性并不足以概括人的本质或人性的主导方面，它只能是一个适应工具，即在一个相应短暂有限的时空条件下的、不完全充分的宇宙环境中的适应手段。与其说它是征服或利用自然的手段，倒不如说它是解除人自身的生存疑惑，在适应和控制环境时也实现自我控制的重要工具。与诗意的、忧虑的、感伤的和愤怒的人文主义风格不同，科学以其特有的澄明、简洁、质朴和乐观的力量不断开启着人类内在自由和外在自由的领域。但是另一种观点认为，科学知识的发展和积累并未给人类以自由，反而使人类陷于更深的奴役之中——从被无法控制的自然力的奴役，转向了被人自身无限膨胀的贪欲以及为满足这种贪欲而发明的技术的奴役。”① 也就是说，人们开始乐观地相信人借科技之力可胜天，与此同时人们又悲观地认识到人对人自身的诸多问题却是按下葫芦漂起瓢，无计可施，无可奈何，一波未平，一波又起。昔日伟大著作所具有的某种优美和庄严已从今日即兴刊物中消失了。冈瑟·斯坦特认为，科学现在正接近它的极限。我们正越来越接近那递减的终点，在那里，我们为了掌握事物而针对这些事物所提出的问题变得越来越复杂和缺少趣味。这标志着进步的完结，但对人类来说，这是个机会去停止其疯狂的努力，结束那对自然的古老斗争，接受静止和舒适的和平。② **认为科学的开拓力已经穷尽或已达到顶点，显然是错误的。因为自然存在的递弱代偿衍存仍在继续，精神存在的感应属性增益变本加厉，社会存在的生存性状耦合也是日新月异一日千里。**科学技术的黄金时代并未成为过去。人类科学文明远未山穷水尽。只是诚如罗素所指出的那样：科学文明若要成为一种好的文明，则知识的增加还应当伴随着智慧的增加。否则人类文明也许包含着极为精炼和精致的愚蠢。他所说的智慧，指的是对人生目的的正确认识。譬如，我们可以对科技倡导的速度效率作这样的反思：从地狱爬上天堂是好的，虽然那是一个缓慢而艰苦的过程；从天堂坠入地狱是坏的，即使具有撒旦的速度。当科学将使人生所以有价值的诸多要素从生活中抽出时，它就不值得称赞了，因为它会十分巧妙地把人引上绝望之路。在各种形式的爱里，人们希望了解所爱的东西而不是获得支配所爱对象的权力。**权力不是人生的目的，而只是借此达到其他目的。情人、诗人和神秘主义者能比权力追求者获得更多的满足，因为他们可以停下来感受他们所爱的对象，而权力追求者则须永远致力于某种新的操纵，否则便会饱尝空虚之**

① 吴予敏：《美学与现代性》，第 111 页。

② ［比］伊·普里戈金、［法］伊·斯唐热：《从混沌到有序——人与自然的新对话》，曾庆宏、沈小峰译，第 36 页。

苦。相比于当代社会催生出来的权力、财富以及名利等各种强迫症，也许拖延症不仅不是问题，而是对文明病症有效规避不予配合的解决之道。在全球性的喧哗与骚动、折腾与浮躁中，急功近利的成功学甚嚣尘上，倘若能够流行拖延，人类不再一味追求更高、更快、更强，而是低调、慢调，主动停下来享受悠闲，没准问题会自动减少，快乐指数会自动升高。世人感兴趣的是杰出的个人而不是强大的组织，而且人们担心杰出个人将来所受到的限制会比过去大得多。马克思曾经指出："一方面产生了以往人类历史上任何一个时代都无法想像的工业和科学的力量。而另一方面却显露出衰颓的征兆，这种衰颓远远超过了罗马帝国末期的各种可怕情景。在我们这个时代，每一种事物好像都包含有自己的反面。我们看到，机器具有减少人类劳动和使劳动更有成效的神奇力量，然而却引起了饥饿和过度的疲劳。新发现的财富源泉，由于某种奇怪的、不可思议的魔力而变成了贫困的根源。技术的胜利，似乎是以道德的败坏为代价换来的。随着人类愈益控制自然，个人却似乎愈益成为别人的奴隶或自身卑鄙行为的奴隶。甚至科学的纯洁光辉仿佛也只能在愚昧无知的黑暗背景上闪耀。我们的一切发现和进步，似乎结果是使物质力量具有理智生命，而使人的生命化为愚钝的物质力量。"[①] 富勒、麦克卢汉、托夫勒等思想家的学说无疑是人类高科技狂想曲的绕梁余音。**科技的进步有时只是使我们烧光最后一吨化石形态的煤炭，或用精美的餐刀餐叉吃人**。令人啼笑皆非的是，科学时代的迷信活动与时俱进，构成了当下中国特有的浮世绘与人间喜剧，譬如为生辰八字剖腹产，在祭祀活动中烧网卡让死去亲人游冥都网，为死者买彩票、炒股票，提供保险套、伟哥、虚拟版二奶、辣妹，置办山寨版名车（手续齐全，有驾照）、豪宅（有产权）、高尔夫球场、城市户口、国际护照等。人人都是盖世无双的欺骗大师，自欺欺人，自以为是，一方面标榜去伪存真，另一方面又在打假的遮掩

① 马克思：《在〈人民报〉创刊纪念会上的演说》，《马克思恩格斯选集》第2卷，人民出版社1972年版，第78—79页。

下大量造假。

我们已无“让世界停下我们要下车”（Stop the world we want to get off）的自由。可以想象，没有科学理性为我们提供的工具理性，人类社会将举步维艰，分崩离析。然而，人类文明似乎又是一个以人祸代替天灾的过程。科技的前途是一个无尽的谜，在科技昌明隆盛的今天，我们的星球也面临着诸多困境，以至于有人认为，假若外星球的生命光顾地球，一定会对我们的人间景象瞠目结舌：科技发明的后果是产生了 5 万枚核弹头，其威力足以将人类炸回到旧石器时代，足以将地球销毁，彻底找不着北；工业化经济导致人类对自然资源的高度盘剥和各大洲的生态灾难，平均 4 分钟就有一种物种从地球上消失；科技壁垒、数字化鸿沟、财富和服务的分配形成了此起彼伏的社会矛盾和 1 亿贫困饥馑的生灵；海洛因、天使尘、艾滋病、疯牛病、口蹄疫、非典型肺炎、埃博拉等天灾人祸层出不穷以及世界各地的邪教屡禁不止……问题越解决越多，问题越解决越大，问题越解决越糟。水弄脏了，人们发明了水净化器；空气弄脏了，人们发明了空气净化器；人心弄脏了，人类将集体陷入病入膏肓、不可救药、丧心病狂的心“脏”病！传统社会持续了几千年，而现代社会能否继续存在几百年还是个问题。世界文明处于激动人心的转型之中，但现实人生也带出前所未有的异化、荒诞以及各行各业中花里胡哨的浮躁与虚空。科学不仅没能将种种窘况有效地挡在人类的生活之外，为人类存在提供坚实的生命、生存与生活意义，从某种意义上说反而使旧问题进一步激化，新问题层出不穷。人类可能正在加速自身的灭亡，人类征服、改造和控制自然的能力日益强大，而人类的道德水平却未见增长。尽管现代生命科学已经成功破译遗传基因密码，但克隆人、基因身份的隐私权、基因武器、基因污染、基因伦理等问题将成为人类社会新的隐患。虽然现代宇宙学取得了重大突破，为我们提供了一幅称为“大爆炸”的创世图景，对大爆炸后一百亿分之一秒的宇宙，也可根据现代物理理论进行描述和猜想，但有的宇宙学家同时也发现，对宇宙越是了解，就越是感到宇宙的无意义。物质只占宇宙总量的 5% 左右，其余的部分反物质也好、暗物质也好，则未知而玄秘。宇宙是大爆炸后的剩余之物和演运之物；最初那场爆炸还在使爆炸的残骸进一步分散开来，并按不同的方向和方式递弱代偿衍存，也就是说，星群正在离开我们，宇宙正在膨胀，“浮天沧海远，去世法舟轻”，“惟怜一灯影，万里眼中明”。科学家们告诉我们，理论上宇宙有三种可能的命运：继续膨胀、开始收缩或介于两者之间的恒定。但首要的问题是，宇宙何以如此这般？“无家问死生”，“寄书长不达”，我们怎样才能在宇宙中有一种在家的感觉？科学是否纯粹是超越价值的事业，永远回答不了也无意于回答这样的问题？存在没有意义，作为人类活动之一的科学，必定也一样毫无意义。意义是价值的基础，没有了这个基础，还有什么能够鼓舞人们向着更高价值的共同目标奋进？只停留在解决科学和技术难题的层次上，即使把它们推向一个新的阶段或领域，都只不过是递弱代偿衍存的物演游戏在感应属性增益的推波助澜下换汤不换药的生存性状耦合而已，都只不过是肤浅和狭隘的目标新陈代谢推陈出新最终搞得一地鸡毛不堪收拾而已，这种花自飘零水自流的空虚没落，很难真正吸引和慰藉有识之士。科学的确是人类认识自然和改造自然最有效的工具，但究竟不是社会人生的终极目的；科学具有自身的局限性，它并不是万能的，在社会人生的很多方面，例如情感、艺术、道德、人生意义等等，都是科学很少或很难主宰并发挥决定作用的。现代科学曾将生存困境和意义世界的坍塌归咎于人心不古、物欲横流、现代社会的非理性主义以及后现代社会普遍的否定、怀疑与虚无。科学主义者辩护道：所有这些并非源于科学技术的发展，而是不合理的社会制度对人及人文精神的伤害和扭曲。譬如马车是 19 世纪城市的主要交通工具，但由于无法控制马粪，导致城市臭气熏天。20 世纪的小汽车取代了马车，一时被认为是清洁文明的交通工具，但如今汽车尾气已成公害，是否应该回到马车时代呢？而后现代科学家则认为，正是现代科学衍生和加剧了高文明综合征。科学的“独裁”与“独尊”需要被置入审视、苛求与挑剔之中，即便发起攻击的人如堂吉诃德般可笑，即便科学的披挂是刀枪不入的“铁布衫”。毋庸置疑，只谈崇尚科学，却不向公众正确介绍怀疑、怀疑、再怀疑，批判、批判、再批判的科学精神，这是我们过去科学政策的重要失误。高度抽象的科学体系似乎提供了世界的因果框架，然而却忽略了世界万物的色彩、种类和个性。我们所目睹的世界纷然杂陈：在我们的感应属性中，有真有假，有善有恶，有美有丑。但是，所有这些都与事物纯粹的因果特性毫无关系，而科学所研究的正是这些特性。并不是说如果我们完全知道了这些特性，我们便会拥有关于这个世界的全部知识，因为世界的具体种类同样是正当的知识对象。新康德主义者马克斯·韦伯告诉我们：“我们以康德所说的我们了解自然的相同方式来了解历史，这就是说，历史学家的知性，像物理学家的知性一样，形成了某个‘客观’真理，它在一定程度上是建构的，并且在一定程度上对象仅仅是在一个连贯的表象中的一个因素，那个表象可以被无限地修正和更加精确地作出，但它决不会同物自体一起出现。”新式的后尼采快乐科学认为：表象就是一切。影像代替了物自体。“自然会永久维持它的权利，最后它总会克服任何抽象的理论。”①

什么是科学真理？“真”者，“客体本真”之谓；“理”者，“逻辑条理”之谓。任何一种“理”都曾经“真”过或正在“真”着但迟早会失“真”。科学共同体认为，科学真理就是必然性、规律性、因果性、客观性的发现与说明，可以表述为物理学中的四种基本的力和那些屈指可数的基本粒子以及牛顿的力学公式、爱因斯坦的质能守恒公式，虽然谁也没见过那些小精灵一般的基本粒子；也可以表述为平面几何学中三角形内角之和等于180度，不论画这个三角形的人是男女老少还是愚贤不肖，其内角之和都不会因之多1度或是少1度；科学真理就是只要它是汉白玉，不论你把它塑成阿波罗还是维纳斯，最终都不能改变它的物性，它只能仍是汉白玉；科学真理就是北京虽是我们的伟大首都，照样处于京、津、唐、张地震带上，无法因为她是“首善

① ［英］休谟：《人类理解研究》，关文运译，第40页。

之区”而网开一面。然而所有这些，均不过是存在性与感应性的动态平衡反应，超越不了存在论与知识论的局限。人们总有一种“感觉比思想可靠”的潜意识，更有一种“思考比直观准确”的显意识。“追求真理”的冲动实在谈不上是什么“人性中最高尚的美德”（苏格拉底、培根的观点），而纯粹是“物性中最自然的规定”，其情形与悠游于水中的鱼儿终有一族不得不蠕上枯岸变成爬虫是出于同样的缘故。正是“无情”若此，“冷酷”若此，科学真理导致了自然的祛魅（disenchantment）、世界的祛魅，乃至文化的祛魅。何谓祛魅？祛魅就是解咒，就是非神性化，就是祛除主观、心理、意义、价值、魅力等因素从而达到客观化、物理化、机械化，就是物质只是作为一次又一次地、无穷地被创造、毁灭又再创造的能量的形式，就是科技理性对自然世界以及人的目的理性、价值理性的高度盘剥。科学和祛魅的世界观联盟，其中没有审美意义、道德价值或宗教思想，从而成为“顽固的自然主义”、“科技的帝国主义”。科学理性主义的泛滥褫夺了大自然的种种人的形态，将一个中性的、异己的、茫然无垠而又力量无限的宇宙呈现在人的面前，以适合人所具有的目的。在这个历史阶段开始前，宗教是一个涵容人的整个生活的结构，为人提供了一个形象和象征的体系，借此人可以表达自己对于精神完整性的热望。随着宗教这一包容一切的框架的丧失，人不但变得一无所有，而且成为一个支离破碎的存在物。人被三重异化：对于上帝，对于自然，对于满足人的种种物质需要的巨大社会机器，人都是一个不相干的外人。但是最坏的也是最后的异化形式是人的自我异化。人类生存已到了不变态就无法存在的地步。在一个只要人高效率地履行其特定社会职能的社会中，人就变得等同于这一职能，他的存在的其他部分则只允许尽其可能抽象地存在——通常是被投入意识的表层之下并被遗忘。科学主义世界观及其方法霸权、技术霸权排除了诗人、玄学家或神学家能够予以补充的一切可能性。科学方法的扩张，使科学主义者们试图把科学方法应运于人类社会的全部领域。科学曾为我们着力构造的，不是一个充满意味（心理的、社会的、功能的、文化的）

宇宙，而是一个比较坚实但非常漠然的世界，尽管宇宙看似一个十分独特的“事态”（肯定不像黑莓那么多）。正如北京大学宇宙学家李淼的著作所呈现的那样，宇宙越弱越暗越美丽。璀璨的夜空犹如黑色的底片使宇宙大爆炸的远景得以曝光，给世人免费上演露天灯火晚会。世界既不是充满意义的，也不是荒诞无稽的，这似乎再简单不过了。然而突然间这一显而易见的存在以不可抗拒的力量打动了我们。宇宙满是“假像”，但依然可爱，于是我们最终还是拥有了很多可以始于怀疑终于信仰的东西。丧失或可能丧失的美好事物是我们焦虑的原因之一。艰难离别与欣然归来相连才更加富有意义。失而复得也是如此。如今，后现代广义科学已经开始对现代狭义科学进行反思和批判，并试图用返魅（reenchantment）的后现代科学来补救和改变祛魅的现代科学。后现代不是一个新的时代，而是对现代性自称拥有的一些特征的重写，首先是对现代性将其合法性建立在通过科学和技术解放整个人类的事业的基础之上的宣言的重写。仁人志士大声疾呼，任何不能从根本上改变我们处境的建议都不值一提。后现代科学割断了现代科学与祛魅之间貌似必然的联系，为科学的返魅开辟了道路。这主要表现在四个方面：科学性质的新认识；现代科学起源的新认识；科学本身的新发展；对心身问题的新思考。但愿科学能由祛魅之途走上返魅之路，从而给艺术以另外一种不同的巨大影响，使艺术乃至整个世界摆脱失魅状态而再度生魅。

第二节　艺术真实的沉思与反思

在《理想国》第 10 卷中，柏拉图把一切诗人，包括荷马，都赶出了这个国度。诗和艺术险象环生，它们引人步入歧途，在认知上、情感上都是如此。与此相反，哲学给我们显示正道。艺术把我们蒙蔽在外观和骗局之中，使我们成为激情的人质，哲学则将我们救出激情，让我们见到那真实的和永恒的东西。**传统文学理论阐发的文学本体观念，由于长期以来深受科学思想和哲学认识论真理意志、求真意志的影响，把哲学的基本问题等同于文**

学的基本问题，使人们对文学本体价值的认识过多停留于所谓的艺术真实以及对社会人生的现实主义再现等方面，而对人类文化的虚拟本质、人类精神的虚存本质以及文学艺术解放和超越现实人生的想象性、虚构性以及不同于现实存在的诸种可能的表现性等方面认识不足，并对体现艺术之美的艺术真实这一概念产生诸多机械、僵硬和教条的理解。与此同时，人们也几乎习惯于把现实主义当成了唯物主义一词的同义语。伽达默尔《真理与方法》，旨在通过对审美意识的批判，捍卫那种我们通过艺术作品而获得的真理的经验，同时反对那种被科学的真理概念弄得很狭窄的美学理论。姚斯等人也曾严厉批判传统美学优先重视真理观念的传统。韦尔施的《重构美学》，颠覆性地一改人们的传统成见，指出当下人类文明的审美本体性质。传统形而上学的根本错误，恰恰在于没有认识到我们的认知对于审美的依赖性。审美如今被视为本原的而非派生的东西。审美登堂入室走进了哲学以及科学自命不凡的中心，走进了真理的视域。因此审美一路杀进了哲学和科学的殿堂。它主要表现在如下几个方面：首先是锦上添花式的日常生活表层的审美化；其次，更深一层的技术和传媒对于我们物质文明和社会现实的审美化；再次，同样深入的我们生活实践态度和道德方向的审美化；最后，彼此相关联的认识论的审美化。审美文化开始从边缘文化走向主流文化，审美问题不再是意识形态以及上层建筑方面的问题，而是后工业社会即文化工业社会的社会基础问题，它是贯穿唯文化主义以及文化唯物论的后现代主义的一根思想红线。“审美没有涵盖真理的整个领域，理性同样是不可或缺的。但是审美关涉的是基础层面，而理性首先关涉的是基础上面的结构。恰恰就是审美的这一原初性质，是人们传统上既未能把握，也不愿意承认的。但是现代的发展趋势，已经容许我们来永久地承认它了。”①

曾几何时，茅盾在《文学与人生》一文中慷慨陈词：“科学的精神重在求真，故文艺亦以求真为唯一目的。科学家的态度重

① ［德］沃尔夫冈·韦尔施：《重构美学》，陆扬、张岩冰译，第70页。

客观的观察，故文学也重客观的描写。”周作人在《人的文学》中也持“只需要以真为主，美即在其中”的观点。严格地说，科学无法为托尔斯泰的问题——即对我们来说那个唯一至关重要的问题：“我们应该做些什么以及我们应该怎样生活?”——提供答案。就此而言，科学是“无意义的”。为什么必须旗帜鲜明地反对那种被科学的真理概念弄得很狭窄的美学理论？因为从根本上说，艺术经验乃是一种非科学的人类经验。先锋戏剧理论家孟京辉在《现实主义批判》一文中指出，“正是多年来现实主义一统天下的不健康的格局和潮流，使现实主义泛滥成灾，汪洋成祸。我们并不要求花园中的玫瑰花发出同样的芳香，为什么要求比花园丰富得多的精神世界只有一种形式呢？为什么要求博大浩翰的人类宝库只有现实主义一种风味呢?”孟京辉认为现实主义作为一种艺术传统与恶习“经常摆出一副惟我独尊惟我老大惟我正确的样子，经常显露比之其他风格、流派优越的放肆神情”，“经常给自己和别人发放一些教条、框子、恶劣不堪地限制想象力和创造力的生长，无端地鼓吹陈腐的规矩和别有用心地赞美那些看不见的枷锁”，“毫无羞耻地依赖和陶醉于自己发霉过时的‘技术’”，“冒充虚心，实则心虚”。大多数的文学是由试图使他们的思想感情得以再现的人所创造的，而只有那些极少数的天才艺术家让想象的东西成为没有想象到的东西的起点。R. 韦勒克在《文学研究中现实主义的概念》一文中指出，自亚里士多德以来“模仿”这一概念在所有批评理论中占据的显赫地位，证实了批评家们对现实问题的始终不懈的关心。“真实”就如“真理”“自然”或“生命”一样，在艺术、哲学和日常语言中，都是一个代表着价值的词。过去一切艺术的目的都是真实，即使它说的是一种更高的真实，一种本质的真实或一种梦幻与象征的真实。左拉曾说：“我的作品里，有一种真实细节的肥大症。从精确观察的跳板一跳，就跳到了星空。真实向上一飞，就变成了象征。”在英语中，“真实”和“现实”都是同一个词：reality。现实主义所谓的非个人性和客观性乃是为犬儒主义和不道德行径寻找的遁词。现实主义的真正危险还不在于它僵化的惯例和排他性，而在于它可能丧失艺术与信息传达和实用劝戒之间的全部区分。现实主义的理论是极为拙劣的美学，因为所有的艺术都是“制作”（making），information 的 transformation，并且本身是一个由幻想和象征形式构成的世界。德里达认为文学是一种允许人们以任何方式讲述任何事情的建制。艺术不仅重现生活，而且就是生活。生活的真实并不存在于它的什么“本质”，什么是生活的“本质”我们也无从得知。现象学重现象甚于本质。存在主义哲学也力主存在先于本质。浮世绘与人生百相就是现实，就是真实，就是本质。现实主义之所以是现实主义，并不是说它具有物理学意义上的现实性，也不在于它是否揭示了现实的本质，而在于它反映了形形色色的社会表象。人类现实只不过是无数个人透视的可变函数。文学从来就不应仅限于再现现实的形貌，除了逼真的描写之外，还可以有用以表现和发现人类存在境况的想象、虚构、夸张、变形等更为广阔的用武之地。文学中的东西现实中都有，文学还有什么存在意义？现实，有时会非常漠视人们心智所向往的东西，并不是人们唯一趋之若鹜、孜孜以求、津津乐道的东西。请看这样的现实：都市的红绿灯下，高峰期的 40 秒内要通过 102 辆机动车，而蜂拥而过的自行车多达 250 辆。现实从未如此的混乱和不稳定。现代社会，光怪陆离，连平庸都五颜六色，客观现实已分解为一个直接感觉的综合物。细节可能闪烁着最鲜丽的光彩，但从整体看它却又像污水一潭；正如卢卡契在《现实主义辩》一文中所说的那样，现代人因为无家可归而在高、宽、深、横等方面乱闯，千万条道路中却没有道路，千万个目的中却没有目的。任何一个伟大的现代主义艺术天才，都有表现主义的渊源，至少在色彩的极度斑驳，情绪的极度激烈方面受其影响。卢卡契曾将现代主义的这种征候视为颓废。尼采认为，任何一种文学上的颓废，其特征在于，生命不再存在于整体之中，每个字都是自主的，它跃出了句子；而句子又侵犯别的句子，于是模糊了整页字的意义；整页字又牺牲了全篇而赢得了生命。全篇就再也不成其为整体了。但是看一看下面关于每一种颓废风格的比喻：每一个原子都处于无政府状态，意志则土崩瓦解了……生活，同样的活力，生命的震动与繁荣被排挤到最小的形象里面，剩余部分则缺少活动。到处是瘫痪、困倦、僵化或者敌意、混乱：把这两者的组织形式提得越高，它们就越清楚地跃入人们的眼帘。整体不复存在了；它是一个经过计算的人工制造品。后现代主义思潮，更使种种文化征候变本加厉，利用戏仿、拼贴、混搭和复制的方法可以干出许多事情。后现代主义文艺，形象地表现了这种破碎性、间断性、无厘头和空空如也。进入后现代社会以后，特别是现实空间与赛博空间的兼容，更从根本上改变了我们的日常生活与社会存在。比特为我们编织了一个巨大的影像的网络。现代传媒的传播速度和范围比传统的高出数十万倍甚至更多。符号制造术所创造出来的景观社会类像内爆，使类像不再是对某个领域、某个指涉对象或某种实体的模拟。它无需原物或实体，而是通过模型来产生真实，一种超真实，而那些通常被认为是完全真实的东西，政治的、社会的、历史的以及经济的，都将带上超真实主义的类像特征。如今，所谓现实，多么像切换迅速的蒙太奇，多么像催人入眠的沉沉大梦，多么像众多艺术家集体创作的匿名作品。在复制和拼贴的后现代文化时尚中，艺术真实作为一种宏大叙述话语，无形中正在遭到无情解构。安德鲁·本尼特、尼古拉·罗伊尔将“幽灵性”的问题拓展到现当代文艺以及人类后工业社会的电子、赛博文化。在他们看来，“在影片中，任何人都是幽灵”，“我们已经目睹了新的空间时代幽灵般地到来：录音电话、电视录像、便携式摄像放像机、个人电脑、电子邮箱、因特网、宽带网络、虚拟现实、基因工程、微型技术、多维空间，等等”①。这无疑是对本雅明“机械复制时代”、居伊·德波“景观社会”、博德里亚“拟像内爆”以及布尔迪厄“象征性社会实践”等理论诞生以来的一次富有创见的另类深度阐发。它使我们顿悟，全球范围内的文艺领域的装神弄鬼，实与人类文化进入虚实相间、以假乱真的虚拟时

① ［英］安德鲁·本尼特、［英］尼古拉·罗伊尔：《关键词：文学、批评与理论导论》汪正龙、李永新译，广西师范大学出版社 2007 年版，第 35 页。

代息息相关。随着虚拟文化的不断升级与加强，21 世纪人类已全面进入技术招魂、技术守灵的时代。我们的世界将不再是神灵出没的天堂，也不再是心灵备受煎熬的地狱，而是幽灵般充斥其中的人工电子影像音响产品转世轮回的炼狱。我们置身于精神地图先于原生领土的存在中，我们完全可以套用《共产党宣言》开篇那句名言的格式，宣称“一个赛博主义的幽灵，在世界徘徊”。这也正如德里达所描述的，解构主义致力于思考每个人阅读、行动、写作与他或她的幽灵的关系。德里达的“幽灵”主要来自他的《马克思的幽灵》。斯拉沃热·齐泽克十分赞赏德里达用“幽灵”形容历史与现实的这一部分。因而才有齐泽克《意识形态的幽灵》。“幽灵”始终遭受象征界符号秩序的压抑，同时又因为其“虚存虚在”的幽冥性总能摆脱符号秩序的控制而神出鬼没捉摸不定。各种“幽灵”像魔术师一样操纵我们的注意力与想象力，要么使我们视而不见，要么使我们无中生有。似乎重要的不是外面的世界和事物是怎样的，而是我们的头脑是怎样的，脑部是如何在视觉中添加了许多虚幻的东西，从而使我们的视觉变成一场睁开睡眼的梦境。我们每每生活在种种异常复杂的错觉与幻觉中。斯蒂芬·科斯林通过研究发现，真实事物与想象事物对脑部刺激是相同的，所以梦境栩栩如生（人脑在识别真假方面的独特表现）。思想是个模拟器。模拟的学习方式非常重要。人和动物都会被假象刺激和迷惑。人更擅长以假当真。也许艺术存在的基础之一正在于此。唯其如此，我们也就不难理解，为什么玄幻、穿越、魔怪类文艺作品如此流行火爆，思维科幻电影层出不穷，以及“80 后”的新新人类成为“魔兽玩家”。在想象中的未来人类科技时代，超真实的景观制造与类像生产，人类面临的将不再是庄生晓梦迷蝴蝶的古典困惑，而是升级版的庄生、蝴蝶皆在梦中、皆是幽灵的魔幻世界。那时人们将惊讶地发现，虚无缥缈的意识或梦幻也可以成为实实在在的被盗之物，如同我们的现实世界里那些正在不断失窃的钱财珠宝等贵重物品。据报道，英国科学家已经能够将夜晚人们做梦时的脑电波记录下来，并据此还原为具有视觉图像的梦。也就是说，人们不再担心忘记自己做过的梦，或是醒来之后记不起自己做过什么梦，我们可以随心所欲地为自己的梦备份并将其引出置入现实生活。是否可以这么说，在想象的未来世界中，思想、意识、记忆、情感以及隐藏更深的潜意识心灵，均无安全可靠的防火墙，它们可以像今天的植入广告一样按需要被随意植入，并且可以在高科技操纵下出于某种意图被神不知鬼不觉地修改、编辑、重构和挪用。如果说电脑是人脑思维的一些简单功能的物质外化，互联网时代的到来已经大面积地接通人类的中枢神经，那么**物联网**时代的到来则将使这种链接更加深刻而广泛，并且有了质的飞跃，突破了互联网时代人与人之间意识和潜意识层面的信息交流，使物也拥有数字化、信息化的人工“意识”，并且可以“主动”对人进行信息输送与信息交流。届时恐怕人类将再度进入“万物有灵”、“万物互渗”、“思想万能”的《玩具总动员》式的神话、童话世界。我们完全有理由相信，未来的万维网中的梦联网可以随心所欲地上传、下载、接通或介入人们的梦幻，并将有数量可观的剪径大盗或江洋大盗神出鬼没于这个梦幻江湖，使一些重要的梦幻资源每每失窃，人类隐秘的心意世界，超级黑客们可以长驱直入，足以令事主芳心大乱。我们也许会像《玩具总动员2》里的玩具那样，告诫自己“不要和陌生玩具说话”，并深感“外面的世界对于居家的玩具充满了危险”。

在文艺学方面，受本质主义思维方式的影响，学科体制化的文艺学知识生产与传授体系，特别是文学理论、艺术概论、美学原理（高校传统的文艺美学三件套）之类的教科书，总是把文学艺术视作一种具有“普遍规律”、“固定本质”的实体，它不是在特定的语境中提出并讨论文艺美学的具体问题，而是先验地假定了“问题”及其“答案”，并相信只要掌握了正确、科学的方法，就可以把握这种“普遍规律”、“固有本质”，从而生产出普遍有效的文艺学“绝对真理”。在这种思维定势看来，似乎“文学”是已经定型且不存在内部差异、矛盾与裂隙的实体，从中可以概括出所谓放之四海而皆准的“一般规律”或“本质特点”。这个意义上的文艺及其美学理论实际上只是一个虚构的神话，这个意义上的所谓“规律”实际上也只是人为地虚构的“规律”。当下的文学理论工作者谁也不会以“科学”、“精确”、“客观”自居，满足于推导出一个形而上学的“文学”定义。童庆炳先生主张最好避谈文学的本质问题，而以文学观念的历史演化问题取而代之。事实也是如此，今天我们除了拥有认识论模式的文学观之外，还拥有体验论模式的文学观、语言论模式的文学观、修辞论模式的文学观等众多的文学观念。

“艺术真实”，曾是现代科学思想催生的最典型的文学观念。在科学对文学艺术进行边缘化的放逐过程中，文学艺术巧妙地以“艺术真实”向科学献媚和自保。殊不知，科学所见之“真”，从某个方面来看，包含着更多经过人为抽象建构、不同于直接感知的间接推知的“真”之“失真”，完全可以说是一种“真之不真”或“不真之真”。文学艺术，反而倒是超越比量概念、呈现现量第一刹那以及诸刹那的“此中有真意”的“满纸荒唐言”。在论及科学与艺术的不同时，叔本华认为：“在意志的客体性较低的级别上，意志在没有‘认识’而起作用的时候，自然科学是作为事因学来考察意志现象变化的法则的，是作为形态学来考察现象上不变的东西的。形态学借助于概念把一般的概括起来以便从而引申出特殊来，这就使它的几乎无尽的课题简易化了。”[①] 也就是说，一切以科学为共同名称的学术都在根据律的各形态中遵循这个定律前进，而它们的课题始终是现象，是现象的规律与联系和由此发生的关系。“然则在考察那不在一切关系中，不依赖一切关系的，这世界唯一真正本质的东西，世界各现象的真正内蕴，考察那不在变化之中因而在任何时候都以同等真实性而被认识的东西，一句话在考察理念，考察自在之物的，也就是意志的直接而恰如其分的客体性时，又是哪一种知识或认识方式呢？这就是艺术，就是天才的任务。”[②] 在叔本华看来，艺术是总体性的一个代表，是时间空间中无穷“多”的一个对等物。艺术

① ［德］叔本华：《作为意志和表象的世界》，石冲白译，第258页。

② 同上。

在这儿停下来了，守着这个个别的东西，艺术使时间的齿轮停顿了。叔本华以充满诗意的语言对比着科学与艺术的不同：“遵循根据律的是理性的考察方式，是在实际生活和科学中唯一有效而有益的考察方式；而撇开这定律的内容不管，则是天才的考察方式，那是在艺术上唯一有效而有益的考察方式。前者是亚里士多德的考察方式，后者总起来说，是柏拉图的考察方式。前者好比大风暴，无来由，无目的向前推进而摇撼着，吹弯了一切，把一切带走；后者好比宁静的阳光，穿透风暴行经的道路而完全不为所动。前者好比瀑布中无数的、有力的搅动着的水点，永远在变换着［地位］，一瞬也不停留；后者好比宁静地照耀于这汹涌澎湃之中的长虹。”①

艺术真实的“真”与科学真理的“真”虽然不同，合则双美，离则两伤，这种共生关系体现了自然与存在的不同面向。汉字之“真”，原是指一“具”僵“直”的死尸。从字形上看，上面的“直”是死者僵直的上身，下面的两点，则是死者的双脚。我们今天还会在某些墓碑上看到某某“归（《汉书·杨王孙传》曰：‘鬼者，归也’，可相参会意）真”的字眼。与真相对、与“假”意义接近的汉字“伪”，并不是指人为的都是假的，但都与人特别是弄虚作假的活人有关。依扬雄《法言》之解，意为别人在这里这样做，别人不在这里就不这样做，之所以这样做是为了做给别人看的，也就是作假，也就是虚伪。亚里士多德认为，凡以实为实，以假为假者，这就是真；凡以是为不是，以不是为是者，这就是假。更为深刻和精彩的是，亚里士多德还说，谎言自有理由，真实无缘无故。文学，用罗兰·巴尔特的话说，就是“用语言或对语言弄虚作假”。这也正是曹雪芹所说的“假作真时真亦假，无为有处有还无”。这也正是流行歌曲歌词里所谓的“故事里的事说是就是，不是也是；故事里的事说不是就不是，是也不是”。事实上，文学之所以能够在科学祛魅的缝隙中有所附魅，皆赖于此。在强调再现的审美文化中，“写什么”

① ［德］叔本华：《作为意志和表象的世界》，石冲白译，第259页。

远比“怎么写”更重要。而文学的审美和附魅更多的是由“怎么写”也即“弄虚作假”、“凌虚蹈空”、“无中生有”、“添油加醋”等风格化的手法来实现的。

传统的文学理论认为，文学所追求的艺术真实，高于生活真实。这样的信念，源于亚里士多德《诗学》中文学可然性往往比历史已然性更真实更具有必然性的学说。那么究竟什么是生活真实呢？

一般来说，在人类生活中存在着三种真实。第一种真实为经验的真实，即所谓的具有客观实在性的、现实地存在着或发生过的，并为人们所实际经历的现象和事实的真实。如人们都有以食充饥、以水止渴、以衣御寒的经验，这似乎已成本能，没有什么不可思议的地方，然而离开这个由经验真实构成的经验世界，人们若企图另辟蹊径不食人间烟火抑或画饼充饥则注定在此真实世界寸步难行到处碰壁。这一经验真实所构成的生活世界是我们得以求存的物质世界与生理世界，试想，饥则呼天抢地，渴则龇牙咧嘴，寒则瑟瑟发抖，不知所由，不知所求，岂不滑稽之极荒诞之至。第二种真实为逻辑的真实或抽象的真实，即具有科学真理性、本质概括性和普遍规律性的真实，它可以看作是对第一种真实的一般抽象。霓虹闪烁给我们种种动感，这是一种不容置疑的经验真实。然而只要稍对这一错觉、幻觉所形成的表象做一理性分析，我们即可间接推知，得到另一种逻辑的抽象的真实：事实上霓虹闪而未动。禅宗六祖慧能与禅僧之间关于风动、幡动、心动之争的千古公案，其实就与经验真实和逻辑真实有所关涉。风动、幡动，只是经验层面的物理事实，心动则是经验层面的心理事实的逻辑抽象。注重分析、还原、抽象、概括、归纳、演绎的科学思维已是现代思维的核心与基础。正如列夫·舍斯托夫在《在约伯的天平上》一书中所说：谁不崇拜“二二得四”，谁永远也不会成为这个世界的主宰。斯宾诺莎认为：数学应当是哲学思维的典范，它给我们提供真理的标准。长期以来，有关科学真理的思想对艺术真实概念的形成起到了决定性的影响，正是主要通过这种真实得以实现。第三种真实，是审美的真实或称之为诗意的真实。这种真实不同于经验的或逻辑的真实，它是或为物化或为虚幻的感性形象所显现，并为人们在审美过程中所感受到的意味与意蕴的真实。如现代派诗歌里所说的肥胖的钟声以及绿油油的铜管乐，就不是一般经验或抽象概括的真实，而是相关于个体独特体验的审美的或诗意的真实。诸如“雪是神流的眼泪”之类的诗性话语，“万物惟花最是一盏灯”之类的灵性表达。再如儿童童言无忌，没有成见，没有受到科学思想的训练，不善抽象，却善想象，说车的脚是圆的，公园里的孔雀开屏是大母鸡开花，剥开桔子皮，一圈月亮坐着说话，凡此种种，均不能简单视为毫无意义的胡言乱语，童言就像诗语一样，能够非常有效地将人带入一种超越现实景象的审美想象的诗意境地。之所以有这类诗意和审美的话语实践，究其主要原因，还是在于人类作为感应属性最高的存在者对感应属性偏低或不同的存在者的“异质同构”与“恃强凌弱”所致。所谓的移情、拟人化以及比喻的修辞手法等，无不缘于人类“登山则情满于山，观海则意溢于海”的这种“自作多情”、“自以为是”、“自欺欺人”。

传统文学理论中与艺术真实相对的生活真实，主要是指第一种真实，即人们在社会生活中所实际经历过的所有现象和事实的真实。它有很大的包容性，尤其是生活中诗意真实的内容，也可以说是生活真实中的重要部分。而所谓艺术真实则可以看作是诗意真实的最高体现，但它也并不能等同于现实中的诗意真实。艺术是人生的花朵，艺术真实是艺术家在生活真实的基础上，通过艺术想象与虚构所创造的艺术形象的真实性。传统文学理论认为这种真实性充分显现了人的存在及其社会生活的真实本质和真实意义。艺术真实重构了现实真实，但它并不是远离现实真实后主观臆造的另一个真实。艺术真实并非现实的虚假。在本质上，它是对现实的真实性的强化与凸显。因此，艺术真实与生活真实虽然不同，但它们在本质上是相通的。在艺术中，真伪到底有没有人想象的那么重要很是个问题。由于自然科学在探求科学真理的历程中遭遇了前所未有的困境，现当代文艺学也开始学会不去认真地较真，不太着眼于“真”的理念，仅强调它诗意和审美地表现了人们对生活、对人生的深切感受、情感体验和审美意趣，艺术真实因而没有任何物理学意义上的实在性。格式塔心理学派认为艺术是一种整体大于部分之和的格式塔质，心理场与物理场的异质同构，物理场中的事物作为心理场中的情思的外在同构体与客观对应物而存在，这在“樱桃樊素口，杨柳小蛮腰”一类的诗意表达中曲尽其妙。后现代主义干脆不谈艺术真实，视之为一种“深度幻觉”。居伊·德波看到人类社会“景观制造”的历史发展趋势，博德里亚提出“超真实”（真实——尤其是在当前状态下——只不过是僵死事物、僵死肉体和僵死语言的积累——一种残余的沉积，类似珊瑚）概念与“拟像”（符号价值、象征价值，是拟像文化两大特征）概念，这些概念让人联想到海德格尔的分析，即所有存在都被技术缩减为只不过是“持存物”而已，就像《楚门的世界》（*Trueman's Show*）里的楚门和海景镇。杰姆逊指出，后现代主义的全部特征就是距离感的消失。距离感的消失意味着现实感的消失，这也就是类像环生、类像内爆引起博德里亚等后现代主义理论家高度重视的原因所在。我们已越发难以确定现实从哪里开始，在哪里结束。在浪漫主义美学那里，符号虽然不再指向客观真实，但仍然没有逃脱主观真实的束缚和制约。浪漫主义美学依然是一种再现美学，只不过再现的内容由客观真实替换为主观真实，所谓的“make you broken heart into art”，表现只不过是再现的一个变式而已。类像显然与此不同，它将符号与现实的对等关系视为一个乌托邦，它既不担负再现客观现实的责任，也不再担负表现主观虚构的责任。

科学谋杀了上帝。但上帝临终前给哲学、文学、艺术等分别留下了遗嘱，让它们分头去宗教的核心——神话里寻找。在《非此即彼》中，克尔凯郭尔强调了现代自由的哲学代价。他指出，在大多数人看来，生活似乎提供了一系列的选择，每个个体都得独自做出决定，没有理性、传统和宗教信仰的帮助。其《致死的疾病》一书深入阐发对于选择的焦虑、对于未来的恐惧以及面临死亡的无意义。叔本华同样关注获得自由的哲学基础。

在他看来，获得自由，意味着永远不能获得满足的意志获得解放。因此，人类生活注定是充满失望的。叔本华主张，生活真正的意义，在于艺术给心灰意冷的人带来抚慰。尼采是达尔文的著作引发西方思想革命之后诞生的第一位伟大的哲学家。他的奇特格言体著作《查拉图斯特拉如是说》作为“新的圣经”对新约作了唯美主义的回答，其中隐士决定“下山”重返凡世红尘，决意祈求新的福音。在一个后宗教社会，没有绝对的价值观。尼采的整套哲学，可以视作在试图回答这样一个问题：在没有事物（上帝）保证生活有意义的世界里，我们怎样生活？尼采是现代主要的预言家之一，他准确地预言，20 世纪的生活是一个危险的时期；在一个没有上帝的世界里，人们将追随使得他们在越来越没有意义的宇宙里感受到了个人价值的任何人或任何事物。在尼采看来，生活的要点，并非呆坐着沮丧于现代技术理性和专家政治的无意义，而是要逃到你自己创造的一个新世界去，在这个世界里，你的生活遵从真正高贵的价值观。在他看来，人类生活的最高形式是艺术，伟大的艺术家是人类真正的救主。艺术家凭空创造事物的能力在现代虚无的世界中是绝对必要的。尼采《权力意志》称：虚无主义代表欧洲最高价值的自我否定。尼采曾引人注目地预言，虚无主义将以各种乔装打扮的形式，像幽灵一样缠住 20 世纪。在我们的恐惧之中出现并使人感受到的，恰恰是虚无。旧约《传道书》第一章第二节这样写道：“传道者说，虚空的虚空、虚空的虚空，凡事都是虚空。”没有上帝存在，生活如何才能有意义。在无限的时空中没有目标存在：存在于那里的东西总是以不管什么形式存在于那里。人必须超越自身的更深刻的意义在于，个人的精神世界是非常脆弱的，它缺乏本质和核心，有走向任意性或走向堕落的危险，有放弃自由的危险。现代人很少有空闲时间，生活并不完满；他除了追求一些有实际效用的具体目标外，不想去发掘自己的能力；他没有耐心去等待事物的成熟，每件事情都必须立即使他满意，即使是精神生活也必须服务于他的短暂快乐。时常在现代人眼前升起的虚无，已经成为现代派文学艺术的一个重要的主题，或者是直言不讳地道出，或者是弥漫在整个作品之中，成为人物生活、移动和存在的环境。“庸人们仍然感到现代艺术骇人听闻，丑恶可耻，愚不可及；而且庸人也总能为自己找到理由。毫无疑问，对于我们中间的庸人说来，没有他们，我们就不能将日常生活的这种单调乏味的事情进行下去。”① “庸人们所最不乐意别人提醒他的就是精神上的贫困。实际上，庸人最大的贫困在于不想知道自己有多么贫困。”② 世间平庸的恶至今未能杀青。“用借来的羽毛炫耀自己的人内心可能象教堂里的耗子一样贫困。”③ 现代艺术以承认精神上的贫困开始，有时也这样结束。这是现代艺术的伟大和成功：以虚无体验表征虚无。

帕斯卡尔的世界，是近代以科学为表征的荒芜而枯竭的世界。在那里，哲学家夜晚听到的不是来自光芒四射的天体上的乐曲，而只是太空中无声无息的空寂。“这种空洞无边的寂静使我惊恐。”帕斯卡尔这样说道。在帕斯卡尔的世界里，信仰本身变成了一次更加孤注一掷的赌博和更加破釜沉舟的一跃。帕斯卡尔所受的是科学和人道主义的教育。帕斯卡尔想出了在数学心灵与直觉心灵之间著名的区分。如果说柏格森的全部哲学基础基本上已经包含在帕斯卡尔少数几页对这个根本区别的说明上，是并不过分的。法国文化在这些问题上有一种奇特的保守感。法国文化是一种近交的文化。帕斯卡尔说：“我们凡人必有一死而且无力反抗，这种未经神明启示的灾难这样悲惨，我们认真思考，得不到什么安慰。”于是人们借助于“习性”和“转移”这两种特效止痛剂来逃避认真思考。他们追逐一个弹出的球或者骑马纵狗猎狐；或者在社交和娱乐中玩弄追球和猎狐的把戏。怎么干都行，只要能设法从他自身逃脱。再不然，做个奉公守法的公民，有妻子家人在身旁，职业有保障，过一天算一天，无需注意每天怎样埋葬一些希望或被遗忘的梦，而翌晨一觉醒来，周而复始，浑浑

---

① ［美］威廉·巴雷特：《非理性的人——存在主义哲学研究》，杨照明、艾平译，第 42 页。

② 同上。

③ 同上。

噩噩，一成不变。只要“习性”和“转移”双双起作用，就可以逃避“他的虚无，他的孤独，他的缺失，他的软弱无能，以及他的空虚”。而这种绝症不是别的什么，正是我们凡夫俗子的存在本身，只有宗教才可能是唯一对症的药方。[1] 死亡问题因而成为宗教思想的中心问题。“假若不能永生，要上帝有何用?”这样一来，宗教为之奋斗的其他东西都成了死亡的附属物。古罗马哲学诗人卢克莱修的《物性论》告诉我们：“对于我们这些可怜虫欢乐是短促的，/很快很快它就会成为过去，此后/我们就不能再把它唤回来。”[2] 你的生命只是一个醒着的梦。“为什么不带着满足的心情/现在就接受这无痛苦的安息，你这蠢汉？/如果你所得到的已经被浪费和失去，/而现在生命已成为一件讨厌的事情，/那么为什么还企图多加些上去，——/它同样会可怜地失掉，未享用就消灭?”[3] 一个更长的生命也不会给我们什么新的快乐。“即使我们再活下去，/也不能铸造新的快乐。”[4] “省点眼泪罢，丑东西，别再号啕大哭！/你皮也皱了，也享受过生命的一切赏赐。”[5] 死对于我们是不存在的。我们在死后将没有知觉，正像生前没有知觉一样。在我们死后的未来，正如在我们出生之前的过去一样，对于我们都不算什么。故而没有一种处置死尸的方式比另一种方式更能伤害他。生者不应为死者之进入安眠而悲伤。如果说人生就是在生死之间“上帝管两头，自己管中间”的话，如果说生活就是“你妈生了你，你就得活”的话，于是乎只好“各回各的家，各找各的妈”。不管你是谁，只要完全直面生活，就必须直面死亡，在死亡的远景和背景上展开人生，开始生活。死亡是生活中的一个逃脱不了的部分。陀思妥耶夫斯基《死屋手记》表明：在死亡面前，生命有绝对的价值，死亡的意

① 威廉·巴雷特：《非理性的人——存在主义哲学研究》，杨照明、艾平译，第111—112页。

② ［古罗马］卢克莱修：《物性论》，方书春译，第178页。

③ 同上书，第179页。

④ 同上书，第187页。

⑤ 同上书，第180页。

义正是生命的这种价值的揭示。这也正是存在主义哲学对生命所抱的观点，后来由托尔斯泰在他的小说《伊凡·伊里奇之死》以及海德格尔在整套哲学体系中，作了详细的阐述（“向死而生”）。死是人的存在之维各种可能性当中最极端、最绝对的一个。所谓极端，是因为它是一个不复存在的可能性，从而斩断了所有其他可能性；所谓绝对，是因为人能克服所有其他令人心碎的事，包括他所热爱的人的死。但他自己的死却要结束他的一切。因此，死亡是各种可能性当中最涉及个人、最触及内心的一种，因为这必须由自己承受，没有人能真正替死。按照海德格尔的说法，死亡是生活的关键，只有认识到自己的死，真正的存在才成为可能。由于内心中的这个死亡天使的触动，人不再是许多人当中无人称的、社会上的一个人。人自由地变成了自己。认识到自己要死尽管可怕，但也是解放：它使我们摆脱对那些要吞没我们日常生活的小小牵挂，从而使我们能够实施关键的筹划，以便使我们的生活成为个人化的生活，确实是我们自己的生活。海德格尔把这称为“向死的自由”或“决断”。陀思妥耶夫斯基抓住虚无主义作为现代生活的基本事实，这本身绝不是虚无主义的，我们从《白痴》中可以了解这一点。托尔斯泰非常厌恶陀氏的喜怒无常，而且多年来一直认为陀氏是个“病态的平庸的人”。不过，到了晚年他的观点改变了，《卡拉马佐夫兄弟》成了托氏床边的书了，他一读再读，并与陀氏重修旧好。尼采谈到陀氏时说过，他作为一位心理学家，是唯一有点东西值得自己学习的人。高尔基曾经这样说道：“如果一个人学会了思考，不管他思考的是什么，他总会想到他自己的死亡的。一切哲学家也都是这样。如果存在着死亡的问题，那还会有什么真理可言呢?”活着干，死了算。一死万事休。好死不如赖活着。几分中庸，几分平凡，大概是人性中不可缺少的镇定因素。

波德莱尔是美学现代性不同于哲学现代性、政治现代性的例证。波德莱尔以来的现代主义美学，直视现代社会之“恶”，人性之“恶”，表达由此引起的忧郁和对理想的向往。现代艺术的巨大意义在于，以“存在人”的“存在”体验为出发点，直面人生那些被异化和疏远了的基本的脆弱性和偶然性，直面理性面对存在的深奥而暴露出来的无能为力，直面虚无的威胁以及个人面对这种威胁时的孤独和无所庇护的困境。没有上帝的生活的真正意义在于，我们都有责任利用我们无宗教信仰的自由使得生活有意义。但是，由于我们自己的自由选择不可避免地会损害他人，这意味着自由选择总是带有犯罪和悔恨的感觉。这便是人的“原罪”。这便是存在主义为什么会生发“他人即地狱”之命题。“现代艺术中普遍存在的主观性是对现代社会生活中巨大的外向性的心理上的补偿，有时则是对其激烈的反抗。现代艺术家描绘的世界同存在主义哲学家思考的世界一样，在这个世界中，人是一个陌生者。”[①] 人类针对各种普遍意义系统的信仰，往往集革命性和破坏性于一身。其中隐含的危险是：每当探索失败，意义系统及其价值观念被证明无效时，日常生活的意义基础也随之遭到破坏，这便导致新一轮深重的意义危机和价值危机。人们往往为了追求想象中那可以得到快乐和幸福的资本，而忘记追求快乐和幸福本身。马不停蹄地得到，马不停蹄地失去。人类跑得太快，把灵魂远远落在身后，为了避免魂不附体，世人需要时时稍作停留。人开始成为一个伟大的白痴。宛如莎士比亚在《麦克白》中的精彩台词所描绘的那样：“人生不过是一个行走的影子，一个在舞台上指手划脚的拙劣的伶人，登场片刻，就在无声无臭中悄然退下；它是一个愚人所讲的故事，充满着喧哗与骚动，却找不到一点意义。”福克纳借题发挥，将“喧哗与骚动”的主题作了现代主义与后现代主义的表现：“昆廷·康普森在他生命的最后一天，在无所事事中打碎手表蒙子。扭去了两根表针。打那以后，表全天继续嘀嗒走着，但表盘上没有指针，无法指示时间。福克纳用这种形象化的描述来表达贯穿全书的时间感再恰当不过了。一般的、可以察觉的时间延续——一个片刻接着另一个片刻——被打断了，消失了。但是由于表继续作响，对昆

① ［美］威廉·巴雷特：《非理性的人——存在主义哲学研究》，杨照明、艾平译，第49页。

廷·康普森来说，时间显得更为紧迫，更为真实。他不能逃过时间。他就在时间之中。这是他的命运及其决断的时间，而手表也不再有指针来告诉他一般的、可以计算的分钟、小时的进展，而我们日常的日复一日的生活就是在这种进展中逝去的。这样，对他来说，时间不再是可以计算的延续过程，而是没有穷尽、无法逃避的现在。”[①]“真正的时间，构成我们生活中戏剧性内容的时间，是比手表、时钟和年历更为深刻、更为基本的东西。时间是稠密的介质，福克纳笔下的人物在其中活动，就象拖着双脚在水中行走。时间是他们的实质或存在，海德格尔会这样说。取消钟表指示的时间并不意味着退回到没有时间的世界当中去。恰恰相反，没有时间的世界，即永恒，已从现代作家的视野中消失了，就象它从萨特和海德格尔那样的现代存在主义者的视野中消失了一样。它也从我们自己的日常生活中消失了。因此，时间变成了一个更为无情、更为绝对的现实。短暂性是现代人视野的界限，就象永恒是中世纪人视野的界限一样。现代作家这样专注于时间的现实性，用全新的手法，以全新的观点加以处理，这证明我们时代那些力图获得一种对时间的新的理解的哲学家，不是在为他们头脑中生出的一种新的离奇观念煞费苦心，而是在对同一种隐藏着的历史性的忧虑做出反应。”[②]

“从希腊人开始，西方人一直认为，存在，整个存在，都是可以理解的，任何事物都有它的原因（至少，从亚里士多德经过圣托马斯·阿奎那到现代初期的中心传统是这样认为的），认为宇宙最终是可以理解的。而东方人则接受了在对西方的理性精神是没有意义的天地万物中的存在，并一直同这种无意义性共处。因此，在东方人看来很自然的艺术形式，就同生活本身一样没有形式，一样正常，一样的无理性。”[③]

西方现代主义艺术开始意识到非理性的意义与价值，并努力

① ［美］威廉·巴雷特：《非理性的人——存在主义哲学研究》，杨照明、艾平译，第52—53页。

② 同上书，第53页。

③ 同上书，第55页。

从东方原始主义文化中汲取营养。浪漫主义忧郁症根本不是消沉的问题，或者说是一种忧郁症；它也不是少数人的个人的神经质、阳痿或疾病的迸发。它是对现代人陷入的人类状况的揭示，这就是上帝的弃婴对存在本身的背离。每一种文化都是从遮隐一大堆东西开始（尼采）。兰波成为宣布以原始主义作为他的艺术和生活目标的第一批创造性的艺术家。从“戴项圈的野狼”高更到“儿子与情人”劳伦斯，原始主义在现代派艺术中是如此的多种多样，丰富多彩，如果学院派人士或理性主义者把这种原始主义仅仅作为一种“颓废”的征兆而不予一顾，将是不明智的。毕加索、达利等现代主义艺术家通过东方原始主义向西方现代理性主义传统宣战。现代性的主要运动是向群体社会漂移，生活日益集体化和外在化的群体社会意味着个体的死亡。唯其如此，克尔凯郭尔曾说，要是为自己镌刻墓志铭的话，没有别的，他选定一个简单的词：“个人”。现时代的社会思想是由“多数法则”来决定的。也就是说，每个人的素质无所谓，只要我们拥有足够数量的个人不断增加到人群或大众这一数量就行。同时，有大众的地方，就有真理，“大路货”的现代世界奉行这一信条。

海德格尔认为：诗乃一种开天辟地的启蒙，只因它是人类领会和表达生命意义的途径，它“以词语方式，展开存在之维”。诗虽在语言中活动，可它并非简单利用语言。诗以有限的语言，表达不可言说之奥秘。诗被兰波视为“语言炼丹术”。太初有诗。诗是针对世界的奠基，通过诗，万物如其所是地显示其存在。诗中的“长驻者”（存在）似一个逃逸大师。一切诗人都梦想说出神奇言辞，并以此挽留诸神、命名存在。艺术与真理确有深邃联系。这联系不在模仿，而在于真理“将其纯净光芒注入作品”。作品反过来，又令真理以艺术方式敞开自身。“注入作品的闪光就是美。美是作为无蔽真理的一种现身方式。”艺术作品凝聚了存在的某些最高动势。人为的珍藏与拍卖行为，只能将作品从其特定世界中剥离出来。艺术是某种“过去的事物”。在中世纪的大学里，艺术的课程（所谓“七种艺术”）是指语法、逻辑、修辞、算术、几何、音乐和天文。艺术家则是指“有技艺的人”。直到17世纪后期，这个概念才逐渐专指绘画、素描、雕刻等。今天意义上的艺术概念是在19世纪后期才被广泛运用。从美学史角度说，艺术作为一个独立的有特殊意指的概念，据说出现在18世纪（1746）法国哲学家巴托的著作中。他从传统的模仿论出发，把艺术的本质从对自然的模仿转变到对美的模仿，使得“美的艺术”（fine art）（主要有五种：音乐、诗歌、绘画、雕塑和舞蹈）这样的概念成为可能。然而，随着西方理性主义精神的强大，艺术遭受继柏拉图之后的又一次放逐。艺术终结论，由黑格尔在1828年最后一次美学演讲时提出。绝对理念的发展通过艺术、宗教和哲学来体现。艺术属于绝对理念的低级阶段，哲学则是绝对理念的高级阶段，而宗教则居于两者之间。艺术是通过直观形式来表现理念，宗教是通过表象来传达理念，哲学则是通过思维来表达理念。当代美学家丹托（Danto）再次宣告艺术终结。从艺术—哲学的变形到哲学—艺术的变形，不是艺术主动投降，而是哲学对艺术的“剥夺”（哲学化）。

尼采认为，艺术的本质在于生存的完美。在很多事情上，我们不是被目的领着走，而是被恶习推着走。艺术是心灵的地震仪，存在的预警系统，人际的沟通交流方式，社会的拯救解放机制，人生的致幻剂与麻醉剂。美学家费舍尔认为，关于现代艺术的基本假设主要有五个方面：（1）手工制作的；（2）独特的；（3）美的；（4）表现了某种观念；（5）要求某种独特的技艺。艺术在不断地大众化、生活化、科技化、产业化的同时，也融化掉它清晰的雪线。从仪式化转向制度性，艺术不再是特纳所说的社会“黏合剂”，其功能日益多样化，如奥尔特加所说的那样，现代艺术成为了一种社会“分化剂”。奥尔特加认为，现代主义或先锋派艺术把社会区分为热衷于它的少数人（圈内、业内）和不理解它的大众（圈外，外行）。布尔迪厄尝试区分有限生产场中的艺术与大规模生产场中的艺术。在越来越专业化的社会里，艺术技能的训练和提高不再依赖传统的“家庭教育”或“私塾”方式，而是高度社会化了。当然，艺术不等于技术。艺术和技术的目的不同。技术的目的在于对人有用，艺术的目的在于使人感动。技术不属于与真善相关的一种游戏，而属于与效率相关的一种游戏；当一个技术“活动”比另一个做得更好并且（或者）消耗更少的能量时，它就是“好的”。科学技术被一视同仁地视为适用于善和恶两种目的的工具。

启蒙与启示都是为了使重要的东西显现。整个宇宙严格说来，都是现象性的。天之道在光明中显现，人之道在语言中显现。希腊文中的真理一词按其原意是指显现、无蔽。当被遮蔽了的东西不再被遮蔽着的时候就产生了真理。犹太总督彼拉多主持对耶稣的审判，并下令将耶稣钉死在十字架上。《约翰福音》中彼拉多著名的提问：“真理是什么呢?”“真理”或许正是人类长期以来背负的沉重而痛苦的十字架。根据现代的用法，真理一词是指思想中对于现实的正确判断。这一观点所带来的问题是，它不能容纳真理的其他表现方式。例如，我们说一件艺术作品具有真理，我们在其中发现真理的一件艺术作品可能实际上并不包含原来意义上的正确命题。这件艺术作品的真理性在于它的显现，但是那种显现并不是由一项或一组按理智讲是正确的陈述所组成。海德格尔的重要主张是，真理并不主要是处于理智之中，恰恰相反，事实上理智的真理是更为基本意义上的真理所派生出来的。而艺术能够将我们带入这种存在的亮光之中。科学真理的核心内容是理性知识。艺术真实的核心内容是存在表现。科学真理是我们可以拥有的普遍真理，艺术真实是我们可以感受的存在体验。柏拉图谴责诗人和艺术家栖息在感觉世界里而不是在抽象的超感觉世界——理念世界里。在他看来，理念代表真正的存在，与感觉世界中永恒的变易之流（flux of becoming）正好相反。尼采站在艺术家一边。他说，真实的世界，是感觉的世界和变易的世界，除此以外并没有别的什么世界。诗人是语言文字的操纵者和心灵情感的工程师。但是对语言的所有语义学解释，不管多么有用，从一开始就注定是不完整的，因为它们没有触及语言在人类存在当中的根基。儿童是最完美的艺术家，因为儿童完全生活在瞬时的痛苦和欢乐之中。艺术家是长不大的孩子，或是长大成人还保留这种儿童似的直接反应，这种只在瞬时存在的能力。他们在对某些简单而美好的客观事物作出反应时，凝聚了天性中全部优秀品质，热情洋溢。艺术家就是愿在这类得天独厚的快乐时刻中生活的人。

毕加索说，艺术不是真理，艺术是一种谎言，它教导我们如何去理解真理。

中　编

主体论视域中的科学认知与审美体验

引言　主体乌托邦与精神存在的感应属性增益

早在古希腊时期，苏格拉底就认识到：重要的不是对自然界的认识，而是对人自身的认识，从而为后人留下“认识你自己”的哲学箴言。尽管他提出“知识就是美德”的命题，但他还是虚怀若谷地坦承，除了知道自己无知之外，一无所知。谁知道得最多才能最好地懂得他知道得何其之少。（He who knows most knows best how little he knows.）到了近代，蒙田承其绪，发问：“我知道什么?”蒙田的怀疑导致他对人类理性的否定而走向信仰主义。蒙田在《为雷蒙·塞邦德申辩》中这样写道：“让人用理性的力量来使我懂得，他把自认为高于其他存在物的那些巨大优越性建立在什么基础上。谁又能使他相信——那苍穹的令人赞叹的无穷运动，那高高在他头上循环运行着的日月星辰之永恒的光芒，那辽阔无边的海洋的令人惊骇恐惧的起伏——都应该是为了他的利益和他的方便而设立，都是为了他而千百年生生不息的呢？这个不仅不能掌握自己，而且遭受万物的摆弄的可怜而渺小的尤物自称是宇宙的主人和至尊，难道能想像出比这个更可笑的事情吗？其实，人连宇宙的分毫也不能认识，更谈不上指挥和控制宇宙了。”①

人类哲学为什么开始于本体论而不是主体论？这自有来自人类自身和人类之外的种种规定性。古希腊第一哲圣泰勒斯因为仰望天空，想弄清天上是怎么回事，反而顾不上注意地上都有些什

① ［德］恩斯特·卡西尔：《人论》，甘阳译，第21页。

么，以及立于地上的自己为什么会对天上那么着迷，以至于一不小心使自己跌落井里，遭到井边洗衣妇们的嘲笑。这是一件颇有隐喻和象征意味的哲学轶闻。它开启了世人嘲笑哲人的先河。德里达曾就此发表哲学感悟，戏言自此哲学家的智慧落入井中，再也没有打捞上来。笔者认为这则轶事似乎可以这样来解读：本体论是哲学和哲学家的第一个陷阱，大智若愚的先哲们忙着本体论探索，无暇顾及主体论沉思。直到笛卡尔，西方近代哲学才捡起苏格拉底“认识你自己”的哲学告诫，从本体乌托邦切换到“我思故我在”的主体哲学主题上来，并建构了另一个发人深省的哲学乌托邦。科学时代的形而上学迷雾开始从前科学时代本体形而上学弥漫和渗入主体形而上学，西方哲学也开始从本体乌托邦踏上主体乌托邦的征途。

亚里士多德本体论是以自然本体为中心的本体论，而笛卡尔的本体论是以精神本体（认识主体、理性主体、思想主体）为中心的本体论，康德哲学的“哥白尼式革命”不过是笛卡尔“我思”至上性的一种更成熟的再现。亚氏的本体论仍然是要解决世界的本原是什么的问题。笛卡尔第一哲学本体中心的这种转变，实际上是哲学从研究本体论为主的阶段向以研究主体论、认识论为主的阶段转变的一种标志。笛卡尔的第一哲学与亚氏的第一哲学的根本不同就在于：笛卡尔是借助古代本体论来表达认识论的思想，第一哲学实际上就是认识论，不过是一种思辨的认识论，一种改了装的认识论，而亚氏的第一哲学则与神学更为接近。笛卡尔第一哲学的内容实质上已不再是传统的本体论，而是一种新的认识论，不过这种认识论是隐藏在传统本体论的外在形式之中，或者说它是通过论证本体存在而表现出来的。也就是说，长期以来，西方哲学一直忙着认识人类赖以生存的大盘和基本面——自然，而忘了同样需要认识的人类认识主体——自我本身。直到笛卡尔，以思想来反思思想的我思主体才开始觉醒。因此，自笛卡尔以来的整个欧洲近代哲学，是以研究认识论为中心的哲学。当然，欧陆理性主义和英伦经验主义这两大派别对于认识论研究所采取的方式是不一样的。经验主义研究认识论是以直接的形式表现的，消灭了本体论，或者说把本体论消融在认识论之中；理性主义则是以间接的形式出现的，认识论隐藏在本体论之中，是在对本体论的论证中表现出来的。这可以说是近代欧洲认识论研究的一大特点。

当然，任何一个哲学家的本体论都是以认识论为前提的，不管他是否意识到，或是否自觉地、明确地来阐明这种认识论。因为当他说“世界是什么”时，他就得说明他是怎么认识到世界是如此这般的，他对世界的这种想法是怎么得来的，他的这种认识是不是真实可靠的。如果不是真实可靠的，他关于“世界是什么”的学说就是错误的。可见，本体论是由认识论来确立的，没有一定的认识论就不可能有本体论。只不过有的哲学家对他的认识论秘而不宣，有的先讲出他的本体论再说出他的认识论。有的则坦率地在讲本体论之前直陈他的认识论和方法论，譬如深受笛卡尔影响的斯宾诺莎就是如此。“斯宾诺莎的唯理论的认识论和几何学的方法以及机械的自然观都直接来源于笛卡尔。他关于思维与存在不过是唯一实体的两种属性的学说，是对笛卡尔二元论的批评和发展。他认为多样性的个别事物不过是唯一实体的变形，只有实体有独立自存性，个别事物只有通过唯一实体才能得到认识和说明。这样，个别性、多样性便大大地受到普遍性、统一性的压抑。”①

由于笛卡尔的重视，使得认识论开始成为哲学中的一门独立学科，从建立本体论的潜在前提而变成了一门专门的科学。近代哲学就是从笛卡尔出发，从注重本体论的研究转向注重本体论的理论前提认识论的研究，也即注重对人自身的认识。

笛卡尔开创了哲学对认识主体进行研究的新纪元。他研究了认识主体的三个层次及其相互关系。第一个层次是作为精神实体即灵魂的认识主体内部理智、意志、感觉、想象诸因素之间的关系；第二个层次是作为精神实体的灵魂和作为物质实体的肉体之间的关系，即心身关系；第三个层次是有限的认识主体（人）

① 张世英：《天人之际——中西哲学的困境与选择》，第62页。

和无限的认识主体（上帝）之间的关系。他在近代第一个强调思维的至上性、理性的至上性、自我意识的至上性、人的至上性，第一个研究了认识主体的能力，认识主体内部灵魂和肉体两大部分的区别与统一，作为有限的认识主体的人和作为无限的认识主体的上帝的关系以及精神和物质这两大世界的关系。

在笛卡尔那儿，自我最终由上帝设定。请出未经证明的上帝进行循环论证，是笛卡尔主体哲学与生俱来的困境。主体不能设定客体，只能感知客体，客体依赖上帝的创造。自我是非物质的实体，能够思维的实体。这样就产生了一个非常重大的理论难题：我作为思想实体有什么权利超越自身去言说与之不同质的外部世界呢？思想为什么具有客观实在性呢？

如同物质实体“固有”不同的性质——颜色、形状等等，精神实体“固有”我们所说的心理状态——情绪或观念。尽管人和自然无可挽回地分裂，但通过对物质实体的类比去理解人的存在，总在悄悄进行。现代思想一方面把人从自然中分裂出来，然而又力图把人当作物质的现实来理解。人并非从自我的孤立中通过窗户来看外部世界。人在世界之中，因为他完全处于存在之中。人的所有方面都被视为自然的一部分，或自然包含着诸如美一类的非科学、非理性特征。海德格尔所说的“把人的本质抛入‘烦’”，“本质的东西是在而不是人，是那作为站出来存在的出窍之维的在……”[①] 阐发的是人作为存在的牧者、看守者、邻居而非主人的思想。存在主义哲学认为，自然是上演个人存在之剧的非个人舞台。

“**哲学上的认识论问题归根结蒂是一个存在论问题**，或者说是一个关乎自然哲学的‘本体论’问题——不言而喻，**这里所讲的‘本体论’不仅涉及‘对象’的本体规定性，更涉及‘认识主体’自身作为一个存在物的本体规定性**。【既往的全部哲学之所以漏洞百出、牵强附会，盖由于‘自然本体’与‘精神意

① ［德］海德格尔：《人，诗意地安居——海德格尔语要》，郜元宝译，第12页。

识'、'本体论'与'认识论'完全处于**无法弥合的分立状态**使然。换言之，搞不清'人'的**自然衍存位置**，当然也就弄不明'人的精神属性'**由何而来**以及**如何运作**。自笛卡尔以降，哲学家们似乎突然清醒过来，他们发现，如果不能澄清**精神与意识的性质**及其**认识能力本身的规定**（即'能知'是什么的问题），则我们就**没有可能、甚至没有资格**去谈论古希腊哲学关心的所谓'存在本体'问题（即'所知'是什么的问题），哲学由此超越唯物的本体论研究阶段，而跨入唯心的认识论研究阶段，这不能不说是人类思想史上的一大进步。然而，既然'我思'也是一种'在'（笛卡尔的'我思故我在'），那么，**倘若无能探究'我在'的渊源、性质和规定，又如何能够澄清'我思'的本来面目呢**？……】"[①] 在存在论与知识论分立与对立的哲学困境中，王东岳关于自然存在的"递弱代偿衍存"原理以及精神存在的"感应属性增益"原理等哲学思想的阐发，不仅使我们走出了本体乌托邦的迷宫，而且也使我们可以完全彻底地清扫一下主体乌托邦这个三千头牛吃喝拉撒了三十年而无人过问的臭气熏天的奥吉亚斯牛圈。

"笛卡尔是将'物质实体'与'心灵实体'明确地予以区分并予以追究的第一人，由以引发了近代哲学对'知与在的关系'进行'二元横向探问'的思潮。（**所谓'二元横向探问'，是指对象与主体似乎只存在认知性的联系，却忽视了认知过程与认知主体的'一元纵向求存关系'，这使得'物质存在'与'精神存在'双双失去了自身的根据，从而也连累'在是什么'这样一个古老的问题被弄得愈发扑朔迷离，最终导致后继哲学于'知'与'在'这两大领域都分别陷入分歧和混乱，此乃二十世纪'存在主义'哲学要求重新寻找和回望'存在'的主要原因。**……）"[②] 笛卡尔抛开一切外在权威，以思维为他

---

① 子非鱼（王东岳）：《物演通论——自然存在、精神存在与社会存在的统一哲学原理》，第80—81页。

② 同上书，附录二，第395—396页。

的哲学的最高原则和出发点。“以笛卡尔为标志，‘认识论’问题在主流上取代了‘本体论’问题，成为古典哲学划时代的中心议题。（**但也因此造成了‘存在论’与‘知识论’的分裂，即造成所谓‘唯物论’、‘唯心论’以及‘不可知论’之间的无休止的争论，这表明哲人们连‘知是什么’这样一个最基本的问题都无法说清，此乃‘二元横向探问’方式必然引出的结果。**……）”[①] 唯理论者是企图以人的理性认识作为统一思维与存在的桥梁；经验论者是企图以人的感性认识作为统一二者的桥梁。没有人能拿出主观感知以外的证据来证明纯粹的客体，这是看似荒诞的贝克莱哲学体系不能被妄加轻视的缘由所在，也是唯心主义的合理立脚点之所在。受牛顿光学和洛克感觉论的影响，贝克莱提出“非物质假设”和三大唯心主义哲学命题：（1）“物是观念的集合”；（2）“存在就是被感知”；（3）“对象和感觉原是一种东西”。这在哲学上启发了两个重要问题：（1）牛顿的科学观和洛克的唯物论，反而成为贝克莱提出“非物质假设”的根据，表明自笛卡尔之后，大凡想越过对精神层面的剖析而直达外物的哲学思考，均已成为荒诞之举；（2）贝克莱的哲论虽然很极端，却借此挑明了一个认识论上的重大悬疑，即感知和理智的终极无效性问题。[②]

但唯心主义显然也不能证明纯粹的客体绝对不存在，这又是唯物主义的合理立脚点之所在。现代科学的思想在有目的性的人类与无目的性的自然之间划出了一条界线，不仅自然非人性化了，就连人性本身也非人性化了。基本的心物二元论实质上是物质一元论，心灵仅仅是物质的派生物，是物质精致发展的结果和特殊的表现形式。早在古罗马时期，自然哲学、原子哲学诗人卢克莱修的《物性论》中就充满了唯物主义精神与无神论思想。“发现物质就是理智生活的伟大一步了，即使物质被相当消极地

---

① 子非鱼（王东岳）：《物演通论——自然存在、精神存在与社会存在的统一哲学原理》附录二，第 396 页。

② 同上书，第 398 页。

加以对待，看成仅能作为对照用于标记一切特定时刻和事物的虚幻和空浮的一个术语。这就是印度诗歌和哲学看待物质的方式。但是古希腊物理学，以及卢克莱修诗歌达到的，却超过了这一点。卢克莱修和古希腊人在观察宇宙变异和生命虚浮时，在其现象之后看出了一种伟大明确的过程，一种质的进化。现实与幻像一起变得有趣，物理学变得科学了，而它以前只不过是展示性的。”[①] 从这个意义上看，卢克莱修的《物性论》，其实也是《自然论》或《宇宙本体论》，充满了丰富的诗性化了的现代科学理性精神，其新意迭出的真知灼见，令今人叹为观止，拍案叫绝。甚至可以说，他从自然存在，探索到人的精神存在和社会存在，并试图将三者的基础统一于“物性”上，堪称王东岳《物演通论》这类杰作的伟大先驱。

从自然存在的本体论哲学探索，到精神存在的主体论哲学探索，这个人类哲学史上的推进和转型是异常艰难而缓慢的。卢克莱修的《物性论》，明示“心灵和灵魂的本性是物质的”，“它们既不能替自己造身体，也不能是进入已造好的肉体”，“如果灵魂是从外面进来的，它就不能和身体有那样的密切联系”，“灵魂是和身体一起诞生，长大和衰老的”，“如果灵魂是永恒的，我们就应该记得起过去的生命”，“不朽的灵魂会争夺有死的身体，这是荒谬的”，“有死的东西和不朽的东西的结合，这种想法是荒谬的”，“如果灵魂是不朽的，并且进入动物的身体，那它们就会有杂乱的性格。因为一个不朽的灵魂不能在从一个身体渡过另一个身体时自己就有变化”，“即使人的灵魂只进入人体中，它们在从老人到年轻人中去时也有变化”，“心灵也能象身体那样被治疗”[②]。经过漫长的哲学探索，人类越发认识到精神存在终究不能成为存在的本体。**物的存在性决定着物的感应性，而不是物的感应性决定着物的存在性**。在王东岳看来，波普尔的

① ［美］乔治·桑塔亚那：《诗与哲学：三位哲学诗人卢克莱修、但丁及歌德》，华明译，广西师范大学出版社 2002 年版，第 13—14 页。

② ［古罗马］卢克莱修：《物性论》，方书春译，第 139—171 页。

"世界3"、黑格尔的"绝对精神"、笛卡尔的"心灵实体"以及柏拉图的"理念"等等都是指向看似暗箱封闭而又孤自存在的精神存在，但是由于他们不能讲清它的来龙去脉及其流程规定，所以造成他们的理论系统捉襟见肘、矛盾百出。"【……这使得一切认识论哲学（即'精神哲学'）终于堕入远比本体论哲学（即'自然哲学'）更黑暗的深渊。看来，出路只有一条，那就是，**让'本体论'（存在论）与'认识论'（精神论）共有一个起点、一系规定、一脉动势，并最终达成'追求存在'这样一种结果，亦即让'认识论'问题与'本体论'问题还原为一个问题、阐释为一种答案。**】"① 莱布尼茨在谈到他的单子即构成整个世界的终极物质时，用一个强有力的形象表达了整个问题。他说，这些单子没有窗户，也就是说它们互不交流。而胡塞尔认为意识是所有物质的根基，它对物质拥有绝对支配力。据此，物质世界沦为一种相对可变的副现象。物质缺席不影响意识的独立存在。由于人的意识不以任何因果方式依赖自然，自然存在就不是意识存在的条件，而是作为意识的关联项产生。今天看来，这些哲学思想的纠结所在，显然更加一目了然。除了上编引言中所概述的自然存在的"递弱代偿衍存"原理可重新弥合这种哲学上的主客分离、心物二元的裂缝之外，本编引言下文还将结合精神存在的"感应属性增益"原理对此做出相关阐释。

德国古典哲学时期的谢林，不同意费希特把自然（非我）看作自我的产物。他认为自然和精神，存在和思维，客体和主体，表面相反，实则同一，都是同一个"绝对"的发展过程中的不同阶段。"绝对"是浑然一体的"无差别的同一"（同一哲学），是万事万物的根源。说得通俗一点，就是让知者还原为在者。还原论者认为，心理学基本上是生物学，生物学是大分子化学，这些分子的原子服从物理规律，因而物理规律最终可以解释一切。"最新科学提供了对自然的新的理解——自然界不是决定

① 子非鱼（王东岳）：《物演通论——自然存在、精神存在与社会存在的统一哲学原理》，第80—81页。

论的机械体系，而是一个动态的相互作用的过程；这个过程在原子层次上具有不确定性，而且具有对于未来的种种不同的潜在性。一种与低级心理活动相似的感应性，存在于极其初级的生物进化层次上。我们可以通过高级形式来解释低级形式，通过整体来理解部分，也可以把这个过程反转过来。这样做是合理的，这种思考将使我们认识到人与自然之间的连续性与不连续性。”①

从超越人类中心主义的生态思想的大生命观念出发，宇宙中的一切存在物均在一个大系统中共存共在。“我们必须首先打消一个常见的误解，以为只有‘人’或‘活物’才有**求存**的问题存在，其实非生物亦有，只不过是以另外的方式——即自在的方式——求存而已，这个求存的方式就是**在面临失存之际变换自身的存在形态**，从而**也变换了自身的求存方式**。换言之，物之变态盖由于物亦有‘不变通即不足以存在’之‘苦衷’，**人类的通权达变之能**无非是秉承了‘识时务者为俊杰’的**物性之狡黠**罢了。”② 就这样，人仿佛变成了万物的感应器，而万物则变成了麻木不仁的现象。殊不知，“人性”就是“物性”自身培育和绽放出来的娇艳而柔弱的花朵。人类的感知能力本质上不过是物质感应作用的自然延展或代偿性扩容而已。物演就是这样形成单细胞生物的动趋能力，低等多细胞生物的趋性反应，脊索动物的反射行为，乃至较高等动物感官发育、本能应答以及学习能力等等的。斯宾塞认为任何一种生长着的东西，在最初的阶段都是简单的，一致的，同质的；逐渐地开始了分化（**局部特化，机质增益与获得性遗传**）过程，出现了可以分辨的不同部分，最后是整合过程，即各部分联结成一个新的作用整体。弗洛伊德对人性之本我、自我和超我的区分，以及荣格向个体潜意识之下发掘集体无意识的支配性基础，就是在最富有自为色彩的精神现象中追溯和分析其自在性本原的一种尝试。**在普遍联系的世界中，万物**

① ［美］伊安·G. 巴伯：《科学与宗教》，阮炜等译，第8页。

② 子非鱼（王东岳）：《物演通论——自然存在、精神存在与社会存在的统一哲学原理》，第58页。

未必有灵，但万物必定有应。只不过这种“应”的性质、方式与内容各不相同，可能是物理感应，也可能是化学感应，还可能是生理感应以及心灵感应，更有甚者，可能是多种感应方式的共存形式。在宇宙漫长的物演史中，最终生成我们有目共睹的专司信息感应的生物神经组织及其生物智化机能。在人类存在中，“应”可以呈现为精神中的意志、观念中的思考以及现实中的行为。“判断”不过是“应”的转化形态。所谓“直觉判断”也可称作“应式判断”。精神无非是“感”与“应”之物性张扬，逻辑序列与意志序列的代偿总和。精神存在原本不过是其载体衍存的代偿质态，它不可能以纯粹精神的样态存在。“‘知’有了‘物性的奠基’——‘唯物论’这才得以在‘心的统摄’底层崭露头角；也有了‘观念的动态’——‘唯心论’这才得以在‘物的照应’之间舒展铺张；更有了自身奔赴‘真理’的向量规定——‘不可知论’终于可望从‘此岸’调谐‘彼岸’。”① 现代心理学家詹姆斯曾经在《彻底经验主义论文集》中提出如下质疑：我们通常称之为“意识”的东西是否有任何经验证据？詹姆斯得出一个否定性结论。他说，心理学必须学会拒绝意识概念，正如它曾经学会放弃心灵实体的概念一样。对詹姆斯来说，有关“纯粹思维”、“纯粹自我意识”和“统觉的先验统一”之类的断言乃纯系虚妄。这些断言没有任何可供证实的心理学事实。它是形而上学的心灵实体消逝前的回光返照。因为，倘若没有确定的躯体感觉的话，就根本没有自我意识和自我感觉。意识之流有如呼吸之流。当然，詹姆斯所否认的乃是自我的实体性，而非其功能的意义。

人由生命个体、生理个体跃升为精神主体、文化主体。**文化就是人类智质的性状化表达**。文化活动不外表现为感应属性增益的文化主体面对信息增量的信息处理过程。“感”的信息变塑处理程序日新月异。“应”的实物变塑处理程序与时俱进。踵事增

① 子非鱼（王东岳）：《物演通论——自然存在、精神存在与社会存在的统一哲学原理》附录一，第 375 页。

华的人类文明一日千里。这是自然存在递弱代偿衍存的物演趋势对精神世界以及社会存在的间接和远端作用的充分体现。

全部的问题在于，为什么需要"心"来照应"物"？"物"从何来？"心"又因何而起？认知能力与信息总量为什么会渐次增大或日益膨胀？在王东岳看来，诸如此类的问题只有借助于"递弱代偿衍存原理"、"感应属性增益原理"才能给以透彻的解释。心理主体的感应属性的不断增益，使人对自身的认识也跟着水涨船高。在以往的哲学中，"感"比"应"引起了更多的混乱。叔本华的两句哲学名言："世界是我的表象"，"世界是我的意志"，在王东岳看来，等于说了这样一句荒唐话："应"是"感"的本原。这种情形恰好是黑格尔哲学潜在错误的反动："感"是"应"的本原。1820年3月23日发生在柏林大学的那场黑格尔与叔本华之间面对面的著名争论，实在像是"感"与"应"这两种自然物质属性正告分裂的一次人格化冲突。我们可以把"应"的自然分化人为地界定成应向、意向和志向的层次结构。所谓"心理波动"无非是"应式意志"在其日益扩张的代偿性精神空间中寻求感应依存的运动方式而已。相应地，代偿幅度越大的依存者其心理波动幅度越大，正如存在效价越低的存在者其意志级别越高一样。心理动量就是意志级别的直接尺度。[①] 心理波动及其苦乐体验无非是弱化而失稳的存在者在多向依存的境遇中用以维持自稳的一种精神性超敏调节装置。

难能可贵的是，王东岳以其宏大而深刻的物演视野和自然存在、精神存在以及社会存在的统一哲学原理，将人类长期以来说不清、道不明的真、善、美问题讲得入情入理，头头是道。"'苦乐交替'是意志的'落实状况'的精神指标，而'美丑交感'是意志的'落虚状况'的精神指标，二者共同构成心理波

① 参见子非鱼（王东岳）《物演通论——自然存在、精神存在与社会存在的统一哲学原理》，第198页。

动之全体。”①“‘美’是使趋于分裂的‘感’与‘应’之间达成配合的特定心理作用。”② 美的质素，就是与感应属性同在且与意志的源流并驾齐驱的“未应的感”或“虚拟的应”。换言之，如果说“意志”是“应”的精神化变种，则“审美”就是意志的“非应式”变种。我们可以将美形象地视为“应”的精神光环或意志的虚幻光晕，“感”不能当即达于“应”以及“应”不能当即终结“感”的那个感应失离的空隙之间，或者说，在于感之不真以及应之不切的那个感应裂变的错误之间。也就是说，在审美活动中，感越来越失真，应越来越茫然。因此，真与美的关系，全然不是可以并列共进的关系，反倒是一种反比背离。美和审美不是一个现成的摆设，而是一个在自然感应属性的演化中发育起来的虚存代偿系列。愈原始的美愈深沉而常存（如千姿百态的自然美），愈后衍的美愈浓烈而短暂（如争奇斗艳的艺术美）。愈失其真愈有创生美的可能。美的享用者一定是残缺不全的存在者。“美”与“真”一样，它的华丽程度直接就标示着其派生主体的失存程度——这就是“美”的形销骨立的本质。以审美为核心追求和本体价值的艺术如同在自然感应属性趋于焦灼化的精神炼狱中涅槃而出的一只越来越美的火凤凰。“善”本身还得在残损和缺失中为自己寻根。“善”乃残化的辉煌。这也正是“善”属于应然性领域，区别于“真”属于必然性领域、“美”属于可然性领域的缘由所在。从这个意义上看，人类奢谈的“正义”，只不过是大多数弱者渴望衍存的本能愿望，一小撮强者的高级游戏而已。事与愿违，自然存在、精神存在以及社会存在中，呈现的可能恰是光天化日之下“正义的不公平”，或曰“不公平的正义化”、“不公平的合理化”、“不公平的合法化”。譬如，在高等动物的有机体内，通常只占体重1%—2%的中枢神经组织却必须享受20%左右的血循环供氧量。

① 子非鱼（王东岳）：《物演通论——自然存在、精神存在与社会存在的统一哲学原理》，第206页。

② 同上书，第207页。

物演并非在各个方向上齐头并进，等量齐观，而是八仙过海，各显神通，故有得天独厚者，也有先天不足者。

哲学以达到人类各种价值的总协调为己任。在古代哲学中，伦理学占据本体论的地位（伦理学是巨大的意义场）。柏拉图深受老师苏格拉底“知识即美德”思想的影响，定“善”为最高理念。斯宾诺莎认为，哲学要成为真，而不是好，“真”与“好”之间没有任何内在的联系。斯宾诺莎《理智改进论》指出：如果我彻底下决心，放弃迷乱人心的资财、荣誉和肉体快乐这三种东西，则我所放弃的必定是真正的恶，而我所获得的必定是真正的善。勒维纳斯把伦理学看作是先于本体论的第一哲学，他认为**人和世界的关系不是“真”的关系**，他者不是我所认识的客体，而是“善”的关系，他者是无限者，是上帝，把他人看成比自己更重要、更高贵，这似乎是康德把别人看作目的而不是手段的伦理思想的一种新的表述，这比起海德格尔和萨特等人以自我为中心，把他人看作地狱的伦理思想要多一些人情味。哲学把本体论变成伦理学时，揭开了生存的全部秘密。宗教神学的上帝观念，其实就是**人类为自身求存和利益最大化而投的精神保险**。大卫·休谟在18世纪写下了这样的评论：“伊壁鸠鲁的问题是难以回答的。如果他（上帝）想消灭邪恶却又未能做到，他就是无能的。如果他能够做到却又不愿意做，他就是恶毒的。如果他既能做到又愿意做，那么邪恶又是从何而来？”伏尔泰也说过类似的话。“随着形而上学的衰落，伦理学的地位从作为抽象理论的一个从属要素迅速攀升。从此以后，它便是哲学，其他的分支皆被纳入它的里面，实践的生活成为思考的中心。纯思的激情沉陷了。形而上学昨天还是作为主妇，现今便成了女仆；它需要做的一切，就是去为实践的观点提供一个基础。而且这个基础还变得越来越多余。蔑视和嘲笑形而上学不切实际，蔑视和嘲笑哲学‘以假乱真’，已成为习惯。”[①] “19世纪的富有特色的哲学，只能是生产意义上的伦理学和社会批判——除此之外，别无

① ［德］斯宾格勒：《西方的没落》第一卷，吴琼译，第351页。

其他。”[①] 功利主义者边沁的观点认为：一个行为，如果能在受其影响的绝大多数人中产生最大的快乐，就是好的。社会科学变得越科学，它的方法越完善，它就可能离开心灵越远。心灵有其独特的心轨。我们的文化逻辑不再努力贯通人生的各种基本关怀，它正忙着踵事增华，依托生存性状的智性反应，建立五花八门的象征型社会结构中的符号学。“知识的增长带来了道德负担的减轻，因为如果力量在我们之外、之上运作，声称我们对其活动负责或自我责备未负起这个责任，便是个狂妄的假设。”[②] 从苏格拉底的“知识就是美德”，到培根的“知识就是力量”，再到福柯的“知识就是权力”，人类知识的增长和演化没有促成人类道德观念的强化，反而使其每况愈下。宗教神学化的道德权威不断让位于科学与政治。“道德责任只是一种前科学的虚构，随着知识的增长以及对语言的更谨慎与更恰当的运用，诸如此类‘负载价值’的表达以及它们所建立于其上的人类自由观念，终将有望从开明人士的语汇中消失，至少从他们的公开讲话中消失。”[③] 在道德的领域没有专家，因为道德不属于专业化的知识领域。政治是个肮脏的职业，不值得智者与善者从事，这种观念第一次在伊壁鸠鲁和斯多葛派那里获得了基础。在那些过于清高懒得求存的人看来，政治不值得真正有天赋的人去从事，而且对真正善良的人来说政治是痛苦与堕落的。

精神存在的“感应属性增益”原理以及社会存在的“生存性状耦合”原理，隐含和潜伏着人类文明的深层危机以及人类精神的巨大焦虑。“基督教教义中所影射的‘因智获罪’（即‘原罪论’），以及‘知耻蒙逐’（即为人者被上帝驱赶出可以坐享天然现成的‘伊甸园’）的教理，倒多少讲出了一些令人反而全然忘却了的自然故事（只是那引诱夏娃的蛇魔着实就是那欲

① ［德］斯宾格勒：《西方的没落》第一卷，吴琼译，第 352 页。
② ［英］以赛亚·伯林：《自由论》，胡传胜译，第 143 页。
③ 同上书，第 155 页。

捉无形、欲驱不散的自然存在性罢了)。"[1] 智慧、德慧与美慧是人类最为重要的三大价值维度，智慧的增长、德慧的缺失与美慧的泛滥，对于人类来说可能是引火烧身，玩火自焚。"老子虽然也看到了人类智化的危险倾向，但他却将'人文现象'或'人类文明化进程'统统排除于他的自然之'道'或'天道'以外，表明他对'自然道法'的理解是不彻底的。这是过去所有东方哲学家最容易堕入的一个陷阱，那就是，他们不知道人的一切属性、能耐及其所作所为都是自然之道的延展产物，结果最终自觉或不自觉地都把人与自然对立起来。"[2] 庄子思想中的"七窍凿，混沌死"，其中隐含的深刻意蕴，正如王东岳的学说所揭示的那样："能在"的程度越高，"能知"的程度越低；反之，"能在"的程度越低，"能知"的程度则越高。"七窍凿"，隐喻和象征着精神存在的"感应属性增益"原理以及感应度的提高；"混沌死"，隐喻和象征着自然存在的"递弱代偿衍存"原理以及存在度的降低。老子为什么大谈特谈"虚静"、"无为"？庄子为什么大谈特谈"心斋"、"坐忘"、"逍遥"？就是为了一厢情愿地通过降低"感应度"来提高"存在度"。中国人挂在口头上的"难得糊涂"在精神实质上与此一脉相承、如出一辙。秦皇汉武曾企图通过访仙求药提高自己的"存在度"(埃及法老则是梦想通过金字塔和木乃伊实现"存在度"的永恒)。然而到头来均不过是竹篮打水一场空，失败的原因就在于他们没有弄清真正的基本面与大盘在哪里，在"存在度"与"感应度"之间，存在着宇宙物演的动态平衡系统，它们是相反相成的，要想打破这种平衡，确比登天还难。"存在度"与"感应度"的这种相反相成，也体现在国人"傻人有傻福"、"聪明反被聪明误"的俗语之中。

王东岳指出："马克思曾说：'存在决定意识'，几乎一语道破天机。然而不幸的是，他的哲学观尚停滞在对黑格尔学说与费

① 子非鱼(王东岳)：《物演通论——自然存在、精神存在与社会存在的统一哲学原理》，第 303 页。

② 同上书，第 304 页。

尔巴哈学说胡乱拼凑的层面上，因此，他所谓的‘存在’及其被决定的‘意识’不免仅限于文明社会历史的肤浅而狭隘的范畴，结果导致连社会历史的成因亦未能深入阐明的终局（参阅卷三）（严格说来，马克思不是一个哲学家，而是一个集经济学和政治学于一体的巨匠，所以把他的学术体系冠以‘政治经济学’之名实在是很恰当的，至于用他的眼光看，由配第创立的经济学一开始就是一种‘政治算术’，由黑格尔创立的辩证法深藏着某种‘革命意识’，则大抵只能表白他的政治情怀，却不能证明经济学或辩证论的学术性格）。不过，‘存在决定意识’仍不失为是一句最富于哲学灼见的至理名言，因为在马克思的上述语意中业已暗含着这样的底蕴，即意识之状态首先受制于意识主体的存在状态或反应素质，而不与意识的二元对立格局或反映状态相关。”① 意识是存在的衍存、次生、特殊形态，是物质的副现象，是物质运动的另类形态，因而也体现了画饼充饥、望梅止渴的递弱代偿形态。

“人的地位不断变化着：从‘宇宙体系的核心’，到‘被贬低的旁观者’，进而又到‘理性的精神实体’。人之被逐出地理中心位置，在该世纪（笔者注：此处指 17 世纪）末已为人们所接受；自牛顿以后，这就不再成其为一个值得争论的问题了。但是，哥白尼天文学所引起的反应，与对人类在进化论中的地位的反应，以及近来对外星上可能存在智能生命的反应并没有什么不同。在这几种情况下，人的独特性都受到怀疑。这里，被忽略的问题是，人类在宇宙中的重要性到底应按照地理标准，还是生物学标准来决定。”② 从伊安·G. 巴伯的这段话中，笔者可以引申和演绎出人类思想史上的三次心灵地震。除了第一次是通过对本体论的刷新从而深刻影响到人对主体性的认识之外，其余两次都是通过直接改变主体论模式从而实现人类对自身更加深刻而正确

① 子非鱼（王东岳）：《物演通论——自然存在、精神存在与社会存在的统一哲学原理》，第 103—104 页。

② ［美］伊安·G. 巴伯：《科学与宗教》，阮炜等译，第 70 页。

的认识和反思。第一次是由哥白尼的日心说所引发，这场翻天覆地的天文学革命，惊醒了人类自我中心的弥天大梦；第二次是由达尔文的生物进化论引发的，这场认祖归宗的生物学革命，给人类孤芳自赏的优越感以致命打击；第三次则是由弗洛伊德的精神分析学所引发的，这场脱胎换骨、洗心革面的心理学革命，使自欺欺人、自以为是的人类颜面扫地。今天，几乎所有人都能接受把人类在宇宙中的存在视为沧海一粟，而并不认为这有些言过其实。如果把太阳系想象成长安街上的国家大剧院，那么地球在太阳系里所占的空间，恐怕也就是国家大剧院里的一张座椅那么大。如果把银河系想象成北京市那么大，那么太阳系绝对没有国家大剧院那么大。就所占宇宙空间而言，地球及其生活在地表的人类实在是微不足道，几乎可以忽略不计。而把人类在宇宙时间中的存在说成是昙花一现，也是恰如其分的。如果把已经存在的宇宙时间想象成一年，那么人类相当于是在这一年的 12 月 31 日午夜时分，也就是年终的最后时刻才“登陆”地球的。如此说来，假设宇宙是一部天书，人类不可能是这部天书里着力塑造的主人公，因为这本书在已经写成的书稿中，直至最后一页的最后几行才对人类作了轻描淡写的描绘与交待，而且丝毫看不出将在下文中多么着力地渲染和刻画人类，倒是这部天书会给读懂它的人一种它所讲述的是与人类存在这一主题没有多大关系的冗长故事的阅读感受。如果我们将宇宙想象为超大雷达显示屏，那么也许人类只相当于上面出现的一闪而过的模糊斑点。

这一存在的基本事实，留下了人类心灵的精神圣痕。这是精神现象学的第一原理。然而，人类在浩瀚宇宙时空中的微乎其微与微不足道，并不妨碍人类将自身视为宇宙的精华，万物的灵长。这便是人类精神现象学中的第二原理：精神圣化。这种自信和自尊主要来自人类得天独厚、无与伦比的感应能力，特别是若有神助、神通广大的法宝，人类善于思考的大脑。The whole dignity of man lies in the power of thought. The greatness of mankind derives from thought.（人的尊严在于思想。人类的伟大源于思想。）在人类认识自身的漫长过程中，与这种自信和自尊同样引人注目的，是人类在自恋和自卑之间的摇摆。人类精神活动的王国里，始终飘扬着精神胜利的旗帜。而精神胜利则是精神现象学中的第三原理。

福柯认为人的概念只是近现代的发明。事实上人乃自然产物，原本具备了物理品性。同时，人又兼有生理构造、心理结构与精神独立，并与物质世界保持一种经验联系。费希特认为，哲学所要谈的不是在你外面的东西，而只是你自己。进入近现代主体论哲学阶段之后，心灵哲学成为第一哲学。心灵的首要的和最根本的特征是意识性。把思维和存在分开本身就是自我意识发展的表现。意识已经不是我们所生活的物理的生物学世界的一个普通的部分了。意识被当作某种神秘莫测的东西，某种在世界之外或在世界之上的东西，某种与其余自然界相脱离的东西，而不是普通物理世界的东西。人们不禁会问，意识在进化上的功能是什么？它对人类生存有什么好处？尽管一切重要的东西都是由于与意识相联系才成为重要的。并没有什么东西迫使我们做出这样的结论：有意识的观察者在部分地创造被观察的实在。最终的实在，就其最重要的方面来说，就是由化学和物理学所描述的实在。意识不可能脱离大脑而到处存在，正如水的液体性不能脱离水而存在，或者桌子的固体性不能脱离桌子而存在一样。生命没有思维照样可以存在，但思维只能是生命的一种方式。大脑有一种突出的能力，就是把通过感觉神经末梢传到身体的各种各样的刺激联系起来，并把它们结合成为一个统一的、融贯的知觉经验的能力，至于大脑如何做到这一点，目前我们仍知道得太少。

人仅仅是一种复杂的生物化学结构吗？人只是一个巨大的细胞集合体吗？生理学使我们似乎可以顺理成章地将心灵记述成一个神经元装置。神经元与感觉信号之间的疏导可理解为记忆。所谓性格，无非是植根于我们印象的记忆踪迹，而最强烈的印象就是幼时的印象，这是几乎不被意识、储存于无意识的印象。科学心理学告诉人们，一些化学家们声称他们发现了一系列的“爱情生化物质”：男性荷尔蒙、女性荷尔蒙以及催产素等。韩剧《我的名字叫金三顺》中的玄彬在论及“爱情”时侃侃而谈，对这个被人类高度神化和增魅的情感现象作了这样的“生物化学”分析：“男女第一次渴望对方的时候，会分泌所谓性荷尔蒙的睾丸素和雌激素。当这渴望持续进而坠入情网时，会分泌多巴胺和羟色胺。羟色胺是男女相爱最重要的化学物质，它会让一个人暂时失去理智。如果到了下一个阶段，男女因为关系持续而渴望更加亲密，进而发展成性爱或婚姻。这时大脑会分泌出催情素和垂体后叶荷尔蒙，催情素不只是在男女发生情爱关系，在母亲喂乳时也会分泌出来，研究发现，对女性而言，母爱和爱情是一样的。更有趣的就是羟色胺，它会让一个人看不清楚对方的缺点，因此让爱情变得很盲目。这些荷尔蒙维持高浓度的时间是两年左右，最长也是三四年。如果分了手也无需太怪罪彼此，对方只是忠实反应体内的化学变化而已。”问世间情为何物，那都是一物降一物。爱情果真如此简单？人真的这么简单？那么为什么人类认识和研究了自身那么久，至今还陷在哲学主体论的泥潭中不能自拔，以至于福柯在尼采宣告“上帝死了”之后，又宣布“人死了”？主体性哲学作为西方“形而上学”的近现代形态，受到后现代思想家的解构性批判。福柯“人死了”的主体哲学命题与尼采“上帝死了”的本体哲学呐喊遥相呼应。他倡言生存美学，崇扬艺术的价值，以此面对人的死亡。

我们已身处后形而上学、后宗教、后主体时代。以人的理性甚至是非理性的无意识为基础来解释人的行为与人的现象，使人充分意识到了自己与动物之间而不是与上帝或神之间的不可分割的联系。“在人类出现之前的漫长的宇宙时间中，上帝的作用是什么？如果自然本身有其历史，如果人又扎根于自然，那么，在历史和自然之间划一道泾渭分明的界线站得住脚吗？”① 不是人们提出关于世界的问题，而是世界提出关于人们的问题。人们需要以新的方式聆听世界，听清它提出的关于人们的一些基本问题。《奥德赛》中海妖歌声的诱惑象征着人的自然、本能、记忆、享受。奥德修斯把自己绑在桅杆上倾听美妙的歌声，表明作

① ［美］伊安·G. 巴伯：《科学与宗教》，阮炜等译，第6页。

为启蒙的主体，他在拒绝回到自然与神话的同时却享受着快乐，同时又否认自己享受快乐。而水手们则被塞住耳朵，被强迫劳作，他们在身体和灵魂上受到双重奴役。他们的灵魂麻木，思想退化，想象力萎缩，经验贫乏，完全成了劳动的机器，变成了单纯的功能性与功利性的“被”存在。[①] 这正是长期以来人及其主体所遭遇到的非人的对待。弗洛姆曾愤懑于人是死的，越来越敌视生命，崇拜无生命的机器。在后工业时代，人机关系大有凌驾于人际关系之上的趋势。有血有肉的人被数字化、电子化、信息化、商业化等肢解和凌迟为马赛克状碎片。马尔库塞倍感人成了单向度的平浅化的空心人、稻草人。万物皆备于我，人们却时常反躬自省，认识到天以万物来养人，人无一德以报天。

自笛卡尔以来，人作为个体从上帝的子民转向一个独立的自主自尊的主体，这种观念上的转变是缓慢而深刻的。它体现在莎士比亚四大悲剧之一的《哈姆雷特》那段引用率极高的经典台词中：人是一件多么了不起的杰作！在行为上多么像一个天使，在智慧上多么像一个天神！宇宙的精华，万物的灵长。可是……

人性是物性的绽放。物性是人性的土壤。

① 参见赵一凡、张中载、李德恩《西方文论关键词》，外语教学与研究出版社2006年版，第411—412页。

第一章　灵肉分立的主体镜像

第一节　主体建构的多元模式

“公元前5世纪，古希腊哲学的兴趣由研究自然转移到研究人，智者的主要代表普罗泰戈拉、高尔吉亚就是这样。在他们看来，自然哲学时期的各派学说都失之独断，他们一般不相信有真正的存在和客观的真理。普罗泰戈拉认为一切都同样的真，是非善恶都是相对于人的感觉而言的，他的思想是相对主义的。高尔吉亚认为一切都同样的假，他的思想是怀疑论。”[①] 普罗泰戈拉这类智者的明智之处，在于看到人是一切事物的尺度，是存在事物存在的尺度，也是不存在事物不存在的尺度，从而前所未有地将人放在认识论至高无上的重要地位。

自然与自我，是人与世界的两极。将自然作为认识的核心问题，是哲学的本体论；将自我作为认识的核心问题，则成为哲学的主体论。从本体论到主体论，西方哲学完成了一次深刻而华丽的蜕变。在这个漫长的过程中，苏格拉底具有特殊的哲学意义。“苏格拉底和智者一样，也是研究人的哲学家，他同样轻视对自然的研究，同样反对未经批评的独断，但他与智者相反，主张有客观真理，主张认识是可能的。”[②] 苏格拉底“认识你自己”的哲学忠告，将自我认识提升到自然研究的重要性之上。但需要指

① 张世英：《天人之际——中西哲学的困境与选择》，第54页。

② 同上。

出的是，此时的西方哲学尚未真正进入主体论阶段。这是因为，“西方哲学史中主体性发展的过程说明：（一）主客二分，即区别和分离主体与客体，是达到自我意识、自我觉醒的关键性的一步；主体与客体浑然一体，则无主体之可言。（二）发现人就是发现主体，发现自然（包括人的自然方面）就是发现客体，两者相互为用，相互促进。只有重视自然才能促进人的主体性的发展。单纯地谈人而不重视自然和自然科学，反而会阻碍主体性的发展。离开自然和肉体的人是空无内容的人，离开客体的主体不是真实的主体。另一方面，只有真正发现了人，重视人的主体性，才能促进自然科学的发展。（三）重纯知识，重理论知识，是发现客体、尊重客体的结果，而这样做，反而能丰富人的内容，发展人的主体性；反之，不重纯知识、理论知识，单纯注重技术、应用，这实系单纯地片面地重人的结果，而这样做，反而使人的内容贫乏，不能发展人的主体性”①。也就是说，自然是人类所认识到的一切存在的大盘和基本面，具有哲学意义上的先验与超验的默认点性质。作为认识主体和经验主体的人的一切感知能力，均源出于此，扎根于兹，唯有源头活水，方有渠清如许。

原始文化中面具艺术的产生，是人类自我意识、自我辨认能力发展的结果。人的问题，宛如古希腊神话中狮身人面怪兽斯芬克斯难解之谜。西方主体哲学虽在古希腊时期已闻初响，但在经历了漫长的中世纪和文艺复兴之后，才真正凤凰涅槃，浴火重生。中世纪宗教神学思想的一统天下，使古希腊文明的人本主义核心被希伯来文明的神本主义所取代。人沦为神的奴仆与附庸，人的本质开始干枯，人堕落为灵肉分立，被上帝放逐和拯救的罪人，罪孽被凸显，欲望被清空，肉体被心灵所鄙视和抛弃，现世生活的合法性和可能性被悬置乃至取缔。直至文艺复兴的到来，资本主义的兴起，西方文明才戏剧性地从拜神的魔魇大梦中觉醒，步入拜人与拜物的世俗大戏之中。恩格斯指出，思维对存

① 张世英：《天人之际——中西哲学的困境与选择》，第76页。

在、精神对自然界的关系问题，全部哲学的最高问题，像一切宗教一样，其根源在于蒙昧时代的狭隘而愚昧的观念。但是，这个问题，只是在欧洲人从基督教中世纪的长期冬眠中觉醒以后，才被十分清楚地提了出来，才获得了它的完全的意义。

如果说，在古代哲学中，人对外部世界的态度是**静观**的，在中世纪哲学中，人对外部世界的态度是**避世**的，那么，在近代哲学中，人对外部世界的态度便可以说是**能动**的。“文艺复兴时期把人权从神权的束缚下解放出来，在一定程度上发展了人的主体性、能动性；但17—18世纪的哲学又把人看成是机器，人完全受制于自然界的因果必然性；只是到了18世纪末19世纪初，在德国古典唯心主义哲学那里，人的主体性、能动性才再一次得到解放。”①

在主体觉醒和主体意识不断强化的过程中，西方主体哲学历经了漫长的演化期，涌现了诸多重量级主体哲学家，留下了无比丰富的主体哲学遗产。

进入近现代认识论主体哲学时代之后，西方哲学才逐渐明白：人是哲学的第一问题。主体性，在现代观念看来，是确认人的自由价值、确立人的道德自律以及保障人在认识过程中的主体地位的基本前提。人类也因此堂而皇之地将自身置于世界中心。当神不再是独一无二、无与伦比的中心和主宰之后，神本主义、神道设教的主导思想不再流行，人本主义、人文主义、人道主义思想方有可能得以生成。人类渐入存在及其知识的核心位置。主体开始作为容纳真理的容器。主体性，逐渐成为个人和社会生活以及文化再生产的基本原则。主体的建构，是通过一系列约束的实践，或者以某种更加自律的方式，通过解放的和自由的实践，当然也根据人们在日常生活以及文化领域内所遇到的相当数量的风俗、规则和规定。集体的接受本身，社会化、历史化、文化化的过程，就是创造权力的机制与权力创造的流水线。有如大规模的批量生产，人类自身在各种模具之中被建构成各式各样的

① 张世英：《天人之际——中西哲学的困境与选择》，第50页。

"主体"。

每一个哲学家的思想在很大程度上都是由他提问题的方式决定的。笛卡尔把"我能认识什么?"这一哲学主体论问题置于三百年来西方哲学的核心，解答这一问题乃是为了寻求确定性。笛卡尔从彻底怀疑走向对自我的发现，走向对人类理性的肯定和确立，要将一切放在理性面前重新审视。笛卡尔的哲学沉思，一开始就是聚焦于可以怀疑的事物。笛卡尔的怀疑精神是一种辨别无可怀疑的东西的武器。怀疑，说明大脑在思考，逻辑在运行；迷信，说明思维在偷懒，理性在睡眠。除了怀疑本身不能被怀疑之外，一切都是可以怀疑的，怀疑是一种思想，它一一检视存在中种种幻象与假象，将存在逼入哲思的绝境，最终发现只有思想的存在不容怀疑。普遍怀疑精神不再迷信权威，从而成为"自然之光"、"理性之光"。在这个"阿基米德点"上，笛卡尔开始建构自己的哲学大厦与科学大厦，浇灌西方的知识大树。笛卡尔认为，所有过去的科学，包括哲学在内，都缺乏牢固的基础，只有通过他的普遍怀疑的方法，科学以及哲学作为一个整体或者在每一个部分内，才能建立在一个可靠的基础上。过去的哲学不再是智慧和洞见的源泉，而更多地作为幻象和混乱的场所。怀疑精神是近代西方主体哲学、理性哲学以及认识论哲学的基点，其中充满人类用认识认识认识，思想思想思想的反思精神，正是基于这一点，马克思才把"怀疑一切"视为自己最喜欢的格言。由于对所有事物表示怀疑，笛卡尔认为只有一点是肯定的：他的意识的存在，即他的名言"我思故我在"，这就是现代主体哲学，以及随之而来的知识时代的起点：人被禁锢在他的自我之中，主体之中。笛卡尔怀疑一切，唯独对他怀疑一切的价值确然不疑。人不可能对什么都持怀疑态度，否则就没有什么比其他东西更可疑，因此也就不存在比较标准，就等于什么也没说。没有人能怀疑他们在思想，因为怀疑人在思想也还是思想。无论我怀疑什么，我都无法怀疑"怀疑活动"本身的存在，因为如果没有"怀疑活动"，怀疑就是不可能的，而怀疑则意味着一个怀疑者的存在。笛卡尔最确定的事实，也就是他在思想这一事实。奥古斯丁认为，任何怀疑都不能对怀疑本身做出怀疑，欺骗之所以可能，恰恰证明了你的存在，所以我疑故我在。笛卡尔正是借助奥古斯丁的这种办法确立了他的形而上学第一命题：我思故我在。在人之外，是由事物组成的可疑世界。关于这个世界，人的科学教导他说，它同其熟识的外表全不相像。在《第一哲学沉思集》的《第一个沉思：论可以引起怀疑的事物》中，笛卡尔这样沉思道：感官是骗人的，如各种物象在不同的距离以外就呈现出不同的形状，又如把一眼紧挤时，就会看见双像；疯子的幻想愚弄疯子而疯子全无自知；常人每受梦象的欺骗而不自觉。福柯指出：笛卡尔否定感觉和想象，以此拒斥疯狂。疯子不思，所以它与理性无缘。笛卡尔在哲学中驱除疯狂的举动，与当时社会大规模关押疯子，可谓并行不悖。柏拉图与亚里士多德都曾说过，沉思的生活是一个人能够过的最好的生活。通过普遍怀疑找到无法怀疑的“阿基米德点”，笛卡尔开始进行积极的哲学建构。然而笛卡尔并没有将启示真理彻底驱逐出他的理性真理的哲学王国。由于他在怀疑，从而反证他是有缺陷的和不完满的，所以他自己不可能是无限完满的上帝观念存在的原因，只有外在于他的，比他更完满或者说绝对完满的存在者才能做到这一点，而这个存在者只能是上帝。笛卡尔靠着对上帝的信仰又恢复了外部世界，如果外部世界其实并不存在，那么这个上帝出于善意不会欺骗我们去相信存在着这个外部世界。但是主观主义（以及唯我论）的幽灵仍在那里，缠绕着整个现代哲学。当笛卡尔说他心中有个清楚明白的上帝观念时，这并不能保证所有人的心中都有一个清楚明白的上帝观念。有鉴于此，休谟指出：“有一种先行于一切研究和哲学的怀疑主义，笛卡尔以及别的人们曾以此种主义谆谆教人，认为它是防止错误和仓促判断的无上良药。那个主义提倡一种普遍的怀疑，它不只教我们来怀疑我们先前的一切意见和原则，还要我们来怀疑自己的各种官能。他们说，我们要想确信这些原则和官能的真实，那我们必须根据一种不能错误、不能欺骗的原始原则来一丝不紊地往下推论。不过我们并不曾见有这样一种原始原则是自明的，是可以说服人的，是比其他原则有较大特权的。纵然有这种原则，而我们要是超过它再往前进一步，那也只能借助于我们原来怀疑的那些官能。因此，笛卡尔式的怀疑如果是任何人所能达到的（它分明是不能达到的），那它是完全不可救药的。而且任何推论都不能使我们在任何题目方面达到确信的地步。"① 处于极度怀疑论中的大卫·休谟对其书房中的孤寂感到恐慌，以至于必须走到弹子房中，寻见他的朋友，才能肯定外部世界仍然存在。

笛卡尔是西方近代主体哲学的第一人。笛卡尔主体性论纲"我思故我在"是其心物、身心、灵肉二元论哲学的基石，是他为他的哲学寻找到的第一原则，同时也是近代主体论、认识论发展的起点。这一著名命题成为公式，为各个时期各个流派的哲学家所套用和改写。依照笛卡尔的**"我思故我在"**，人们习惯于将一些西方哲学思想戏剧性地凸显在**"我……故我在"**的固定句式中，锦句丛生，名言迭起。譬如**"我错故我在"**、**"我罪故我在"**，凸显的是奥古斯丁式的向罪而生的宗教忏悔主体以及神学良知。**"我欲故我在"**、**"我爱故我在"**，张显的是费尔巴哈式的因爱而生的人性存在。马克思、恩格斯强调劳动与实践、经济与政治的重要性，其哲学精神可概括为**"我为故我在"**。作为存在主义哲学的先驱，克尔凯郭尔的哲学信念则可以演绎为：**"我思故我不在"**（或曰"我思我不在"，"我在我不思"），这种存在先于本质的反本质主义哲思，无疑是对笛卡尔以来的西方理性中心主义的颠覆与反动。自我与自私的密切关系，使**"我私故我在"**得以成立，肯定的不是人的一己之私，而是隐私之我、私密之我、个体之我的合理性与合法性。萨特的存在主义哲学思想，深刻论述了存在的虚无与人的自由意志之间的关系，故而其哲学思想可体现在**"我自由故我在"**之中，他欣赏胡塞尔的意向性，却不满其对意向结构的分析。胡塞尔指出"意象与对象"不对称，深信意识乃存在之母，是一切可能世界的源泉。在萨特看来，意识即存在，它可分为**自在**与**自为**两类。前者是反思前的

① ［英］休谟：《人类理解研究》，关文运译，第132—133页。

意识，它消极无为，构成反思的对象与条件。后者积极，主张**“我疑则我在”**。海德格尔的“向死而生”、“向死而在”，似乎可以转换成这样的表达方式：**“我死故我在。”**加缪强调和反抗着存在的荒谬性，他的思想深处，涌动着西西弗斯式的悲壮与荒诞：**“我反故我在”**。西班牙的存在主义者米·德·乌纳牟诺·胡果的观念可以归纳为：**“我在故我思。”**麦纳·德·比朗的思想则可概括为：**“我梦故我在。”**巴赫金的主体学说，则可视为：**“我对话故我在。”**直至当下的消费主义时代，后主体时代的消费主体陶醉在**“我购物故我在”**的狂欢中。……凡此种种，足见笛卡尔主体哲学影响之巨大与深远。

笛卡尔建构起这样的主体性原则：首先，认识主体是有意识和自我意识的一种东西。其次，认识主体是能动的实体。再次，认识的能力是和认识主体不可分的。最后，理性主义的基本原则。

人的自然权力因为德性的最高目的而受到制约，这形成了霍布斯的自然原子与社会契约性关系相结合的主体。霍布斯认为，自然权力，作为自然法制约了德性。霍布斯的经验主义使他将人看作是自然——这个自然不再是神圣的秩序，而是感官主义的，是身体性的冲动。具体地说，自然的欲望主宰着个体，它是人的行为根基，理性不过是欲望的副产品，它是欲望和激情爆发时的奴役与压制性工具，是人社会化的历史产物与文明结果。霍布斯认为，笛卡尔的错误首先在于把思维主体和思维活动混淆起来，其次在于思维的实体也不一定就是精神的东西，它可能就是一个物质的东西。霍布斯（“霍布斯主义”即无神论的代名词），对笛卡尔的唯心主义施以重击，捍卫了唯物主义认识路线，从而使人们艰难地摒弃那些习惯于把心理活动局限于体内特殊部位的一切无益幻想和愚蠢猜测。霍布斯接过17世纪自然科学世界观的整个结构用以塑造出一个人性的概念。

在培根那里，身体的感官经验，而非演绎式的理性，才是知识的起源。和培根一样，笛卡尔也要做自然的主人，但是，同培根不一样的是，笛卡尔试图用先验的理性图式来达到这个目的；

认知存在于一个固有的先验范畴中，这是人的先天能力，也即是心灵中固有的可以演绎推理的理性能力。理性主体是支撑人类知识和全部认识论的阿基米德点。培根则用经验实践完成这个任务，知识不是借助于先在的体系框架，而是在感官的摸索中得以形成。在征服外在自然方面，笛卡尔的主体和培根别无二致；在面对内在的自然身体这方面，二者却背道而驰了。英国经验主义哲学为西方主体哲学研究提供了不同于欧陆理性主义哲学的宝贵而独特的心理探索。洛克作为霍布斯的第一个卓越追随者，认为心灵是一块白板。霍布斯这位愤世嫉俗者在战斗，争辩和揶揄，而洛克却同他的时代很合拍。在构造论之父洛克看来，柠檬的味觉可能是由酸，加凉，加甜，加舌的触觉等等组成的。洛克对心理学的最大贡献在于指出一种联想学说的前景，指出它应从经验材料出发并制定出经验之间相互连接并组成序列的法则。联想主义的胚芽自然是早在霍布斯的著作中就已经显露出来，而霍布斯的观点则可以追溯到亚里士多德。对于大卫·休谟来说，自我是一种便利的虚构，是我们只能假设具有整体性的一大堆观念和经验。如果有人要问，经验自我和认识主体中的“我”是谁，那么经验或观察所能给出的唯一答案就是，“我”是一束知觉。从这个意义上说，自我每天都被刷新和重构，每天都是前一天的自我的祭日。只不过在相对稳定的幻觉中，人很难一下子感受到个体主体生老病死的巨大变化。当然，笛卡尔的“天赋观念说”也有其合理价值，而且它越来越被近现代的科学（心理学、遗传学等）和哲学的发展所证明。

笛卡尔认为感性认识是外来的，而理性认识是天赋的。就像后来的莱布尼茨指出的那样，感觉对于我们认识现实是必要的，但不能为我们提供对世界的全部认识。休谟也认为，从感觉经验中得不到普遍必然的知识，想在经验中寻找根据只能是徒劳的。依笛卡尔之见，我思故我在，“既然‘心灵实体’是唯一可以确证的存在，那么，怎么能够又说‘物质实体’存在或不存在呢？这岂不是明摆着要为自己认定不能证明的东西予以证明吗？显然，笛卡尔从怀疑出发却走入独断，合理的推论应该是：精神以外的东西到底存在不存在一概不可知。这便顺理成章地造就了休谟"[①]。

受贝克莱哲学的触动，休谟对经验和知觉的限度加以研究。休谟的最大贡献，在于从经验哲学的高度和心理学、逻辑学的角度提出"从特称判断不能导出全称判断"，也就是说，从个别经验不能导出一般的、普遍的结论和知识，从而否定了"归纳法"的可靠性，也否定了逻辑上因果联系的客观性，认为因果关系只不过是对知觉印象在时空上重复伴随出现（物流绵延、连续性与异质性的存在现象）的误判，这就相当于把人类的所有知识系统或认知外源从根本上加以否定。休谟甚至对"空间"和"时间"这种最基本的感知形式都提出异议，认为空间或广延只不过是可感觉的对象顺序分布的产物，而时间总是被相继觉察的可变对象揭示出来的，由此对时空观念的客观性提出质疑，从而深刻影响了康德的时空观。（早在《物性论》中，卢克莱修就表达过"时间不是一种独立的存在而是物的偶性"，"空间是无限的：否则物质就会沉积在底部"的思想。[②]）休谟的怀疑精神，将笛卡尔的怀疑精神推向极致。"休谟真可以算作是一个彻底的怀疑论者，他对于一般人最不可能发生疑惑的空间与时间都不予确认，结果造成不可估量的深远影响。康德后来对先验直观形式的论证就借助于主观时空形式而展开，再往后，直到爱因斯坦创立狭义相对论，休谟的时空疑思也对其产生了重要的启迪作用。"[③]（值得一提的是，斯宾格勒在《西方的没落》中，将时间视为"活着的空间"，将空间视为"死掉的时间"，时间为"becoming"，空间为"become"。这一认知，既有哲学性，又有文学性。时空，看似分立的问题，实有复合的方面。对于光的存在，所谓一秒这一时间概念，实可转化为30万公里的空间距离。

① 子非鱼（王东岳）：《物演通论——自然存在、精神存在与社会存在的统一哲学原理》，第88页。

② ［古罗马］卢克莱修：《物性论》，方书春译，第25、53页。

③ 子非鱼（王东岳）：《物演通论——自然存在、精神存在与社会存在的统一哲学原理》附录二，第399页。

由此推想，光年，既不是单纯的时间概念，也不是单纯的空间概念，而是时空复合体的奇妙呈现。）

休谟认为一切观念都来自感觉（内感觉和外感觉），我们不但从外感经验中发现不了独立存在的物质实体的观念，也不能从我们的内感经验中发现自我作为灵魂实体的观念，因此，我们所能感到的是一束思想之流，而且，我就是一束思想之流。在这一点上，休谟深刻影响了康德。

“贝克莱不知‘感知’以外到底有没有物质存在，其情形俨然如洛克一旦确认了‘外物’就必得勾销感知自身之规定性那样，结果导致英国的经验主义流派随即在休谟那里使认识论走入死胡同；以此为前鉴，德国的理性主义流派相继在康德那里另辟蹊径，却让黑格尔用同样空洞无物的循环论证方法再次将认识论导入绝境，只不过从表面上看他仿佛可以借助于思辨的柔滑在经验的死胡同尽头无休止地兜圈子罢了，但稍加琢磨就会发现，黑格尔解决二元认知结构的手段不外乎是断然勾销作为物质对象一方的存在这样一个老套子；于是，从十九世纪末到二十世纪初，弗雷格以及罗素等人改用逻辑分析的方法对认识过程中的逻辑结构重新检讨，直到罗素的学生维特根斯坦终于以‘请君沉默’的告诫依旧将认识论中的形而上学问题引向断崖为止。”① 王东岳对于康德与黑格尔哲学的比较与分析，与叔本华对二者的哲学反思如出一辙，一脉相承。王东岳哲学思想的独特与高明之处，就在于将存在性与感应性、物性与人性视为有机整体，统中有别，合中有分，不像西方传统哲学那么“二”，表现出神经质的强迫性偏执。当然，黑格尔以后的现代西方哲学家，一般地说都打破了自柏拉图以来特别是自笛卡尔到黑格尔以来的主客二分的思想传统。他们有的主张只有“中立的东西”，有的主张人与世界不单是认识论上的主客关系，而首先是存在论上的人与世界融为一体和人与自然和谐相处的关系。

---

① 子非鱼（王东岳）：《物演通论——自然存在、精神存在与社会存在的统一哲学原理》附录二，第106页。

在主体哲学的发展史上，康德哲学的雄厚品格，表现在对“心”与“物”、“知”与“在”的哲学难题的深度探究。康德出于维护人的自由本质和主体性而成为“杀死基督教上帝的刽子手”（海涅语）。康德的道德主体的确是自主的和自我决定的，但是它以一种神秘的方式与它的最终决定有着很大冲突。对于康德来说，The fundamental problem for Kant is the problem: what is knowledge and how is it possible（知识的本质是什么以及知识如何成为可能）。**康德认为，作为主体的自我也是不可知的“物自体”，它和作为客体的另一不可知的“物自体”两者交互作用而产生知识，这样，康德就不能脱离主客二分的窠臼，他的哲学终归包含有主体受客体限制的思想**。康德“限制知识”的学说在西方哲学史上起了划时代的作用。它告诉我们，真正的自由不可能在必然性知识领域中得到（只能得到相对自由），只有超出知识，才能寻求到自由（心理层面的随心所欲的绝对自由?）。康德是近代哲学中第一个系统从哲学理论的高度论证人的主体性的哲学家，他限制知识和必然性的范围，实质上是为人的自由本质即人的主体性留地盘。康德以前的形而上学，不懂得主体、灵魂根本不是知识对象，从而也就抹杀了主体、灵魂的自由本质。只要像旧形而上学那样把主体当作实体，那它也就只能是被决定、被限制的东西，而无自我决定和自由之可言。康德断言，实体是认识的对象，而进行认识的“我”根本不能作为被认识的对象。自我不能是被认识的对象，只能是进行认识的主体。**以笛卡尔为代表的旧形而上学者就是混淆了这两种不同含义的主体，错误地把进行认识的主体——自我当成和被认识的对象一样是实体性的东西。康德着重论证自我不是实体，目的在于说明自我的自由本质：把自我看成是实体，那就是把自我看成是现象界的东西，是被决定的东西**。思想界流行一种看法，认为自由是对必然性的认识。单纯认识必然性就算得是真正的自由？当然，肯定比不认识必然性更不盲目，不过，认识必然性毕竟还是对必然性的一种服从。超越必然性，显然不等于任性而为，任性而为并非自由，终究要受到必然性的惩罚，它是自由的反面，不值得多所考虑。有了超出必然性的自由意识，这种自由意识决非单纯对必然性的认识所能比拟，它根本不属于认识或知识的范围。康德首开“先验”的纯粹理性研究，旨在提示经验发生之前人类理智能力及感知属性的主观规定性。康德是最早明确提出“理性的不可靠”或“理性的失稳定”的人。“继笛卡尔、休谟之后，康德虽然致力于寻求‘纯粹知性’和‘纯粹理性’自身的规定性，却依然无论如何也无法将彼岸的‘自在之物’摆渡到此岸的‘我思’中来，结果导致对物自体的指谓本身就是一个无意义的或无效的武断；于是，黑格尔才以逻辑学统领一切存在，即通过被封闭的‘绝对精神’来克服形而上学本身暂时无法克服的矛盾，这就是所谓‘辩证法’或‘辩证逻辑’的原初宗旨。可见，黑格尔的高明之处仅仅在于他比别人更老实更彻底地默认了这种‘形而上学的禁闭’，并且毫不僭越地自限于天定的逻辑限局之内探求逻辑自身正、反、合的限局运动之规定，从而通过消解形而上学以外的武断达成对形而上学本身的消解。”[①] **黑格尔的哲学系统主要是为了回应康德哲学所提出的一系列问题。黑格尔将自笛卡尔至康德以来的“二元存在论”归为一元。但由于他全然搞不清“精神”的渊源和本性，所以他关于“绝对理念”或“绝对精神”的设定，虽有明察“形而上学的禁闭”之深刻，却从根本上颠倒了存在的本原**。黑格尔把辩证逻辑系统阐释和发挥到极致。他意欲纠正康德的哲学弊端，却滑落到康德的哲学低线之下。总体看来，黑格尔的哲学研究远没有康德来得深入，所解决的哲学基本问题也远比康德为少。[②] 在这样的哲学体系和框架中，不可能在精神主体的哲学研究方面有实质性的重大突破。**黑格尔的“自我意识”实际上就是“绝对精神”**。黑格尔强调，现代世界的原则就是主体性自由，他通过自由和反思来揭示主体性原则。在哈贝马斯看来，这种主体性有四种基本含义：首先是个

---

① 子非鱼（王东岳）：《物演通论——自然存在、精神存在与社会存在的统一哲学原理》，第88—89页。

② 参见子非鱼（王东岳）《物演通论——自然存在、精神存在与社会存在的统一哲学原理》附录二，第402页。

人主义，亦即在现代社会中不加限制的特定个体可以实现自己的权利；其次是批判的权利，亦即现代世界的原则要求任何所承认的东西都将作为有权承认的东西展现给他；再次是行动的自主性，即是说，现代的特征就是我们对所做的事情负有责任；最后是唯心哲学，也就是黑格尔认为现代的工作就是哲学家去把握理念的自我意识。对于黑格尔、谢林和其他唯心主义者来说，主体是思辨主体，和它的本源有关。费希特的哲学主张：自己设定自我，又设定非我，并同时设定着自我和非我。**黑格尔欲以绝对精神，取代物自体**。黑格尔的“绝对精神”可以说是近现代主体形而上学的最高主体。黑格尔反对旧形而上学的知性概念的片面性和抽象性，他企图运用辩证法把康德划分开来的自由和必然两个领域结合起来。实际上黑格尔又回到了斯宾诺莎关于自由即对必然的认识的老路上去，只不过他把自由理解为一个漫长曲折的辩证发展过程或主客统一过程，亦即认识过程。斯宾诺莎深信，我们有自己的物质性身体，也有自己的灵魂，这不是两个人，而是同一个人，诚如古代犹太教义所言，身体乃灵魂的外在形式。对于斯宾诺莎来说，主体仅仅是一种无情的决定论的一种功能，它的“自由”不过是对铁的必然性的认识。黑格尔的自由哲学使康德费尽力气从必然性中提升出来的纯粹自由境界又纠缠在必然性的网罗之中，使自由成了一个永远不可企及的幽灵（心灵自由、精神自由胎死腹中）。自由不是逻辑必然性所能论证的，不是知识所能解释的；像黑格尔那样把自由放在必然性的不断发展中，是永远也不可能得到真正的自由的，自由只有在信仰中得到。黑格尔明白声称，关于人类精神的学问是最高的学问。“精神的特点是自由。‘绝对精神’是人类精神和自由的发展的最高形态，也是人的主体性的顶峰。在这里，思维与存在、主体与客体统一，没有异己的东西限制自己。整个自然界的发展就是趋向于这种统一和自由的过程，这就是人类精神出于自然而又高于自然之所在。”[①] 虽然黑格尔系统讲述人的自由本质和人的主体性，

① 张世英：《天人之际——中西哲学的困境与选择》，第68页。

但他强调个人的自由与整个社会国家相统一，强调自由和必然性的统一。受其影响，马克思的实践主体，凸显的则是黑格尔的社会主体表征。“我是我们”的大我境界，人是各种社会关系的总和。《资本论》引入生产关系概念，表明马克思不再依赖传统主体哲学的个体主体范畴。“由于黑格尔过多地注重个人服从整体，所以黑格尔以后的许多现代哲学家又强调个人的价值，以与黑格尔相对立，或者纠黑格尔之偏。叔本华哲学、尼采哲学、存在主义都是这类哲学的明显的例证，它们都重视个性价值。”[①]黑格尔以后，自我从天上还原到了人间。西方现代哲学的主要趋向就是反对自我的永恒化和抽象化，把人还原为现实的、具体的人。形而上的普遍性和确定性把人的本质加以抽象化、绝对化，从而压制了人的具体性，压制了有血有肉有意志有感情欲望的个体性。事实上，精神本身即具有形而上学性质。长期以来，人类文明中的精神中心主义，导致一种更加牢不可破的形而上学。随着西马在后现代语境中的深入发展，意识形态主体的建构、解构与重构问题，越来越受到思想家的高度关注。现代机构的制度化，对应福柯提出的主体化。在他看来，主体化的关键，即在于现代机构针对个人的规训。所谓主体化（Subjectification），原本来自阿尔都塞。阿尔都塞以生产关系为核心，重建马克思主义的主体范畴。阿氏认为，西方人所谓的主体，实乃意识形态将认识视为事实所造成的一种自我幻觉。而大写主体的意识，恰恰是它被意识形态主宰即受支配的小写客体。主体即被主宰被统治的对象。

第二节　主体重构的复合间性

继尼采喊出“上帝死了”之后，福柯又指出，“人死了”。笛卡尔－康德式的主体性微光意味着人的终结。福柯竭力反对近现代哲学中的主体形而上学，他的意思当然不是一般意义上人不

① 张世英：《天人之际——中西哲学的困境与选择》，第75页。

存在了，而是指西方传统哲学的主客二分式的主体和人的概念陈旧过时了。“人已死亡”，“主体死亡”意味着西方近现代单一理性主体哲学范式的局限与破灭。福柯认为近现代主体哲学将人移出理性知识结构之外，人在认识中是不起作用的，思想是无作者的，知识是无主体的，历史也是无主体的，因而得出了“人死了”、“人已消失”的反本质主义和中心主义的极端结论。西方主体哲学开始呈现出后主体哲学表征，从反传统意识哲学的主体中心主义，迈向“无中心”“无主体”的后现代哲学方向，主体性问题更多地被置入主体间性中加以审视和追问。

胡塞尔提出的**主性间性（也译为互主性）**，等于打开西方近现代主体哲学心脏，施行高难度的手术。他的目的，一是割裂我思，打破唯我，二是将**单一主体**变为**复数主体**，以期造就一种充满交往活力的互主性现象学。在每一狭小自我中，无不隐含着一个或多个**异我**。胡塞尔借助“主体间性”的概念，为几何学的起源提供心理学的依据。胡塞尔高度重视“主体间性”在几何学历史建构中的心理学功能。几何学的历史，在胡塞尔看来，成了人的语言唤醒、复制和再现一切历史的和非现实因素的存在的最有力证明。胡塞尔尽管试图以现象学所提出的主体间性原则取代传统形而上学的主客体二元对立原则，但他仍然强调先验的主体的地位。胡塞尔提出“我思（先验自我、纯粹自我）——所思之物”、“意向性——意向对象”等范畴，努力敲开笛卡尔的我思硬核，将其延展为一个三段相联式：“我”，“我思”，“我思对象”。“我”作为中心，控制一个主客体复合结构。唯有以“我”为出发点，才能指向客体或他人。胡塞尔认为，人生奇异者，莫过于自我意识，哲学新手可能觉得这是一个充满唯我论鬼魂的黑洞。真正的哲学家不会逃离，反而要尽力把它照亮。

要充分阐发自由的本性，就得扬弃主客二分式，使主客合而为一，其结果就是取消主体和主体性这样的概念，贬损以至否定知识和认识。克尔凯郭尔、尼采、海德格尔等人都是走的这条道路。对于尼采来说，自我不过是无处不在的权力意志波浪的泡沫而已。身体开始被提升为唯一的真实的本体，成为快感的本源和生存的确证。身体，在伦理的意义、时空的意义、真实的意义上都具有了优先性。尼采认为：（1）身体与意识二元对立，实乃形而上学一大诡计：身体从此惨遭意识摧残。（2）哲学避而不谈身体，岂非咄咄怪事？身体比灵魂更古老也更令人称奇。新的哲学原则就是要以身体为准绳。（3）身体作为实际载体，与意志合二为一，展现人类变化前景（参见《权力意志》）。人的血肉之躯，本属自然造化。然而这个自然之人，活得极不自然。身体原本具有不屈不挠的君王气概。在人的各种感觉方式中，遍布全身，面积最大最广、原始而神秘的触觉对身体特征的强调最为突出。在人类文化发展与文明演化过程中，由于感觉的牌被重新洗过，眼高于顶的视觉后来居上，成为感官等级制中的首领。

人不是作为认识者的主体与被认识者的客体相关联，而是自身成了宇宙的化身，人不再受任何外在的东西限制，因为人在这种体验（不是认识）中，根本不存在什么外在的东西，这种体验也可以说是一种“爱”，有了这种“爱”，人就可以超脱必然性。尼采用“权力意志”说解释必然性，他实际上并没有否定必然性，而且从某种意义上来看，他认为必然性是无可改变的，但他并不教人以“忍受”、“掩盖”、“顺从”的态度对待必然性，而是教人以“爱”的热情对待必然性，尼采称这种“爱”为“命运之爱”，实际上也就是教人敢于面对现实、积极热情地肯定必然性（包括痛苦），从而获得一种超出必然性的自由；反之，“忍受”、“掩盖”、“顺从”必然性，都不算是自由。

海德格尔比尼采更进一步，他认为尼采并未完全摆脱主客二分式和主体性原则，尼采仅仅是用本能冲动和情绪冲动的主体代替了笛卡尔的思维的主体和黑格尔的精神主体。海德格尔更深刻地把人和世界融合在一起，主张人是生活在世界中的“此在”，而远非单纯外在于客体的、作为认识者的主体，“此在”是世界的展示口，世界通过这个展示口而获得意义。“此在”的“本真状态”是超出一切世俗羁绊、一切必然性的“本己”和自由状态。“无”的意识是最高的自由意识；意识不到“无”，就谈不上超出现实事物，而不能超出（不是脱离）现实事物，就无高层次的自由可言。这种对“无”的意识在西方一直要到现代哲学家海德格尔的哲学中才第一次作为原则出现。海德格尔提出“无”，教人不要总是沉溺于“有”（即现实的事物），而要从“有”中超出，这对西方重知识、重现实事物的老传统起了振聋发聩的作用。

对于克尔凯郭尔和萨特来说，自我是一种极为痛苦的非自我同一。克尔凯郭尔认为自由不属于逻辑学的范围，而属于心理学的范围，自由是人的一种“精神状态”。克尔凯郭尔认为有三种可能的人生态度，事实上这也就是三种可能的人生境界，一是美学的，二是道德的，三是宗教的。萨特称自我意识乃一没有主体的先验领域。这就是说，任何主体，一旦开始反思与想象，就会变得含糊不定，难得统一。对萨特来说，没有什么优先于人的存在的一成不变的本质结构或价值结构。人的存在的意义归根结蒂只是说“不”的自由。通过说“不”而创造一个世界。人存在着，人的存在可以是一个自由的设计，他赖以使自己成为他自己那个样子。“人注定要处于极度的不牢靠性和他的存在的偶然性之中，不这样他就不是一个人而只是一件东西，也就不具备人所特有的超越他所处的特定形势的能力。这里有一种奇特的辩证的相互作用：构成人的力量与光荣的东西，位于人的赖以雄踞于事物之上的力量的核心之中的东西，即人超越自身及其直接面临的境况的能力，同时又造成了脆弱性，犹豫不决而又不堪一击，造成了人类命运中注定的极度痛苦。”① 萨特说人没有固定不变的本质是对的，但他也许不应该由此进一步说，人的本质，就在于没有本质。

梅洛-庞蒂和萨特都同为现象学的拥护者，但梅洛-庞蒂并不像萨特那样，仍然停留在主体哲学的范围内，而是创造性地提

① ［美］威廉·巴雷特：《非理性的人——存在主义哲学研究》，杨照明、艾平译，第242页。

出身体与精神的互动新理论，在很大程度上根治了西方主体哲学灵肉分立的痼疾，强调身体在一定程度上相对于精神的独立性，并认为身体具有存在的创造价值。梅洛-庞蒂指出，人作为“身体——主体”，既是自由的又是被决定的。“我是我看到的一切，我是一个**主体间的场**，但并非不考虑我的身体和我的历史处境，恰恰相反，正是通过我的身体和我的历史处境，我才是这个身体和这个处境，以及其他一切。”“这是一个启示性的比喻，它把语言理解为障碍而不是地平线，人们可以想象它的一个活生生的比喻：只有我超出自己的脑袋我才能看见外边是否还有什么东西。我只有从自己身体内壁的后面跑出来，我才能直接遭遇世界。既然如此，我就必须以这种笨拙然而有效的方式行事。但是身体当然是对世界发挥作用的途径，是进入世界的方式，是世界围绕其有条理地组织起来的中心之点。正如莫里亚克·梅隆-庞蒂所说的，‘一个身体就是有事可作的地方’。”[①] 因此，身体以其所有形式促成了对哲学二元论的重大超越。**对梅洛-庞蒂来说，身体取代了思想实体的认识论至上性，身体是我们在世界中的存在的关键，是我们的知觉被设定性的关键，也是我们获取经验和意义的能力的关键。身体代表着外在世界和我思得以发生接触的内在世界场所。身体是某个不可还原的实存棱镜，我们只有通过它才能造就出关于世界的意义。**梅洛-庞蒂的言说止于“我的身体”而非“我是身体”。僵硬的主体复苏为柔软的身体。自身是个人生命的基本单位及其存生过程，是决定个人自由以及创造个人生命的审美生存特有本色的基础力量。尤其对于艺术实践来说，“心知”易，“身知”难。技艺的修为除了要“上心”，更要“上手”和“上身”。要想身手不凡把一门技艺学好学透，非得手掉几两肉、为伊消得人憔悴不可。曲不离口，拳不离手。拳打千遍，其义自现。观千剑而识器，操千曲而晓声。艺不压身，心手相应，得心应手，艺方“上身”。否则只能是眼高手

① ［英］特里·伊格尔顿：《后现代主义的幻象》，华明译，商务印书馆2000年版，第17—18页。

低，身心分离，光说不练的假把式。每个人都拥有不可化约、不可让渡的身体。身体作为失乐园、复乐园以及乌托邦是人类自我解放的伟大寓言。梅洛－庞蒂实际上是将胡塞尔关于“主体间性”理论，进一步发展成为“身体与精神的互为主体性”理论。这就使梅洛－庞蒂摆脱了传统的主体哲学的影响，成为20世纪下半叶彻底批判主体哲学浪潮的先驱之一，因而也为福柯等人彻底摧毁形而上学主体哲学奠定了基础。

法兰克福学派的阿多诺与霍克海默认为，尼采、狄尔泰等人想取消主体，过分强调非理性，都是不应该的，他们则强调要恢复人的主体性，重视理性。但他们又受了尼采、狄尔泰等人的思想影响，反对西方近现代哲学中抽象的理性主义，反对自然科学的方法，特别是反对那种企图使人文学科屈从于自然科学的统治的“传统理论”，于是发展出了他们自己的“批判理论”。自然科学的方法主张排除人的参与，以追求所谓纯粹的客观真理，而“批判理论”则认为只有当事人参与到事物中去才能理解事物，对于人类社会的研究尤其应当如此。在阿多诺看来，20世纪抽象的主体论哲学很大程度上已经沦为一种意识形态，以掩盖社会客观的功能关联域并为主体在社会中的苦难进行辩解，在这种意义上——不单是今天——非我急剧地走在了我的前面。但阿多诺与霍克海默并没有具体地，特别是没有从哲学上说明如何发挥人的主体性问题以及如何展示人的理性普遍性问题。在这方面有独特建树的是“后法兰克福学派”的哈贝马斯。他把过去西方传统哲学对“主体性”的强调进而转化为对“互主体性”也即“主体间性”的强调，并以此维护人的主体性和理性的普遍性与复合性。他建构的交谈伦理学，强调对话，反对独白，从而形成与康德伦理学以及“传统理论”的一个重要区别，从而形成哈贝马斯的**交往主体**。哈贝马斯的交往行动理论将四个考察主题在逻辑上统合在一起：（1）关于合理性理论的尝试；（2）梳理交往理论的历史；（3）继承阿多诺启蒙辩证法的主题；（4）建立起交往行动理论的综合形态。哈贝马斯将人的社会行为区分为交往性行为、战略性行为和符号性行为。交往的行为规则：（1）

取得信任；（2）取得认同；（3）取得理解；（4）分享知识。[①]在哈贝马斯看来，现代性所追求的人类生存理想境况不仅没有出现，反而**原有的生活世界的合理性基础已经被金钱、权力、大众传媒等交往媒介要素所蚕食**。为了生产的效率和物质生活的富裕，**社会以生活世界的病理化作为代价**。哈贝马斯认为元文化在于交往行为，后现代文明已经将交往行为腐蚀为普遍的战略性行为和符号性行为，因此重建交往合理性迫在眉睫。

哈贝马斯认为人类社会有三种类型的技术：关于生产的技术、关于意义或沟通的技术以及关于统治的技术。**福柯则认为，还有第四种更为重要的技术，即“自身关怀”技术**。传统文化总是引导人离开自身而寻求虚假的真、善、美和寻求虚假的主体地位，导致自身的严重扭曲。人置身社会历史文化中要成为符合某种“身份”标准的“正常”的人或“理智”的人。而这正是人的自我矛盾性和变幻性的纠结所在。对人来说，最重要的，不是把自身界定或确定在一个固定的身份框框之内，而是要通过游戏式的生存美学，发现人的“诗性”美的特征，创造出具有独特风格的人生历程。古希腊的伦理学并不关心人际关系、人伦关系中普遍规范问题，不是给每一个人强加上一般交往相处模式，而是注重自我关切、自我修养，自由地选择自己的生活风格，使自己的生活成为一种艺术品，美化自己的存在，选择一种美好的生活，创造一种善的、美的、光荣的、应当受人尊重的、令人难忘的伦理习惯或道德榜样，给他人留下一个可敬生活的记忆。这便是福柯眼中契合他的生存美学、没有遭受异化和扭曲的古代理想主体形态。

在阿尔都塞的影响下，福柯很快就接受结构主义反主体哲学的基本观点，因而对他在语言论述方面的思考具有决定性影响，加速了他的思想方法的革命。至于新尼采主义者巴塔耶在福柯思想形成中的地位，更是不言而喻。巴塔耶认为，人的思想和行动的最后动力，不是意识，不是理性，而是欲望，特别是欲望中的

① 参见吴予敏《美学与现代性》，第92—93页。

情欲。从这个意义上说，**情欲是最具革命性的**，是革命的主要动力。**没有欲望与匮乏，就谈不上自我意识。人类历史几乎就是一部欲望史**。

福柯虽然曾经热衷于现象学，但他很快就从尼采那里受到启发而同现象学划清界限。他与现象学的分野，主要就是在主体意识的问题上。福柯着力破解传统主体的形构密码及其基本原则。他认为，对于现象学来说，经验的意义，就在于提供对于经历过的某一个对象，对于日常生活中的过渡性形式，进行一种反思的观望的机会，并从中获得它们的意义。现象学试图从日常生活的经验中获得意义，使自身得以在日常生活的基础上建构起自己的主体性。但尼采等人却相反，试图从经验中寻求逾越和消除自身的途径，使自己永远不会是同一个不变的主体，使自己永远在创造中获得重生。在《词与物》中，福柯的基本结论是：人的出现，乃知识配置发生变化的结果。故此人只是一个近期发明，而这一发明行将终结。福柯口中之人，并非具体之人，而是康德赋予哲学意义的那个理想之人、启蒙之人，或一种不断探索自身变化可能之人。主体本身消失于欲望的多重性之中。人或许不过是事物秩序中的缝隙而已。它是人的自恋性创伤，也是人的原始统辖权。福柯认为，人本主义是现代的重要曲解。人本主义是现代的中世纪。每一个自我都变成了一个可怕的智性的东西的纯粹函数。他大声疾呼，让我们与大谈人性的古老哲学一起完蛋吧，与这种抽象的人一起完蛋吧！历史是人类偏见、欲望产物、形而上学的女佣。而历史学的恶习，就是超前设置结论，以便压缩时空，消灭纷乱，把世上千变万化，统统说成是一种合理运动。历史变成权力合法化记录的过程。福柯一生辛苦，未曾发现任何真理起源。那些神圣观念，各自经过漫长的嬗变，一经挖掘，就纷纷露出骇人面目。受此刺激，福柯一度放弃知识考古学，改行谱系学研究。这促成了他的力作《话语的秩序》（1970）的问世。考古学阶段，福柯主要研究话语、知识与权力关系。到了谱系学阶段，这个三角关系便被一个新三角所取代，也即权力、机构与主体。福柯既给出了知识考古学的三角构形：话语—知识—权力，也给出了权力、道德谱系学的三角构形：权力—机构—主体。尼采的权力意志，原指人的扩张本能，及其对强力的渴求。推而广之，福柯权力观则有如下主要内涵：（1）它象征西方人孜孜求知的浮士德精神；（2）它凸显西方人对世界的征服欲与领导权；（3）它代表西方现代权力机构，及其精密先进的控制技术。福柯认为，权力是一种关系，一种力量格局，一种战术运用，是人类社会中最善于隐蔽也是最需要隐蔽的东西。它的机制隐蔽得越巧妙就越容易被忍受。福柯不得不**肯定**权力的生产性：我们不应从消极方面描述权力，把它说成是排斥、压制与分隔。实际上权力能够生产。

福柯认为，16 世纪末到 17 世纪初，西方的科学知识主要包括三大领域：普通语法、财富分析和自然史。到了 19 世纪，上述三大领域的知识演变成为语言学、政治经济学和生物学。在福柯看来，西方科学知识的上述三大领域及其演变，都是围绕着作为主体的人的“言说”、“劳动”和“生活”三大方面，也就是说，整个西方近代至现代知识，始终都是探讨“说话的人”、“劳动的人”和“生活的人”（《词与物》）。有识于此，福柯提出**话语主体**。话语不等于所说事物，而是构成对象。话语暴力表现为三种形式：（1）语言禁忌。比如性和政治，一向是忌讳话题。说话的场合身份，也构成限制，譬如中国的非礼勿言。（2）理性原则。启蒙把理性变成了排斥荒谬的控制程序。专业话语兴起，民众瞠目结舌。科学万能，民主载道。大师言出法随，小民口说无凭。（3）真理意志。全景监控一经确立，便得到各学科知识的积极配合。在综合协调的基础上，随后产生了科层组织、流水作业以及一整套信息交流系统。人性不过是人类各个历史时期的“话语对象”。福柯所研究的，毋宁说是探索我们文化中，有关人类的各种不同的主体化模式的历史。我们自身是如何成为说话、劳动、生活的主体以及主体与真理的关系。知识领域中的认知主体的建构、同行为领域中的社会和法律权力主体的建构以及同自身和他人关系中道德主体的建构密切相关。福柯认为，主体一词所表达的意思不是指客体的对立面，也不是指社会的主导中心，或自觉自由的独立个体，主体表明的是两种关系：一个关系是主体由于控制和依赖而屈从于他人，主体受制于并且创造着权力形式；另一个关系就是由良知或自我意识而形成的关于自我身份的知识，因此，主体是由一种话语、一种意识形态制造出来的。不存在拥有自主权力的主体以及独立自主、无处不在的普遍形式的主体。关于主体的分析实际上是话语和权力之间的复杂关系的分析。唯有成为生产性身体、主体化身体，人的肉身才能变成有用的力量。

评论家指出，福柯暗藏科学冲动，他对主体和历史的挑战，好比科学家批判地心引力与进化论。他的思想空间，似乎是由马克思、尼采、索绪尔构成边界。其中的运行规律，则涉及爱因斯坦相对论。听到这样的赞扬，福柯忍不住沾沾自喜，说他发明了一门“知识权力微观物理学”。福柯在《生存的美学》中指出：“我确实认为不存在至高无上的、作为根基的主体，即无处不在的、普遍性的主体。我非常怀疑此种主体，甚至非常敌视它。相反，我认为，主体正是通过一系列驯从的活动被构成的。”对于福柯来说，现代思想的“主体”，也就是作为主观性的自我，就像在德里达、利奥塔或勒维纳斯那里一样，是一种“产品”。福柯把主观性和现代主体看作他所谓的“技术”、“技艺”或“规训”之间复杂的相互作用所产生的结果。福柯认为，知识固然是现代社会得以建立，并由此获得发展的重要动力，但现代知识之所以具有如此巨大的威力，能驱动成千上万的现代人按照现代知识的模式进行思考和行动，就是因为现代知识具备着独一无二的话语结构；凭借着这种话语结构和模式，它将知识的学习、传授和扩散过程，同社会成员个人的主体化过程相结合，同个人的思想、行动和生活的方式相结合，以致现代社会的每个成员，都自觉或不自觉地卷入现代知识话语的形成和扩散的旋涡，并在这股受到统治者严密宰制和控制的强大权力和道德力量的社会文化旋涡中，每个人都产生一种身不由己的自我约束和自我规训的动力，自以为自身在追求知识的过程中，完成了自身的主体化，实现了个人自由，但到头来却使自身沦为被统治者要弄的“顺民”。福柯指出，西方经济由资本积累开始，政治则始于人的塑造。两大进程并行互动，都有着光明与黑暗的档案。道德家何必偏执，只讲人的进步自由呢？在他看来，从启蒙人性论、人体解剖学，直到精神分析、教育制度，这一系列针对人的权力知识运作，使得西方人像机器那样，从里到外被化验、组装、调试、充分利用。正是从这些琐碎知识中，诞生了人文主义概念下的个人，及其心理、主体、意识，还有人道的要求。福柯对现代性的关键部分——主体论作了修正。在他看来，所谓现代人，有类波德莱尔的游牧性格，不是去发现自己，不是去发现自己的秘密、隐藏的真理，而是在变化之中创造自己：现代人应该将自己视为一个复杂艰难的工程。福柯指出：主体无非是各种传统理论对每个人的自身进行扭曲的结果，也是社会统治势力普遍宰制个人的欺诈手段。如果我们自身并不知道自身的奥秘，不知自身何以成为主体，却又同时成为被宰制的对象，那么掌握再多的知识真理，握有再强大的权力，把自身练就成德高望重的人，又有什么意义。正是因为这样，福柯对传统“主体”深恶痛绝，欲予彻底批判而后快。人之为人，不是他物，不是为这种或那种外在于自身的“原则”所界定出来的，不是主体性原则所为，而单纯是其自身而已。人既不从属于“他人”，也不从属于世界，更不从属于抽象的“意义”。人的真正奥秘就在其自身的存在之中。走出主体性的牢笼，不再成为主体性原则的奴隶。

后弗洛伊德时期的拉康学说，也被称为后精神分析学。拉康从语言无意识抑或无意识语言入手，厘析光怪陆离，如梦似幻的主体间性。拉康认为，语言的发明，是对存在的杀戮。这与海德格尔语言是存在的牢笼的思想如出一辙。语言是契约，个人由此签订进入社会与文化的合同。拉康通过索绪尔式的语言学对弗洛伊德进行了改写，但他更喜欢自称是“向弗洛伊德的回归”。精神分析理论是刷新人类自我认识，重构“主体”的重要思想资源。我们的人格随时通过积累的经验形成，并不断地变化。我们的所作所为取决于我们之所是，但是，还应该补充说，在某种意义上，我们就是我们的所作所为，我们在连续地创造我们自己。

对于一个有意识的生命来说，存在在于变化，变化在于成熟，成熟在于不断地自我创造。弗洛伊德按力必多把人格发展分为五期：口欲、肛欲、阳具欲、性潜伏、性器欲。“我”是一个生存在历史、语言、文化中的多层次的动态体。现代人由于全社会性的对现代科技的理性运用而被“进步”驯化得过度温顺。弗洛伊德认可浪漫主义者对现代社会的批评，但他相信自己发现了处理这些问题的科学方法：心灵的新科学——精神分析法。弗洛伊德认为，无意识乃是人类无法摆脱的永恒结构。列维－斯特劳斯认为，无意识是结构的藏身之所。福柯认为，所谓现代思想，不过是一种针对无意识的思考。巴赫金通过对弗洛伊德主义的反思与批判，提出自己**对话主体**范畴。在他看来，弗洛伊德主张的无意识，也应看作是一种内部的语言对话。巴赫金主张抛弃主体论，创立对话原则。西方语义学素分两派，一派认为意义来自个人，另一派认为它来自符号差异。巴赫金认为：人类与世界，自我与他人，彼此应答。所以，不是我拥有意义，亦非无人占有意义，而是大家经由对话获得意义。就是说，笛卡尔的我思故我在，经由巴赫金之手，从此被改作我对话故我在。一切言谈都具有社会性、历史性、对话性。它们虽然受到语言系统制约，却也反映说话人的思想意识、政治立场和文化修养。一句话，作为充满矛盾的杂语，言谈不仅不规范，而且浑浊多变，动机不一，从各个方面溢出索绪尔的严密系统。语言作为符号系统，与意识形态相重叠。后者的支配力，优先于语言系统的内在规律。

拉康借用福柯理论，提出四大话语学说：即主人话语、歇斯底里话语、大学话语、精神分析话语。弗洛伊德对于无意识的理解，主要观点如下：（1）无意识是一种先于语言的本能冲动；（2）它混乱矛盾，不可理喻；（3）它无视外界现实，只想实现快乐；（4）它不具备时间性，却能借助移置与凝聚，自由流转，变化多端。拉康则认为：（1）无意识具有语言结构；（2）无意识是他者话语。拉康把文化语言所架构的那个无意识称为“Other”，即大写的“他”；把个人的欲念称作“other”，即小写的“他”。小写的“他”为摆脱禁锢，需要用策略，即用新的喻说取代已被传统化的喻说，成为诗人。近现代以来，西方人崇拜主体，无以复加。拉康反其道行之，证明其虚妄可笑。“我在我不存在之处思维，故而我在我不思维之处存在。”何谓主体？拉康说“那不过是享乐主义的呕吐物”。弗洛伊德将男孩作为普遍化的范例，自我就是在俄狄浦斯危机中通过压制对母亲的性欲并代之以与父亲的认同而形成的。对于女性身份与女性主体，拉康一针见血，指出没有女性这种东西，与波伏娃称女性为第二性、女人是后天生就的观点可以形成有趣对比。拉康将 SIR 理论序列中的第一个范畴称为“真实界”（Real），简单来说，它是在构成象征的基本压制中被压制的东西。对于拉康而言，处于低层的真实界，等于本我，或康德的物自体。作为一种原始混沌，主体无法感知它，它也不能被言说。一旦言说，便已进入想象界（Image）或象征界（Symbol）。在拉康那里，“基本压制”是不仅构成自我而且构成他所说的整个“象征”领域——语言、表现、象征、图像、普遍意义等组成的领域的一种机制。按照拉康的设想，象征是存在于心理分析学主体之内的三个序列或维度之一。他将最后一个序列称为“想象”，这不是因为它是这种想象发生的心理处所（这种想象已经在象征中发生了），而是因为它是象征以幻觉和妄想的形式所投射的位置。就像索绪尔在他的普通语言学中所讲的那样，大致来说，想象是象征和真实本身相混合的地方，是对意义的半透明性和完整性的幻觉，这种幻觉掩盖了区别的缺席和作用，而正是通过这些区别，象征才得以被构成的。自我意识的特征是自我误认。现代人所拥有的主体均为**分裂主体**。拉康搭乘一辆“欲望号街车”，顺利穿越了黑格尔与弗洛伊德的思想壁障。这位八旬老人患上失语症默默而死。他留下的发人深省的遗言是：“我很固执，但我要消失了。”

从结构主义到解构主义，罗兰·巴尔特摇身一变为后结构主义变色龙与后结构主义浪人。在他看来，作品是作家中心论的愚蠢产物，也是牛顿式的封闭系统。如今作者已死，作品瓦解，文本诞生。万事万物自身并没有任何固定的、最终的或真实的意义。在罗兰·巴尔特看来，一切文本，都可分为可读文本与可写文本。作为爱因斯坦式的现代开放体系，文本启动意义生产，造成“能指的狂野游戏”，人文学科的相对论时代到来。

克里斯蒂娃提出**流动主体、过程主体**概念。在克里斯蒂娃看来，正是在语言不可还原的物质性之中，拉康的真实序列，即母性序列，才扰乱了象征序列，并在这一点上突入其中。这种物质性，也就是这种母性，仍然破坏着象征的活动，永远不许后者完成自身并形成“封闭的系统”。反过来，通过保持语言和意义系统的开放性，符号学就为克里斯蒂娃所谓的“过程中”的自我或主体开辟了空间。在克里斯蒂娃的思想中，过程中的主体——这种主体总是处于变化和不稳定状态，永远不会封闭和完成，而总是在出现——取代了现代形而上学静止的、实体性的主体。在克里斯蒂娃看来，通过保持意义系统向新的冒险和形式的开放状态，符号学的语言活动为过程中的主体清理空间。这种活动首先发生在诗和艺术之中。克里斯蒂娃强调一个“说话的主体”，就是强调一个“非中心”的主体。这种主体不同于笛卡尔的“我思”，不是某种围绕着确定的个人的主观意识和理性结构而形成的，更不是构成各种言语话语系统和文本结构的中心的主体意识；而是可以在各种不同的文本结构中相互穿越和相互渗透的那种动态的和开放的主体。这种非中心的主体，当然也不断地进行思考，同时也不断地通过语言文字的中介而扩大和延伸其思想过程，但是，它已经打破了原有的固定的主体中心地位的限制，而成为在各种可能的文本间流动和不断自我反思，并自我创造的新主体，因而也是在文本间流动过程中不断更新的主体。克里斯蒂娃认为每个文本都是从别的文本引述过来的各个片断所组成的“马赛克”堆砌物，文本不再是某种环绕着特定意义的单一封闭单位，而是人与人之间进行思想交流的中介渠道，也是文化发展的必要途径，进而提出“文本间性”概念，从这个意义上说，“文本间性”不但不是简单地替代了原有的作者主体间性，而且，将主体间性进一步扩大，也进一步深化，使之成为文本间和各时代文本作者和读者以及非读者之间相互理解和相互穿越而进行创造的中介。可见，文本间性与主体间性有着密不可分的关系。

今天，科学心理学越来越相信，一个思维的东西是物质的，而不是非物质的。人们所说的精神与意识，不过是其貌不扬的脑的灰色物质，一大堆脑细胞、神经元、生化物质综合作用的生命表征与功能而已。意识运动不过是物质运动的高级或超级形态而已。所有的心理活动都是人脑内部的物质运动，心理活动无疑有其最起码的物质基础，因而不能脱离物质层面加以讨论，不能把心灵看作是纯粹抽象的东西。每一种思想、感情和意图都不过是内在的运动，物质运动的副现象而已。心理的形成是自然力作用于个人的结果。在这个世界中首先要按照物理学的方式来观察生命。把生命看成是某些力的特殊表现，它是一种建立在活体组织反应的物理学和化学基础上的生理过程心理学。把心理看成肉体活动的一种表现，严格避免有关意识的一切假设，转向直截了当描述刺激情境和反应之间的关系。把一切复杂的现象还原为逐级较简单的水平，把行为还原到生物学和生理学，把生物学、生理学还原到生物化学，把生物化学还原到物理化学，以及最终或许把一切都还原到物理学。而微观物理学则发现，凡是在它试图复归基本事物的地方，它遇到的不是基本元素，而总是新的复合体。所谓的“物”，也都具备它们特有的智慧。人的智慧，在一定意义上不过是物（如细胞、基因、躯体器官）的智慧的集合。物性与人性之间虽有质的差别，并无不可逾越的鸿沟。矿物是物，植物是物，动物是物，人物也是物。只不过人的感应性，在物理感应、化学感应以及生理感应的基础上，达到了心灵感应与精神感应的高度而已。人类今天已经发明了人工智能，创造了新的具有一定能动性的事物。未来的人工智能将获得某个水平的意识、感觉和创造性，这样的人工智能的孰心孰物的判定将更加令人困惑。现代科学和医学充满了**是动物又是机器的生控体**（cyborg），也译为受控体，它们是机器与有机体的结合体。**21世纪有这样两种荒唐的现象：一是机器看起来越来越像有生命的东西；二是生命有机体越来越像机器**。后主体时期的传统主体哲学解构与重构，首先需要在这个层面展开。人机关系的主体复合间性，越来越显得比人际关系的主体复合间性意义重大，影响深远。自媒体与微文化使主体间性问题空前的突出。微电子学使人工智能向微结构深入。模拟是一个在显示器屏幕上展开的审美过程，它不再是一种模仿的功能，更像是一种创造的功能。现实不是一个不变的给定量，独立于认知，相反它是某种建构的对象。日常生活与微电子生产过程的交互作用，使现实的虚拟性和可操作性唾手可得，游刃有余。智能手机与计算机成为日常生活必需品，每个个体与主体的日常生活，以开机始，以关机止。曾几何时，God is in TV. 电视像上帝一样神通广大，无时不在，无处不在，人们用电视打发大量闲暇时光。而现如今，完全可以说，God is in mobile phone and computer. God is Wi-Fi. 人们成为整天盯着手机屏幕与计算机屏幕以及各类电子产品显示屏幕的货真价实的屏奴。正如人们常说的那样，世界上最远的距离，是人与人面对面相坐，却在各自看着各自的手机。由于各类信息传播媒介的植入，人与人的古老交往方式，被人与机的虚拟形态全面改写与刷新。现实经由数字化、电子化的非现实化，使得电子媒体以外的经验再确认无足轻重。日常现实日益按传媒图式被构造、表达和感知。现实的重力正趋于丧失，原本具有的强制性变成了游戏性，它经历着持续的失重过程。韦尔施认为这归因于传媒美学的特性，它们一般来说喜爱形体与形象的自由流动和轻舞飞扬。一旦进入电子的王国，就由稳固的世界迈入了变形的王国。如果说哪里有“存在之轻”的话，它就在电子王国中。硅谷的那些电子怪才，晚上他们驱车前往海滩，去看那无与伦比的加利福尼亚真实日落，然后就回到他们家里的计算机旁，一头钻进互联网的人工天堂之中。视觉事实上不再是接触真实世界的可靠感官，就像它曾经被认为的那样，在一个物质变得不可证明的世界里，视觉不再唯我独尊，微不足道一如它在传媒世界之中。电子化的无处不在唤醒了我们对另一种存在的渴望。在非电子化的现实中，如何重新确认日常生活的经验？今天我们正在学会重新估价自然的抵抗性与不变性，以对抗传媒世界的普遍流动性和可变性；估价具体事物的执着性以对抗信息的自由游戏；估计物质的厚重性以别于形象的漂浮性。躲避社会共享的电子形象，向前电子时代的感觉经验回归。

相比于西方主体哲学，“中国哲学的主体哲学匮乏：（一）与西方哲学史相较，中国哲学史缺乏主体与客体分离的阶段，缺乏系统论述主客对立的思想，缺乏彼岸世界的观念。（二）中国哲学史缺乏以主体性为原则的有较大体系的哲学。（三）单纯重人的思想不等于就是重主体性原则，不等于达到以自我意识、主体性为原则的哲学水平。（四）在中国哲学史上，主体性原则成长的障碍不是像西方那样主要来自彼岸世界的神权，而是来自此岸世界的君权，来自封建礼教和封建的宗法制度与等级制度”①。当然，任何问题都有它的不同视角与不同方面。中国传统哲学的主体哲学匮乏，并不意味它对当下后主体哲学的反思与重构毫无意义与助益。相反，倒是因为它不像西方主体哲学那样病入膏肓，积重难返，反而隐含着种种突破重围的可能。西方近代哲学的主体性原则明显地是一种认为“有”优于“无”、高于“无”的原则。与此相应的是，西方哲学传统认为生优于死、善优于恶。就此而言，西方传统哲学和中国儒家传统的“未知生，焉知死”的观点颇为相似，而和庄子的齐生死、超仁义的观点不同。禅宗以及整个佛教思想汇通老庄。禅宗认为，作为根本原则的“空”或“无”不是超出有之外、与有对立的形而上的东西，而是包含有与无在内的“无”，它是有与无的对立性的克服和超越，在对立中的有与无是平等的，谁也不低于谁，谁也不高于谁。这超越有无对立的“无”或“空”就是由有转化为无、由无转化为有（造化；物演；进化）的动态整体。铃木大拙把它叫做“宇宙无意识”。整个宇宙，包括自然、人类社会和人的精神意识领域，是一个普遍联系之网，宇宙间任何一个事物，任何一个现象，都是网上的纽结或者说交叉点，每一个交叉点都同宇宙间其他交叉点有着或近或远、或直接或间接的联系，这些联系既包括空间上的，也包括时间上的，宇宙间除了时间上和空间上

① 张世英：《天人之际——中西哲学的困境与选择》，第84页。

的现实世界之外再也没有什么超时空的、超验的东西躲藏在现实世界背后。甚至割断了前一瞬间之我与此一瞬间之我的联系，也没有我。无他人则无我，无他物则无我，无前一瞬间之我则无此一瞬间之我。（每一天都是前一天的我的祭日。）我们也不能把“本我”看作是一个固定的交叉点（当然，任何一物也都不是固定的交叉点），宇宙间的联系瞬息万变，“本我”处在这个联系之网的整体中，也瞬息万变。说“本我”是“空”，不是实体，就意味着没有永恒不变之我，意味着它是变动不居的，因为整个宇宙是一个有无不断转化、不断流变的整体。这样，“本我”在空间上便是无边无际的，在时间上是无始无终的，因而也可以说它是无穷无尽的无底深渊。你和我以及每个人都是同一个宇宙整体意义的展示口，每个人的思想、言行最终都是由宇宙整体决定的，都是它的显示。禅宗之所以认为这个整体是“空”，意思就是要既不执着于有，也不执着于无，从而也就既不执着于生，也不执着于死，既不执着于善，也不执着于恶。不执着就是“空”。西方传统哲学认为有高于无，肯定高于否定，生和善高于死和恶，就是执着，执着与“空”是对立的。禅宗认为日常生活中的自我是主客二分的产物，是实体性的自我，在自我意识中这种自我是被认识的对象。当我说“我意识到我”时，这句话中后面的那个我是被认识、被意识的对象，是客体，前一个我是进行认识活动、意识活动的主体，它不是被认识的对象，而且永远不是、也不可能是被认识、被意识的对象，因为一旦它成为被认识、被意识的对象，则仍然有一个对它进行认识的主体在它后面，这个主体真可说是“瞻之在前，忽焉在后”，我们永远不可能把握它，认识它，只要你把它放在面前加以把握与认识，它就成了客体，而作为认识主体的它就躲藏到后面去了，这个永远在逃避我们的认识而又主持着我们的认识活动的主体，禅宗称之为“真我”（“无位真人”）。禅宗的“真我”就是这个“空”，就是这个有与无相互转化的动态整体，所以悟到“真我”，也就是从这个动态的整体的角度看待事物，就是不像西方传统那样执着于“自我”，也不执着于某一事物或某一方面。执着就是限制和牵累，主客二分式总是给人以限制和牵累，“空”则无限制，因而也是自由。禅宗在克服和超越主客二分方面走得比西方深远，其学说有诸多可取之处。所有这些，均可能包含着解开西方主体哲学病症与死结的另类元素。本土哲学与文化非本论著探究之重点要点，故此从略。

第二章　科学认知与审美体验

第一节　精神炼狱的感应栅栏与异质同构

科学技术和文学艺术是人类创造力最具代表性的两大领域。科学技术探索未知，凭借逻辑，达以精确实用。文学艺术体悟存在，倚重虚构，呈以奇异想象。长期以来，两者之间似有不可逾越的鸿沟。其实，从根本上看，科技以人为本，最终也是落在人文范畴之内。科学再发达，也不应拿其有限视野来限制文学艺术的自由创造以及人类精神的无限追求。随着人文的科技化，科技的人文化，两者之间的感应栅栏虽然仍在，但毕竟是可以超越的，并且最终达到求真、求善、求美与求存的完美统一，实现以美启真、以真储美、大美为真的至高理想。

单纯的感性不能透视宇宙空间的深邃，同样，完全凭直觉也不可能达到文化的深层。自然科学以理性认识和了解物理、化学、生理感应见长；文学艺术以传达和表现精神感应、心灵感应见长。科学经验屏蔽和放逐主观、特殊、个人、偶然、例外的诸多干扰性不可控因素，找出现象之中隐藏的必然性、因果性、规律性、客观性内容，而艺术体验则长于将精神生活中具有个体性、主观性、情感性、私密性的内容全息全景性地呈现于公众的凝视之下，以栩栩如生、身临其境的审美效果激活他们的深刻感受与丰富想象。间接推知的以理性逻辑为核心的普适性的科学经验，与直接感知的以感性直觉为核心的特定性的艺术体验截然不同。看过马蒂斯的《东方女奴》，人们会以新的眼光去打量安格尔的《东方女奴》，但不会因此不再欣赏安格尔的《东方女奴》。但对于一个科学问题，两个解决方案却难以并存。科学哲学家库恩认为，艺术有历史而科学没有历史。与艺术世界诸峰并峙不同，科学毁灭自己的过去，推翻陈旧的知识。艺术可以对存在的第一刹那以至第n刹那一视同仁，在有限的现量之外寻求和表现无限的比量。科学总是追求体现人类最高智质反应的唯一的解答，一旦有了新的发现和突破就把过去一笔勾销。科学活动是那么的喜新厌旧，转脸无情！而艺术实践，似乎总是怀旧而不厌旧，喜新而不唯新。科学技术一味寻求和推崇进步与进化，义无反顾。文学艺术既向往未来，也依恋过去，甚至对万事万物的蜕变与消亡也有一份理解、同情、呵护以及缅怀。F = mc，$E = mc^2$，科学经验把复杂的认知变成抽象的公式。艺术体验则擅长把抽象的问题演绎成复杂的现象。譬如爱情，古代爱情故事多，现代爱情事故多，曾几何时，问世间情为何物，只教人生死相许，而现如今，理性主义、现实主义、功利主义、实用主义甚嚣尘上，浪漫主义、唯美主义、理想主义、英雄主义每况愈下，问世间情为何物，已沦落为后现代主义的一物降一物，愿得一人心虽仍然美如童话，但白首不相离已成人间笑话。科学文化与艺术文化的两相比较，诠释了人类两大基本思维范式——辐合思维和发散思维的巨大差异。科学力图解决的问题被认为是只有一个解答，或者只有一个最好的答案。找出这个解答正是科学探索的目标：一旦找到解答，以前为此所作的各种尝试已成为多余的行装，不必要的负担，必须把它们扔开，以利于集中注意于精专的研究。而艺术，执着于寻求和表现各种可能性，对已然的、或然的、未然的、应然的、可然的情境自由开放，兼收并蓄，挑战和超越必然性和规律性，看重偶然性与随机性，并使其妙趣横生，多元共生。

外在的物理世界作为科学研究的对象，不向研究主体提出任何问题，也不期待任何回答。它不知道我们也不企图知道我们，因为它没有人类的高感应属性，与人类世界之间横亘着难以逾越的感应栅栏。物质世界一劳永逸地遵循着物理定律，受制于物理定律。自然似乎是由定律所统摄的必然性的总和。但它又偶然地以其法则造成了人类，**就像它造成了所有其他的物体那样**。所以从根本上说，**人也是物，不能摆脱和无视普遍存在、普遍联系并且产生普遍作用的物理感应**。物理学家能够做到不带个人色彩地将他的世界的机械因果图像系统化。但物质似乎又是在已知条件中未命定的东西。物质是貌似同生命与精神分立，而实则孕育生命与精神的东西。此外，人类找不出生命与精神可以依托的其他基础与源头，除非放弃智识，归皈神秘主义直觉，将其归于上帝一样的第一因，造物主一样的第一推动力。“自然使我们远离开她的秘密，她只使我们知道物象的少数表面的性质”①。休谟的这一深刻思想，催生了康德“物自体”的伟大哲思，使现代人类智识越来越意识到“We can’t know thing in itself”。尤其是当代前沿科学，人类已迈向暗物质、反物质的超现实魔幻未知王国，迫使其在人类独特的感应能力面前现身。殊不知横亘在其间的感应栅栏又是怎样的高不可攀！科学经验不可能在经验世界之外的超验与先验世界安身立命，尽管与文学艺术结合，科学探索可以产生无数充满玄妙和神奇想象的科幻。科学经验的本质是理性认识，它使科学知识得以产生。大多数人都把科学知识当成减少神秘感，从而减少恐惧感的工具，因为对大多数人来说，恐惧源于神秘。恐惧还源于混乱威胁到生存所带来的不安全感。于是人们为了减少恐惧与焦虑就去寻求知识，并用理性去认识世界与事物的秩序，从而获得安全感。

然而除了活着，还有诗和远方。除了弄清真相，还有美好梦想。

科学只能解释如何，不能解释为何（描述体系而非说明体系）。有时我们寻求的不是解答，而是解救。自然科学不能触及之处还有世界。科学、理性不能安顿人空虚的心灵。现代社会，人类最为迫切的问题是厌倦与虚无。现代西方哲学正是在这个存在的痛点上生长。人类除了谋生与求存，还需要一种超乎人类科

① ［英］休谟：《人类理解研究》，关文运译，第32页。

技系统之外的信仰体系。马尔库塞在《单向度的人》中指出：工业社会有着各种办法，把形而上的变成物理学的，把内在的变成外表的，更把心灵的探索转变成科技的冒险。宇宙的运动就其本质而言是艺术，诸神与上帝是艺术家，世界是个大剧场。人作为诸神和上帝的模仿者天生是演员，在诸神和上帝导演下扮演不同角色。宇宙是大剧场，尘世是其中一个小舞台，人观看诸神和上帝的表演，也被诸神和上帝所观看，就是说，他是演员和观众的二位一体。人类生活的戏剧化不过是宇宙戏剧的特例。生命无非是本体论意义的表演。对这个向度的无知会使人迷惘。人自己的根就扎在这个世界里。科学帮助我们去组织和整理那些纷乱无序的经验。它导致一种思想的节省。科学万能、科学至上是一种哲学思潮，不是科学知识本身。科学不是唯一，只是人认识造物规律的一个切入点。从事科学创造活动的人，宛若造物主的机器人。以客观主义的原则来对待人自身，而以主观主义的原则来对待世界的其余部分，也许可以避免感性主义与理性主义的偏见与局限。抵制对科学方法的普遍要求，并不意味着精神学科的科学性的降低。科学认识乃是我们认识世界许多方式中的一种，我们绝不能以近代自然科学的认识和真理概念作为衡量我们一切其他认识方式的标准。就像信仰之人善意提醒我们的那样，认识神所创造的规律不等于认识创造规律的神。大千世界，肯定有一些不能被人类科学实验证实或证伪的可能性存在。神学与科学有结合部。开明神学并不反对科学，只是两者不属于一个范畴，一个系统，科学本身找不到神学的目标，而神学又不屑像科学那般烦琐务实。维特根斯坦《文化与价值》指出："智慧没有激情。然而，相比之下，信仰却如克尔凯郭尔所说的，是一种激情"；"宗教仿佛是大海最深处的平静的底部。无论在大海表面上会有什么样的惊涛骇浪，这一底部仍保持着平静"。神学往往在科学这关通不过。科学与信仰分手甚至反对信仰。罗素表示，自己不愿轻易为所谓的信仰而献身，因为他担心万一那信仰有误。罗素也不愿草率皈依上帝，假如因此落入地狱，遭受审判，他也会理直气壮地替自己申辩：上帝并没有充分显示自己存在的有效证据！现代科学抛弃了亚里士多德的目的论传统，抛弃了《圣经》传统，也抛弃了经院神学传统，在这个转变过程中，人、自然和神的三角关系被破坏了，神力从这个三角关系中被逐渐驱逐出去。科学成为人和自然的竞力游戏，它是一种全新的认知形式，自然如同无生命的生硬的机器一样被人类随意拆解、组装和利用。然而科学家们攀上科学的高峰之后惊讶地发现神学家们早在那儿恭候他们多时。在物理学界已越来越难找到无神论者。科学家们普遍感到有一超然的存在在玩弄着物理、化学、生物学游戏以及自诩精通它们的人类。梵蒂冈庇护十二世认为，上帝几乎伫立在科学所打开的一切大门之后。我们甚至于可以说：不断发现上帝是增长知识的过程，如果科学家是作为哲学家而思考的——他们怎么能不这样呢？宇宙的设计给人的印象绝对是神学的和震撼性的。夜空繁星点点，多么像一棵超大的圣诞树！太阳系如果是房屋，太阳只有黄豆那么大，地球则根本看不见。宇宙的房东是谁？我们渺小得多么像角落里的微尘！“现代科学观点上那种向非永恒性过渡、向多样性过渡的根本性改变，可被看作是一种把亚里士多德的天带到地的逆转。而如今我们正在把地带到天。我们正在发现时间与变化的首要地位，从基本粒子的层次到宇宙学模型的层次。”① “如果在那大洪水之后只留下一片冰海，或是如果地球具有不易腐朽的碧玉的硬度，那这个世界将是一个更高尚的地方；让那些认为地球在被变成晶球后会变得更美的人被美杜莎的目光盯成金刚石雕像吧！”②

与自在的物质结构相比，自为的精神结构大多缺乏稳定性，并且往往不受自然法则和因果律的直接支配，而是取决于人的复杂意向所构成的精神存在与社会存在。人的心灵生活并不是心理原子式的镶嵌，而哲学家之所以能够固守这一信念如此之久，只不过是因为他们已经用自己的抽象观念取代了具体的体验。《西

---

① ［比］伊·普里戈金、［法］伊·斯唐热：《从混沌到有序——人与自然的新对话》，曾庆宏、沈小峰译，第306页。

② 同上书，第305页。

方的没落》指出："它（心理学）的研究和解答是同影子和幽灵的战斗。**心灵**是什么？如果单凭理性就能回答这个问题，那科学'从一开始'就是不必要的了。"[①] "如同'**时间**'是空间的一种反概念一样，'心灵'则是'**自然**'的一种反世界"，"每一种心理学都是一个反物理学"，"它迫使'内在世界的物理学家'通过更多的虚构去阐发一个虚构的世界，通过更多的概念去阐发概念"[②]。"一个人只要他还是一个浪漫主义者，就不可能是第一流的心理学家。"[③] 泛心论，也即泛精神论，如同泛神论那样，也是一种神秘主义观点，认为精神和物质之间没有区别，物质本身也有意识。在斯宾格勒看来，佛教虽曰"万法唯识"，"诸法唯心"，"事实上，佛陀的学说包含有许多唯物主义的成分"。"他们把内在的人简约为一堆感觉和诸多电化学的能量的集合。"[④]

具有高感应属性以及精神能力的人类，宛若宇宙的吉卜赛人，在存在的浩瀚时空中流浪。精神现象有一种穿越时空的超距作用，而意志也远比理智狂野任性与自由不羁。艺术精神与审美心灵更是天马行空，狂放不羁，无中生有，凌虚蹈空。艺术，有如真实的谎言。为了生存，我们需要谎言：虚构人生的意义，想象生活的可能，使人世有足够的理由值得一过。它是意义化的存在，不堪忍受无意义的存在。它是勉强克服虚无主义（直接样式是叔本华的悲观主义）的方式。也是尼采的"有力量的虚无主义"、"积极的虚无主义"。虚构，是形而上学的出发点或归宿。科学家在气质上的忧郁，远不及艺术家那样常见。创作伟大艺术作品的才华常常（虽不总是）和气质上的忧郁连在一起，那忧郁之深，使一个艺术家倘非为了工作之乐便会只能走向自杀之路。人生变得既艰苦又华丽，既烦恼又充满快感，既有限又存在无限超越的可能性。艺术以审美方式对自然时空进行征服与控

① ［德］斯宾格勒：《西方的没落》第一卷，吴琼译，第 299 页。

② 同上书，第 301 页。

③ 同上书，第 330 页。

④ 同上书，第 341 页。

制。“艺术活动打破了该客体的时间对称性。它留下了一个标志，这个标志把我们的时间不对称性翻译成该客体的时间不对称性。从我们所在生活的可逆的、近乎循环的噪声水平中响起了同时是随机的又是时间定向的音乐声。”[①] 艺术是对极其祛魅的社会总体性的返魅。正是在理性错误地确信它已宣判非理性应该保持沉默的艺术作品中，非理性的至上事业获得了新的生命，以控诉它起初被不公正地清除出去的那个逻辑的和规范的世界。福柯认为，正如在尼采看来那样，艺术作品超越自身进入世界的那一刻是世界历史的重要时刻。它代表着被压抑者的重新崛起、狄奥尼索斯真理的发布，以及理性旷日持久的恐怖统治的行将结束。现代艺术作品据说是“用一种侵略性的荒谬来骚扰我们”（斯坦伯格语）。文学上愈演愈烈的“人类的现实只不过是无数个人透视的可变函数”的论点，产生了现代主义文学“意识流”的独特技巧以及表现主义、超现实主义、魔幻现实主义的经典流派。艺术体验是审美把握世界与事物的独特方式。审美意识根本不管有什么外在于人的对象，根本不是认识，因此，它也根本不问对象“是什么”。认识论是一门有关知识的起源和性质的复杂而晦涩的学问。认识所要求的这个“是什么”，正好不是审美意识所在意的，所要追问的。审美意识不同于认识，更不是知识。智思属于认识，并可产生知识。美感产生于能动的精神活动对现象界的统摄，它更多的是情思触发。有感而发的情思是直接性的东西，而智思则是间接性的东西，智思是对原始直觉的感性超越与理性加工，而审美意识则是浑然一体的直接性，是对智思的另类疏离。思想的情致是思想——认识在人心中沉积日久已经转化（超越）为感情和直接性的东西，也即情思。缘境不尽曰情。说审美意识渗透着思致，并不等同于说审美意识能认识真理。有一种说法，认为审美意识比逻辑推理更能认识真理。甚至美其名曰艺术真实。试想，连想象和虚构的艺术都“真实”了，还有什

① ［比］伊·普里戈金、［法］伊·斯唐热：《从混沌到有序——人与自然的新对话》，曾庆宏、沈小峰译，第312页。

么不是“真实”?！审美意识本身是一种天人合一的境界，审美世界无真伪、无物我的刻意区分，根本不管认识，不管真理和非真理、规律和非规律。虽然有的哲学家、美学家认为审美意识能揭示真理，但实际上他们所说的认识乃是一种独特的感应方式，不是指一般的科学认识或概念认识，他们所说的真理也不是指一般的科学真理或规律。那是形象思维、艺术思维所孕育的大美为真，是不同于现代科学理性思维的心灵返祖现象，也即人类根深蒂固的原始思维、野性思维、神话思维、巫术思维、图腾思维的遗传基因与回光返照。伽达默尔《真理与方法》第一部题名为《艺术经验中的真理问题》。伽达默尔为艺术引入游戏概念，目的是修正艺术主体论、摹仿论。游戏无需主体，游戏中始终有一个他者存在，游戏者与之反复较量，直至忘我，方可达到游戏目的。艺术虽然“弄虚作假”，却可“弄假成真”。一味沉溺于主客二分的人，其精神范式未免过于贫乏和平庸。而具有审美意识的人，则可见常人所未见、思常人所未思。审美感受与艺术体验，是拯救和解放理性主义主宰下单向度的人的有效途径，是使这个高度异化了的人类文明世界重新陌生化的重要方法。哲学作为爱智慧之学，归根结底是为了抵御那不可理解的东西。唯心论者喜欢沉思那不可理喻的东西，实在论者则喜欢降服它，把它机械化，并最终将其变成无关痛痒的东西。柏拉图和歌德谦卑地接纳那神秘的东西，亚里士多德和康德则将它打开并毁灭它。所有理智态度都不过是实际利益和社会关系的伪装。理智的畸形发展导致现代生活的单调乏味。被理性约束和化约的经验是濒死的。生命萎缩得只剩下皮相门面，精神世界空虚脆弱，缺乏本质和核心，有走向任意性或走向堕落的危险，有放弃自由的危险；世界沦为一个无止境地增值其形式的无意义世界。现代的人很少有空闲时间，生活并不完满；他除了追求一些有实际效用的具体目标外，不想去发掘自己的能力；他没有耐心去等待事物的成熟，每件事情都必须立即使他满意，即使是精神生活也必须服务于他的短暂快乐。“为艺术而艺术”是审美现代性反抗市侩现代性的头一个产儿。达达派“为反艺术而反艺术”，它显然是马赛尔·杜尚反讽的《喷泉》和《蒙娜丽莎》谜一般的标题“L. H. O. O. Q.”（“她是一个大骚货”）以及曼·雷的“现成品”（ready-mades）的延续。从1955年罗伯特·劳申伯格的《床》，到1998年翠西·艾敏《我的床》，后现代艺术为了“弄脏”自己，肆无忌惮地与“艺术流氓”、“流氓艺术”上床。平淡无奇的现实生活需要“震惊美学”（aesthetics of surprise）。奇遇消除了日常生活所具有的条件性和制约性。奇遇敢于出现在不确定的事物中。把审美特性的本体论规定推至审美假象概念上，其理论基础在于：自然科学认识模式的统治导致了对一切立于这种新方法论之外的认识可能性的非议。它可以给那些感触不到美的人带来梦幻似的欢乐。创造神话就是进行阐释。用一个名称去命名任何东西，就是用力量去制服它。这便是原始人的巫术的本质——邪恶的力量经由对它们的命名而被制服了，敌人的力量经由对他的名字施以某些巫术程序而被削弱或消灭了。在伟大的心灵中经常有一种巫术因素。精于巫术通常是一种非凡的才能。德国唯心主义的一些杰出人才就属于这一类人。精神在民众中的扩散会导致它的衰落。不把尼采看作一个哲学家，而把他看作想象力丰富的作家与诗人，这样便“去掉了他的锋芒”……他们缓和了激进的哲学问题，直到它不再有危险。

近代以来，笛卡尔哲学的目的与弗朗西斯·培根一样，是使人成为“自然的主人和拥有者”，利用自然并且按照自然而行事，最终获得人类的幸福，这反映的是文艺复兴时期人们的愿望。要达到这个愿望就需要科学，科学就是力量，这是他和培根的共同呼声。在那个时代，科学和哲学仍然是融为一体的，笛卡尔经常把“科学”、“哲学”和“自然之光”或“理性的自然之光”等词等同或互换地使用。笛卡尔通过法国哲学与科学盟主、好友麦尔塞纳神甫以及费马、伽森狄、霍布斯、帕斯卡尔等人建立了联系。麦尔塞纳神甫认为，人只能够获得关于现象界的知识，虽然感觉经验不能告诉我们事物的本来面目，但我们还是能够发现一些连接现象的规律，可以在行动中做出预测，虽然我们不能找到任何绝对确实的第一原则，但我们还是能够得到足够的无可怀疑的原则，使我们能够筑起关于经验世界的信息体系，这些有限的知识足以作为我们行动的指导。帕斯卡尔认为理性主义的几何学只能建立公理体系，但不能证明第一原理、第一原则，理性思维不能完全解决人类生存的状况问题，我们不能将人类自身的状况完全归结为数学公式和几何学的推论。人类社会的一切制度都是由习俗造成的，有许多非理性的东西，不能完全用理性来解释。理性和几何学方法在形而上学和宗教领域也是无效的。理性并不是我们认识真理的唯一手段，人除了求真而外，更重要的还是要求善、求美，最根本的还是求存。认为理性主义低于直觉主义、理性低于直觉，哲学低于信仰，这是对笛卡尔理性主义的挑战。在17世纪这样一个理性主义的时代，帕斯卡尔敢于对理性主义进行批判，体现了他的思维敏锐和理论胆魄。斯宾诺莎和莱布尼茨是笛卡尔的继承者，他们继承了笛卡尔确立的理性主义原则，反对笛卡尔的二元论。斯宾诺莎认为，神是唯一的实体，思维和广延只是神无限多属性中的两个而已。作为美学领域有重大影响的理性主义者，莱布尼兹认为：感性认识与理性认识相比，固然朦胧、暧昧、低级，但是它仍然反映着世界的和谐与秩序，当这种认识达到完美境界时，便同时是美和真，因此感性认识的科学就是美学。在这一点上，莱布尼兹堪称美学之父鲍姆嘉通的先驱。

维柯《新科学》与培根、牛顿著作齐名，被后人奉为启蒙经典。此书新在提倡一种“人类原则”研究方案。这一原则，既非数理公式，也非笛卡尔的自明标准。维柯认为，世界是上帝创造的，因而人类应把有关世界的科学认识，单独留给造物主。此外另有一个“人造世界”：它涉及神话、历史、艺术等人类文化制度。其原理“就藏在我们人类心灵的各种变化中”。

康德在《判断力批判》中指出：自然领域中，科学家依赖认识判断，获得科学真理，指导理性实践。而在精神领域中，艺术家不太在意真假，仅凭天才和趣味创作，进而经由审美判断，让众人在欣赏时获得愉悦。对于西方哲学，这一判断具有振聋发聩的效应。自柏拉图起，艺术一直是个见不得哲学公婆的丑媳妇。在柏拉图看来，艺术家多愁善感、伤风败俗，艺术华而不实，惯以模仿方式，弄虚作假，混淆视听。所以依据西方哲学的祖传家法，艺术天生就远离真理，诗人活该被逐出理想国。康德《判断力批判》大举翻案，大唱反调，认为审美与认识同属于理性判断，只不过两者分工不同而已。与理念再现真理一样，艺术表征也可表现丰富人生，创造新奇世界，并令梦想和虚幻事物成为可能。同时，人类心灵并非一个被动接受感官刺激的容器：它具有主动想象与改变世界的能力。康德这一理性分治方案，既为艺术家提供了审美独立依据，也导致艺术与科学双峰对峙，互不相让。

真正对笛卡尔、休谟、康德的内在性美学构成对抗和互补关系的是费希特、谢林、黑格尔的独断主义美学。费希特是对内在论美学进行反对的过渡人物。他认为康德的自在之物完全是多余的假设，人只要将目光收回内心，他会发现内在性中的一切都是自我创造的：自我在创造了自我之后创造了非我，不断实现自我与非我的统一，因而所谓的物乃至世界整体都是自我建立的。费希特对物自体的取消是非法的——既然你所知道的一切不过是人的内在性，你有什么权力说物自体不存在并完全从内在性出发言说美呢？谢林认为自我意识发展的最高阶段是艺术而不是费希特所说的道德，只有艺术的直观或称理智的直观，才能把握活生生的、精神性的“绝对同一”。谢林虽然深受费希特启迪，但不满足于费希特在内在性领域讨论美学问题的做法，力图建立一种通向绝对的整体主义美学。他认为自然科学的最高成就是使现象即物质的东西只留下形式的东西，这个过程是将全部自然融化为智性的过程，因而证明了世界的本质是精神。由此他独断地推论到：自然与我们在自身内认作智性和意识的东西是一回事，因此，宇宙的发展是客观精神不断的自我创造过程（从无意识到有意识）。既然宇宙的本质乃是绝对或客观精神，那么，只有在直观到绝对时，才在进行真正的审美，“美是现实地直观到的绝对”。这样，谢林就完成了对西方近代美学由内在论向整体论的转折。谢林由自然科学规律的合智性品格推论出世界的本质就是客观精神，所做出的逻辑推理并没有必然性，与其说此推论揭示了世界的本质，毋宁说它暴露了断言者的独断品格，其美学的根基因而是令人怀疑的。黑格尔作为精神美学的集大成者沿着同样的思路建构出了远为完善的整体论美学。“思想是外界事物与人的主观精神的共同本质，宇宙是涵括主观思想与客观思想的绝对精神（理念），其过程不过是绝对精神设立对立面（变成他物）和扬弃这个对立面（回到自身）的过程；由于人的意识不过是绝对精神在人那里获得自我意识，所以，内在性与超越性之间根本不存在分裂，人完全有理由言说世界和美。既然宇宙的本质是绝对理念，那么，从内容上看，美就是理念，就美生成的具体机制而言，美则是理念的感性显现。自然、人、各种艺术类型都因以不同的方式显现了理念而是美的。黑格尔由‘美是理念’和‘美是理念的感性显现’两个命题建构出了精神美学最宏大的体系，完成了对内在论精神美学的彻底反拨，同时也穷尽了精神美学的可能性空间。”① 王晓华认为，黑格尔的阐释看起来完备，但是其美学原则却完全是独断地给出的——思维所认识到的是事物的本质，所以，思维就是事物的本质，美就是绝对精神（理念）的感性显现——这个推论与谢林的推论是同构的，也完全是独断地给出的。概而言之，精神美学的困境从根本上讲在于：作为内在性的精神不能与精神之外的诸存在打交道，它无权力对之有所言说。这个困境在精神美学范围内是超越不了的，因为精神美学在本质上将人当作精神实体，这样，它就找不到内在性与超越性实在的联系。黑格尔用泛理性主义（确切地说，泛精神主义）强制地将内在性与超越性统一起来。这是精神美学的最后一招：如果它不对超越性存在采取单纯的悬搁态度，就只能采取独断的方法。由此可见，精神美学的困境只能通过建构一种全新的美学体系才能克服。

在叔本华看来，世界作为表象乃是客体化，它们由于显现意

① 王晓华：《西方生命美学局限研究》，黑龙江人民出版社 2005 年版，第 13 页。

志的程度而形成一个金字塔。人处于意志客体化的顶端。人比其他一切都要美，而显示人的本质就是艺术的最高目的。既然意志是欲壑难填的，因而最高的艺术乃是解脱。形成这种认识的根本原因是（叔本华）没有克服精神中心主义，而只是将之从认识论维度转向了生存论维度。这仍然是西方自中世纪以来以消灭生命的方式为生命治病（或谨防生命生病）的衍存形态。只不过意志成了这种新神学中高度神化的主宰。与后来的梅洛-庞蒂的身体现象学哲学不同，叔本华把身体是表象这个事实认作一个弱点，身体由此丧失了成为自在之物的资格。由意志的存在并不必然推论出身体的存在，身体的存在是偶然的。在黑格尔那里，推动一切的是绝对精神，在叔本华这里则是意志，所以，二者本质上都是精神中心主义的信奉者，只不过叔本华代表着精神中心主义由认识论向生存论的转型。将意志本体论化是叔本华思想的根本错误，它使身体美学的诞生机缘处于致命的受抑状态。

尼采在《悲剧的诞生》中声称苏格拉底要对西方文化的衰落负责，因为他以理智中心主义——精神中心主义的极端形式——破坏了人原始生命的统一感。不仅如此，尼采对基督教文明的“生命竟然成了天大的蠢事”这一原罪观念也是深恶痛绝，大加挞伐。在尼采看来，头号大恶便是对生命的犯罪。生命力始终是人的第一推动力。基督教的本质乃是虚无主义，上帝则是虚无主义的人格化。美乃是生命力洋溢的丰盈状态，正如丑是生命力的衰竭。与叔本华软弱无力的生存意志不同，尼采生命美学中的身体怀有积极改造世界的强力意志。尼采认为“艺术比真理更宝贵”，因为真理（真实）常常是可怕的，艺术作为表象的升华则是对生命的永恒祝福：艺术的根本仍然在于使生命变得完美，在于制造完美性和充实感；艺术本质上是对生命的肯定和祝福，使生命神化。艺术，是使生命成为可能的壮举，是生命的诱惑者，是生命的伟大兴奋剂。尼采的美学是生命的力学。在尼采看来，艺术是人类实践的最高形式。尼采认为，敏感的艺术家总是对现实不满。个人主义从一个伦理学概念转化为美学概念，就是把自尊、自信和自主转化为个性风格，于是，现代艺术追求新奇、独特和绝对，就不只是形式翻新或风格变异，而是对现存社会文化局限乃至压抑的超越和否定。现代艺术这种疯狂的创新带来了新的危机，就是不断地否定自身，任何创新的东西一旦被创造出来，就立即被更新的创新所取代；经典不再存在，传统不再被尊重，永远指向未来的对新事物的崇尚导致了“新”的“专制”和“权威”。这种追求新的绝对主义立场使新已经逐渐失去了新的意义，这种主张不断地颠覆自己的根基，也就没有什么旧了。鲍曼说得好，无论先锋派艺术如何激进和偏激，都会很快衰落，因为市场收容和销售这些激进作品的能力在迅速提高。一切带有反抗性的新艺术都将被市场充分利用。比格尔指出：由于当初的先锋派反抗作为体制的艺术的做法现在已被当作是艺术加以接受了，所以先锋派的反抗姿态变得不再真实。用格林伯格的话来说，先锋派变成了时尚。凡高那极具反叛和越轨特性的油画，如今成了摆放在达官显贵豪宅里的装饰品，就是一个极具反讽意味的现象。更极端的例子是杜尚那些挑战现有艺术观念和制度的作品（比如《喷泉》等“现成物”），最终被美术馆等制度机构争相收藏，并在大学讲堂上反复宣讲分析，这本身就意味着它的颠覆性和反叛性的消解。波普现代主义体现在凯奇“唤起我们当下的生活”和菲德勒“跨越边界—填平鸿沟”的口号之中。审美现代性肇始于1857年波德莱尔的《恶之花》，与福楼拜《包法利夫人》共为时代的坐标。早期文艺现代性争论中最有影响的，是两位著名左派批评家卢卡契与布莱希特有关现实主义和现代主义的争论。此外，法兰克福学派的阿多诺和本雅明，也分头提出文学生产、文化工业理论。他们的现代性研究，指向欧美先锋艺术：毕加索的画、勋伯格的音乐、波德莱尔的作品。这对后人探究文艺现代性，具有重要开启意义。何谓文艺现代性？不妨说，它是自由表达的欲望，也是野性自身的叛逆。它反对资本主义精神整合，却一再遭遇叙事或表征的困难；它珍爱自身的独立超越，却被迫一步步陷入资本主义生产的精密控制。现代派作品逐渐放弃它原有的文艺再现功能，转而顺应资本主义的文化再生产规律，即被纳入一个消费社会的宏大系统。它体现于康德主体性哲学高峰的“判断力”、黑格尔理性主义线性历史观的“艺术终结”、卢梭“回归自然”的梦幻、精神分析性“白日梦”的自我审视、尼采虚无主义、非理性主义的“上帝死亡”。自尼采以降，“现代性”不断遭受批驳，渐至总体裂解。尼采认为，酒神狄奥尼索斯是十字架上耶稣的对头；对生命最大的非难就是上帝的存在；我们之所以热衷于艺术，是为了免遭真理的摧残。艺术作为一种使内心世界获得拯救的世俗媒介而得到颂扬。权力意志、艺术、生命、身体这正是柏拉图处心积虑要抹擦掉的。在古希腊哲学中，哲学充满隐喻，哲学也可以说是充满隐喻的诗。蒙田曾经喟叹：自然不过就是一首神秘的诗……确实，哲学不过就是精妙的诗……最早的哲学家自身就是诗人，哲学以诗人的风格写作，柏拉图便是一位随笔诗人。遗憾的是，后来的柏拉图，深受苏格拉底理性哲学精神的影响，放弃写诗，并把诗人逐出哲学的理想王国，开启了西方哲学与诗的分离。许多后现代主义哲学家主张哲学的终结，原因之一就是反对西方传统哲学把逻各斯与神话、逻辑与修辞、概念与隐喻、推论与描述对立起来，认为具有这种特点的西方传统哲学特别是近现代哲学应当终结。西方传统哲学已经把普遍性、整体性变成了对特殊性、差异性实行专制压迫的魔掌。后现代主义者就在这一点上称西方传统哲学为“压迫哲学”和“主人话语”。西方近代许多大哲学家不是文学家或诗人，却是大科学家，不能不说是与他们的主客二分思想有关，这种情况与中国传统哲学家正好形成鲜明的对比。中国哲学著作几乎同时都是文学著作，哲学家大多同时是文学家和诗人，这已是不言而喻的事实。后现代思想促成了哲学与诗的新的融合。德里达进一步摧毁了哲学与诗的界限。这种转向，完成了一种反思，也完成了一次超越。当然，超越不是抛弃，超越主客二分不是抛弃主客二分，而是高出主客二分，超越知识不是不要知识，而是高出知识，是对人类知识的元认知。超越不是取缔现有，不是凌虚蹈空，而是要超越到现实世界以外的另一世界中去。没有超越就没有自由，没有哲学。人不能老停滞在有限的个体事物之上或有限的个人之上，也就是说，不能执着于事物的有限性或个人的有限性，而应该从流变的宇宙整体观物、观人，这才是我们应该提倡的超越或自我超越，也是我们既反传统形而上学又要有新的形而上学指归所在。尼采之所以钟情神话，推重酒神，缘自他欲以艺术和非理性与现代性对抗。尼采刻意贬低现代性，指其为西方理性的最后阶段。现代性，一无神秘色彩，二无慰藉心灵之功能，三则完全堵死了生命复活之路。酒神狄奥尼索思是上帝的私生子，因受天后嫉恨，自幼出走，浪迹天涯。酒神具有象征意义，它是西方的欢喜佛，是能为百姓带来欢乐的未来神，放浪形骸的抒情艺术之神，而非放不下身段的造型艺术之神。艺术最有望成为上帝死了之后的救赎之星。在尼采看来，宗教与艺术暗中相通。宗教将亡，自会给艺术留下遗嘱，让它去拯救宗教的核心，即神话。以艺术的另类理性为核心的反叛美学，可以突破现代性的理性外壳，借此打开一条精神逃亡之路。尼采刻意混淆哲学与文学，从中发展出独树一帜的美学风格，或称"哲学的美学化"。尼采以文学的灵巧手法来诗化哲思，调动诸如象征、反讽、戏仿、神话等文体手段，以艺术表现科学，用文学阐释哲学，此一奇特成功模式，反过来倡发一种后现代"学术自由精神"，对后世产生极大影响。尼采打开了潘多拉之盒，他本人因此成为后现代哲学鼻祖，后现代文化幽灵。他也因此被称为危机思想家，他为后人留下的危机日程表所涉危机症结：理性、真理、历史、知识、科学、主体。他在发疯前写下的《权力意志》，符咒般的遗言如今多已成为西方文论的常规话题。在尼采的咒语声中，偶像倒塌，信仰破碎，历史断裂。呼应他的癫狂，一批半疯半痴的现代思想家，诸如荷尔德林、叔本华、克尔凯郭尔、陀思妥耶夫斯基，相继成为末世精神的表率：他们或飘然若仙，或装神弄鬼，写下许多让人心悸的哲理文字。

从施莱尔马赫诠释理论的视角来看，"人文学科的目标是理解，而自然科学的目标则是说明"。狄尔泰致力于成为"人文科学的牛顿"，《人文科学引论》尝试确立人文理解原则，建立精神科学。人文学科研究无法将人类自身从中排除出去。人文学科是诠释性的学科。从方法看，自然科学定性定量，把握不了人类精神现象。科学家说明自然，人文学者理解与表现生活。狄尔泰意欲筑起一道人文栅栏，勒令“实证主义者滚开！”实证主义不仅清除情感色彩，更无视历史变异。狄尔泰认为：“一个文本，甚至于我们并不完全了解其作者所生活时代及环境的文本，都是能够阅读和被理解的；而且，任何人都不需要完全以作者式的阅读来理解文本；因为，理解的关键是生命的主体体验性，它也属于读者而非仅仅属于作者。”①

近代伊始，笛卡尔笃信两个实体，即精神世界与物质世界，称两者都来自上帝，而上帝独立存在。由于人拥有灵魂，他又说人是一种二元存在物。笛卡尔哲学建立在自我意识这一不确定假设之上，如果自我意识像上帝那样被颠覆，那么笛卡尔的论证也就随之宣告失败。“基础主义”是后来人们给笛卡尔加上的思想标签。R. 伯恩斯坦给基础主义下的定义是这样的：它是某些哲学家的基本信念，那就是，相信存在着或必须存在着某种我们在确定理性、知识、真理、实在、善和正义的性质时能够最终诉诸的、永恒的、非历史的基础或框架。具体地讲，基础主义表现出如下主要特征：（1）相信知识具有绝对不可动摇的基础；（2）相信整个世界是一个等级森严的体系；（3）由于基础主义者把基础当作绝对的理念加以追求，它不可避免地排斥一切非基础、非中心的东西，从而造成思想的极权与宰制。② 事实上笛卡尔的哲学基础今天已充分显示出它的荒谬性。这也正是后现代主义思想家反基础主义的缘由所在。“笛卡儿哲学对于20世纪哲学的影响主要体现在三个方面：第一，笛卡儿哲学影响了以语言哲学和心智哲学为代表的英美哲学；第二，笛卡儿哲学影响了以胡塞尔的现象学为代表的欧陆哲学；第三，笛卡儿确立的理性主义、基础主义和本质主义等成为20世纪末现代主义哲学和后现代主义哲学争论的焦点。”③

---

① 赵一凡、张中载、李德恩主编：《西方文论关键词》，第4页。

② 参见张志平《西方哲学十二讲》，第94—95页。

③ 冯俊：《开启理性之门——笛卡儿哲学研究》，中国人民大学出版社2005年版，第224页。

21 世纪的认识论早已不是笛卡尔式的。我们已经形成了另一种生活经验，建构了另一个生活世界，产生了另一些思想英雄。当下的人们不想从笛卡尔开始，历史上有一个笛卡尔就足够了。保持笛卡尔在哲学史上的独特性，既不修改又不伪造，这是非常重要的。在进入后主体哲学阶段之后，在西方哲学完成了语言论、阐释学转向之后，在关于主体和认识的问题上，尤其在关于我们的实际研究的方法上，我们几乎不再有任何东西要向笛卡尔学习，然而我们并不可以去轻狂贬低笛卡尔主体哲学、理性哲学的伟大传统与丰厚遗产。拉·梅特里认为，如果哲学的领域里没有笛卡尔，那就和科学的领域里没有牛顿一样，也许还是一片荒原。①

第二节　精神中心主义与人类中心主义的坚硬内核

精神中心主义，有两重基本含义：（1）将宇宙的本质理解为精神并因此将人的本质理解为精神；（2）以精神活动为终极根据建构和阐释一切人类文化与文明体系。从这个意义上看，神学时代的神秘主义是精神万能的精神中心主义的早期表现，科学时代的理性中心主义也不过是精神中心主义的极端化形式。

精神中心主义源于万物有灵的原始世界观。自然被灵化，神灵纷现于大千世界，涌动于人的精神世界。与其说是神灵万能，不如说是无中生有、凌虚蹈空的人的精神万能。人的内心生活有如岛屿，意识以及无意识的精神与心灵则是汪洋大海，我们不能完全意识到自己和他人的内在世界，同样也对外在世界所知甚少。当某种足以影响到我们命运的关键现象摆在面前时，我们可能会一无所知，这和猴子无法理解恒星和星系的本质的道理是一样的。理解一开始就注定是精神性的，是孤寂，是创造，是尝

① ［法］拉·梅特里：《人是机器》，顾寿观译，王太庆校，商务印书馆 1959 年版，第 66 页。

试，也是冒险。然而，人毕竟是“澄明”，是世间万物之展示口，世界万物在此被“照亮”。天地万物的“发窍之最精处”即是“人心一点灵明”。

意识有两种使我们得以了解世界的方式：一是认识方式，即表示事物如何存在；二是意志方式或愿望方式，即表示我们要事物怎么样，或企图使事物成为什么样的。也许第二种方式中还蕴含或细分出第三种方式——情感方式，即表明我们看待或对待事物的态度。我们在进行判断时有两种因素在其中作用，一是理解力，二是意志力。对于我们要进行判断的东西必须要理解，我们不能假设，不能对不了解的东西作判断，这是属于理解的作用；对于我们理解的事物表示同意和不同意、肯定和否定，这是属于意志的作用。如果仅限于理解，领会我们所能领会的东西，不加以肯定或否定，那就没有错误可言。如果我们只是对我们清楚分明地知觉到的东西做判断，我们也不会犯错误。问题就在于，我们对于一些事物没有精确的知识就贸然做出判断。我们的错误既不是因为理解能力而产生，也不是因为意志的能力而产生，而是从这两种能力作用范围的不一致中产生。意志比理智大得多、广得多。人类心灵无法真正领会无限的东西，谁要是对无限的东西夸夸其谈，那不过是对无限的东西加上一些他不理解的东西而已。

研究意识的最好方法之一就是研究意识受损的情况，即研究意识病理学。人类已经发现了意识纵向和横向的统一性受损的病例。长期以来，流行着一种否定意识科学研究可能性的三段论：（1）科学是客观的；（2）意识是主观的；（3）因此不可能有关于意识的科学。也存在着贯穿意识作为物质副现象的观点中的三个错误：（1）认为精神的东西不是物理世界的组成部分的二元论假设；（2）认为所有因果关系必定是按照一些物理对象冲撞其他物理对象、即台球撞击式的因果模式的假设；（3）认为任何原因层次，如果能够通过更基本的微观结构来对该层次的功能做出说明，那么这个起始层次在因果关系上就是不真实、是副现象的，而不是有效的假设。就逻辑的可能性来说，也许会得出心理状态全都是副现象的因而不起原因作用的结论。如果副现象学说果真正确，那将是世界历史上的一场最伟大的科学革命，它将会改变我们对实在的全部思维方式。

巴甫洛夫条件反射理论对“意识行为”以非神学的科学语言加以说明。从本能的无条件反射，到学能的条件反射，人类的智性行为踵事增华。条件反射是学习的基础，也是老一代心理学家所谓“联想”的基础，语言理解的基础，习惯的基础以及与经验有关的一切实际行为的基础。

哲学的伟大主题皆是有关人类认识以及认识人类认识的问题。德谟克利特认为智慧生出三种果实：善于思想、善于言说、善于行动。苏格拉底将人分为三类：爱智者、爱胜者、爱利者(快乐最少)。苏格拉底认为，知识就是美德。培根认为，知识就是力量。福柯认为，知识就是权力。人类心智能力范围广泛，包括空间时间感知能力、语言理解和表达能力、记忆力、推理演算能力、情感激发和控制能力、身心平衡能力等。在笛卡尔看来，从人类智慧的等级或达到智慧的途径来讲，智慧有五种：第一级的智慧，它包含的观念是很清楚的，不借助思维就可以得到；第二级的智慧包括感官经验所指示的一切；第三级的智慧包含别人谈话所给我们的知识；第四级的智慧是通过阅读启发人的著作家的作品所得到的知识。但是古往今来的天才和贤哲所探求的不是这四个等级的智慧，而是第五级的智慧，即一种比前四级高妙千万倍的智慧。他们所试探的途径，就是要寻找第一原因和真正的原理，并且由此演绎出人所能知的一切事物的理由。

古希腊时期，柏拉图把世界二重化，认为除现实的现象世界之外，还有一个理念世界。理念世界是原型，现实世界是理念世界摹本，理念世界是一个永恒的、普遍的、不变不动的绝对世界，现象世界是变化的、表面的、具有时空特征的世界。现象世界的个别事物是对“理念”的分有；人的认识不是对现实世界的反映，而是对理念的回忆。柏拉图用高度精神化的理念，轻而易举地取缔了物质存在的真实性与第一性。

与柏拉图的古代哲学不同，现代科学是一种能够提供因果认识的知识，这种知识显得非常完备，它仿佛克服了神学、玄学时代法术、巫术、心术的神秘兮兮与神经兮兮，**用人性消解神性，然后再用物性注解人性**。神性是人性的幻影，人性是物性的绽放。即便在生物方面，也无须考虑它们的物理和化学特性之外的东西。生物学、生理学和心理学的科学探索，使一切存在包括生命与精神现象较之过去都更受物性原则的支配；这实在是太重要了。既然物理学的论题已不再是旧时意义上的物质，我们称之为思想的东西或许是物理学用以代替旧时物质概念的复合成分。精神和物质的二元论已经过时。**精神愈来愈像物质（副现象），物质（能与场）也愈来愈像精神，这是科学的早期阶段所不敢想象的**。“我们已经听到诺贝尔物理学奖金获得者的全部合唱，告诉我们物质死去了，因果性死去了，决定论死去了。”[①] 与此相对应的，也即前文所说的，21 世纪以来，**人越来越像机器，机器也越来越像人**。物理学家使我们相信根本不存在物质这种东西；心理学家向我们证实根本不存在心灵。所谓的“物”也都具备它们特有的智慧。人的智慧，在一定意义上不过是物（如细胞、基因、躯体器官）的智慧的集合。人类在今天已经发明了人工智能，创造了新的具有一定能动性的事物。未来的人工智能将获得某个水平的意识、感觉和创造性，这样的人工智能的孰心孰物的判定将更加令人困惑。现实越来越具有超现实、魔幻现实的梦幻特征。显微镜和望远镜，相对于人的眼睛来说，都是非自然和超自然的，但它们打开了自然的新世界。麦克卢汉的《理解媒介》告诉我们，信息社会，所谓媒介，不过是人类意识的技术性延伸。从这个意义上说，未来科技与媒介进化，将越来越使人机合体，使人类在拥有生物湿式人脑的同时，还拥有不受生物化学与新陈代谢限制的非生物超级人工大脑，逐步摆脱人体机能的束缚，从而进入后人类有机无机复合的智慧生命体，直至科幻中硅基无机智慧生物的诞生。英国宇宙学家马丁·里斯认

① ［比］伊·普里戈金、［法］伊·斯唐热：《从混沌到有序——人与自然的新对话》，曾庆宏、沈小峰译，第 37 页。

为，人工智能其实是人类的自我超越，未来生命的高级形态甚至可以是机械形态。人类首先通过机械超越了人类体能的局限，接着又通过机械超越了技能与智能的局限。2016 年 3 月 9 日，一场捍卫人类智力尊严的人机围棋世界大战在韩国首尔上演。结果，人类左脑败给了机器人。也就是说，在使用左脑进行逻辑分析与推理推算方面，机器已将并将继续把人类远远甩在后面。尤为发人深省的是，在感知方面，人类也将会被机器超越。随着传感器越来越优于人类的感知能力，比如今天人工智能“读唇术”，语音识别，人脸识别，未来的自动驾驶，都是活生生的例子，人类在身心两方面以及心智各方面真的就不再是不可替代的了。人类能学会的，计算机都可以学会，而且学得更快更好，那么人类的所有技能与经验理论上就全部变成可替代的了，包括编程。计算机可以自我发展，自我进化，完成和超越人类体能、技能与智能的各种功能，人类的体力劳动与脑力劳动也即身心两方面都可以获得充分而彻底的解放。当计算机具备了深度自学能力后，人类只需负责在机器故障或者失灵之时做些人为干预与检测。而机器给人提供的服务以及创造的财富几乎没有上限，仅仅取决于自然资源的多少。在更广泛的太空以及宇宙探索中，未来人类并非得天独厚。事实上，太空环境对一切有机生物体并不友好，地球倒是不可多得的有机生命体共生共荣的生物圈。把人送进太空的意义十分有限，且困难重重，成本巨大，尽管未来人类可能更大程度地延缓死亡到来或擅长在星际旅行中使用休眠术，但是有机生命体在适应极端环境与条件方面毕竟无法和硅机生物或量子计算机同日而语。

人类左脑败给机器人之后，人类未来还能干什么？人类独特的优势在哪？有人说，发展右脑，搞文化，搞艺术，搞创意。人类右脑主要主管音乐、色彩、空间及左侧肢体活动，所以相对而言，它节奏感强，空间平衡能力好，对色彩更敏感。有人通过文艺复兴三杰达·芬奇、米开朗基罗和拉斐尔惯用左手来判断他们右脑发达。也有人认为，一位惯用左手的恋人，也许会更加多情。爱因斯坦把他的许多科学创意归功于他的想象游戏——右脑的活动。据说，有一年夏天，他在一个小山上昏昏入睡，梦见自己骑着光束到达了宇宙遥远的极端，发现自己“不合逻辑”地回到太阳表面时，他忽然意识到宇宙本来就是弯曲的，从而认识到他以前学到的“合乎逻辑”的知识是不完全的。爱因斯坦把这个梦境转化为数字，公式与语言，它们就是大名鼎鼎的相对论的核心内容。

古代神学与玄学让位于现代科学，吊诡的是，科学以物质第一性的精神法则，达到人类理性精神的最大化与最终胜利。理性中心主义，逻各斯中心主义，不过是人类源远流长的精神中心主义的变种，在这个过程中，法术、巫术蜕变为技术。

心物二元，灵肉分立，是西方近现代认识哲学与主体哲学的核心机制，也是精神中心主义和人类中心主义的集中体现。放眼浩瀚宇宙，地球只是悬浮在虚空中的微不足道的黯淡蓝点。在地球人的想象中，外星生命无外乎是绿色小矮人或具有触须和昆虫眼睛的种种怪物。然而马丁·里斯以其闪耀着夺目光芒的想象以及散发着诱人芳香的思想告诉我们，在无数的星系社群中，也许在主星生命比太阳老许多的行星上，存在着机械智慧生命，它们的有机生命体祖先，兴许还活在它们的母星上，也有可能早已销声匿迹。也就是说，有机生命体是这些机械智慧生命得以诞生的母亲，他们之间不再有生物性的脐带，尽管这些机械智慧生命曾经作为有机生命体的愿望而存在，是这些有机生命体欲求的代偿衍存形态，如今，它们已无需认祖归宗，完全独立为一种能够自主演化且在各种能力方面超越有机生命祖先的另类智性存在。摆脱根深蒂固，唯我独尊的人类中心主义，我们才会用智慧的眼睛看到，上一个人类，在星际灭亡；下一个人类，在星际诞生；另一个人类，在星际走来；我们梦见外星人，外星人也在梦见我们。

实体二元论，在笛卡尔之后有时被称作笛卡尔主义的二元论。笛卡尔主义的二元论，亦心亦物的自我，不仅同关于人类经验最显而易见的解释相一致，而且也满足了人们对于生存的非常深切的渴望。按照笛卡尔对“心灵”与“物质”的定义方式，心灵和物质是互相排斥的。如果某种东西是精神的，它就不可能是物理的；如果它是物理的，它就不可能是精神的。属性二元论认为物体有两种在形而上学层面不同的属性。一种是物理的属性，例如重量为三磅；另一种是精神的属性，例如感到痛苦。一切形式的二元论都认为精神和物质这两种类型的东西是互相排斥的。物质的本质属性是广延，心灵的本质属性是思维。笛卡尔认为混淆精神与肉体往往会导致错误，精神无广延，不可分，肉体有广延，可分割。波西米亚公主伊丽莎白作为笛卡尔的好友，与其长期书信往来。笛卡尔以重力和物体关系，说明精神和肉体关系，伊丽莎白则认为非物质的东西，只能把它看作是对物质的否定，物质与非物质之间没有任何联系。事实上，要证明心身统一比证明心身分离更困难。不论是笛卡尔著名的松果腺理论，还是心身相互作用理论。在伊丽莎白公主看来，把物质和广延给予灵魂，比把推动一个物体或推动的能力给予一个非物质的存在更容易。任何形式的二元论都使意识的地位和意识的存在完全成了神秘的东西。由于设定了一个独立的精神领域，二元论者不可能解释这个精神领域是怎样与我们都生活在其中的那个物质世界相联系的。

心身关系问题并不等同于思维与存在的关系问题，它只是思维与存在关系问题的一种特殊表现形式。笛卡尔主体哲学中“我”的两重性和矛盾性，充分体现在“我思故我在”的“在”的“我”和“思”的“我”的同义反复的重言式中，以及以“我思”来确定“我在”，将“存在的顺序”与“逻辑的顺序”的倒置之中。伽森狄责问笛卡尔为什么费那么大的事证明自己的存在。伽森狄对笛卡尔的批评是猛烈而全面的。笛卡尔对伽森狄十分鄙视，把他称作是没有精神的一块“极好的肉”。如果认为除了我们的肉体以外我们的自我便什么也没有，那看起来简直是太恐怖了。天赋观念并非笛卡尔的首创，柏拉图的“回忆说”就是最早的“天赋观念说”。柏拉图哲学和深受新柏拉图主义影响的奥古斯丁的哲学对笛卡尔产生了重大的影响。柏拉图认为，灵魂在投生以前是生活在理念世界之中的，它对理念世界有着直接的认识，但当它降生到人身后，由于肉体的阻碍使它将原来对真理的认识遗忘了，只是在感官经验刺激下，人们才能将这些遗忘了的真理重新回忆起来。因此，真正的认识、对于事物本质的认识，无非是对理念的回忆，这些都是在生前已经认识到了的。学习就是把沉睡在肉体中的灵魂重新唤醒。柏拉图的“回忆说”是以灵魂不死、灵魂转世的学说为基础的。笛卡尔将柏拉图的“回忆说”，改造成“天赋观念说”，认为人们具有与生俱来的天赋观念，它们是上帝赋予的永恒真理。狄尔泰指责笛卡尔之流，说他们“血管里不曾流淌过一滴真正的血”。

但是，笛卡尔给了我们一个方法论的启示，心身问题不是一个形而上学的问题，而是一个科学的问题，它最终解决的主要希望在于科学。我们既要尊重心和身之间的根本区别，又要驱除它们在作为整体的人之中的相互关系的神秘。

心身难题，诸说蜂起，莫衷一是。择要而言，概而言之，归纳如下：（1）相互作用论；（2）心身平行论；（3）偶因论；（4）前定和谐论；（5）随附现象论（物理过程的副现象）；（6）实体一元论（霍尔巴赫：物质一元论，精神实体是虚构；贝克莱：精神一元论，物质是“无”）。

尼采曾经宣称，认识自在的客体是不必要的——我们所需要的只是占有它。于是强力意志成了第一位的。这种超人哲学不过是叔本华意志哲学的代偿衍存形态而已，其本质是精神中心主义的。尼采哲学不是克服了虚无主义，而是作为虚无主义的形而上学的最终完成。尼采否定一切，但是否定不了权力意志。如同当年笛卡尔怀疑一切，但是怀疑不了他在怀疑这一基本事实。权力意志是唯一的基本价值，超人是它的最高形式。人的高感应能力再次恃强凌弱。自然万物对自己的命运完全无所谓。石头，哪怕是最宝贵的石头，它是躺在海底还是卧在高山，它变成黄金还是铁块，反正都一样。对于自然界来说，不管铁块、大理石还是石膏采取哪种形式，都没有什么意义。大理石是块荒石还是被雕成阿波罗塑像，对于自然界来说仍只是一块大理石，自然界以同样的态度保护或破坏它，而不管它具有“自然”形式还是艺术加工的形式，地震、坍塌和火灾中破碎成小块，还是被烧毁的自然品和艺术品，它们都将以同样的决心和恭顺的态度来忍受自己命运的摆布。

人的存在的特殊性，在于对存在有某种理解。被存在抛弃，也即意味着忘记存在的意义，只盘算着如何利用和支配存在者。追问存在的意义，把一般传统存在论的问题，转换为存在的意义问题，这是海德格尔以来西方存在主义的高明之处。海德格尔能够说出他想说的有关人类存在的所有的话，而又不使用“人”和“意识”这两个词。这意味着，如果我们不去人为制造的话，现代哲学所掘成的那条横亘于主体和客体，或者精神和物体之间的鸿沟本来就没有存在的必要。在这一点上，他的用词一点也不随便，而是极为审慎而机敏的。

柏格森从心理活动的绵延本性出发推出“宇宙是绵延的”，实则依然是以精神活动为依据言说美；他先把人的生命活动内在化了，然后又将内在化的生命活动推广到整个宇宙，称宇宙的进化动力是永无止境的生命冲动；在这个推论中，人实在的生存实践没有位置，身体被当作精神的附属物，与此相应，美就是精神性的生命冲动畅快无阻的表现，丑和滑稽则是精神性的生命冲动受抑制的机械、僵硬、凝固状态。柏格森将整个宇宙领受为生命共同体。宇宙作为存在共同体是一种活性的绵延。绵延是不可还原的，在每一时刻都是新的，任何形式的决定论对它都无效。不仅人的内心生活是绵延，而且宇宙整体也是不可分割的变易大流。对于这个变易大流，知性（理性）无力完整地把握。以今天的眼光来看，所谓绵延，也许不过是王东岳所说的自然存在的递弱代偿衍存催生的精神存在的感应属性增益，以及引发的社会存在的生存性状耦合而已，只不过对其价值和意义的判断，两者似乎截然相反。所谓绵延，也是大数据、云计算时代混沌学，拓扑学所揭示的蝴蝶效应，它是自然存在、社会存在以及精神存在以几何级数的变化方式作井喷式、病毒式放量增长的情形。在柏格森看来，生命共同体的生命冲动，是绵延的高级形态与自由形态，是生命对物质的改造、创造与超越，也是摆脱物质束缚的胜利大逃亡，尽管最终难逃宿命，悲壮地重新跌落宇宙绵延的物质禁锢之中，但这种自由意志与创造精神在宇宙时空中永不消失。上升就是精神化，下降则是物质化，这是柏格森生命创化论的基本公式。可笑的人是物质化的。自我就是身体的社会化。柏格森似乎也是在尝试以精神泛化论的方式消解心物二元论。

战胜二元论的方法就是直接拒绝接受那些把意识说成是某种非生物学的东西，不是自然世界的组成部分的范畴系统。所有当代的唯物主义都把精神现象看作一种特殊的物质现象，力图把一般的精神现象、特别是通常所理解的意识，归结为某种形式的物理或物质的东西，通过“仅此无他”理论（“nothing but” theory），从而摆脱传统二元论的困境。坚持意识必定是可还原的，因而是可以取消的，有利于对心灵做出某种物理的或物质的说明。难道我们能够设想灵魂在分子中跑进跑出，或者设想灵魂莫名其妙地附着在大脑之上，用某种形而上学的胶水黏合，并设想当我们死后灵魂脱离人体？根据我们对世界的科学理解，我们能够解释我们自身存在的唯一方式是承认一切事物都是物质的。只是广义科学已将物质深化理解为能量与信息。除了物质的实在之外没有任何东西存在—在物质实在“之外或之上”没有任何东西。不存在作为某种不可还原的精神性的东西的意识。我们的意识不可能脱离物理世界四处飘荡，而不是我们普通的生物学生命的一部分。意识被归结为身体的行为，归结为大脑的计算状态，归结为信息过程，或者被归结为物理系统的功能状态。后主体时期，后科学与后现代主义文化全面刷新了人类对于心物关系、身心关系的认识与理解。具有代表性和重要影响的观点有如下几种。

（1）中立一元论。二元对立只是关系上和功能上的对立，就像威廉·詹姆斯所说的罐子里的和画布上的油彩，就像罗素所说的按字母或地理位置排列的电话号码。功能主义（functionalism）把因果关系作为它研究的主题。不是看心理事件在物理世界中是什么而是看它们能做什么。功能主义认为，因果关系可以被任何系统模仿或复制，不管这个系统是由什么材料构成的，也许是生物体，也许是钢铁构成的，也许是硅片构成的。功能主义认为，任何系统（包括大脑）的任何状态均与输入刺激以及系统的其他功能状态具有直接因果关系，也与输出行为有直接的因果关系，引发特定功能状态。一切功能都是与观察者相关联的。功能绝不是独立于观察者的。因果性是不依赖于观察者的；功能加在因果性上的东西就是规范性或目的论。功能主义认为，心身复合体是一个相互作用状态的系统，心理状态不仅与感官刺激等物理的输入和行为的输出有因果相互作用，而且与其他心理状态有相互作用。所以，这就存在着心与物的因果作用、身体与环境的因果相互作用以及各种心理状态之间的相互作用，一个心理状态可以根据同在这个相互作用之网中的各式各样的因果作用来定义。功能主义有多种多样的形式，如机器功能主义、认知心理学、人工智能和计算机模拟的功能主义、目的论功能主义等等。强人工智能学派认为，心灵只是被装进大脑的计算机程序。认知心理学把人的认识和思维看成是一种信息加工过程，人脑是一个以物质和能量为基础的信息加工厂。我们可以把心理活动的不同水平和计算机做一比较。心理活动的核心层次是生理过程，即中枢神经系统、神经元和大脑的活动。计算机也有三个层次：最高层次是程序、软件系统，它和人的思维策略机能相似；中间层次是计算机语言，这相当于初级信息加工过程；最低层次是计算机的硬件，它是神经系统的等值物。（2）现象主义。威廉·詹姆斯认为客观广延是一种互相排斥的硬性秩序，主观广延则是松弛互渗的；罗素认为知觉空间与物理空间不同，如同我们看到的太阳与实际的太阳不同；逻辑经验主义创始人石里克认为空间广延从一种意义上来讲，并不是客观存在的，而是主观的直观形式，因而它不能归属于心外的世界，而只能归属于主观的世界，为心所具有，心理空间可分为视觉空间、触觉空间、痛觉空间等，我们应该将作为直观材料的空间与作为客观世界次序格式的“空间”区别开来，心身关系、心物问题是由于不当概念或不当定义引起的，因此要解决这一难题应该进行语词分析、概念分析。人们需要分清词语错误与事实错误。（3）物理主义和行为主义。物理主义认为，心理状态只是大脑的状态。行为主义认为，心灵归结为行为或行为的趋向。卡尔纳普认为物理语言是一种普遍语言，世界上发生的每一种事件都可以用物理语言来表述，每一个心理学的命题都可以译为仅仅包含物理概念的表述，人的心理活动和生理活动可以归结为人的身体中发生的物理现象，如心理语言："A先生发怒了"，物理语言则为："A先生呼吸和脉搏加速，某些肌肉紧张，出现某些暴烈行为"，这样，心理的变成了物理的，从而消解了心物问题。牛津日常语言学派的代表人物赖尔对笛卡尔的二元论这一"范畴错误"也进行了分析批判，不同意在身体的行为、活动之外找精神，把精神看作不同于身体的东西，就如同不应在教室、图书馆、食堂、运动场之外找大学一样。卡尔纳普和赖尔这种逻辑行为主义强调了客观性、主体间性，但它的一个缺点就是否认了人的内部经验、内部感受，即纯粹的"私人的"世界的存在。私人体验具有不可让渡性。物理主义和行为主义反对自笛卡尔以来的"第一人称"景观和意识的"私人性"观点。"第一人称"景观依靠直接把握（Immediate grasp）或谓直观（Intuition）以及自我意识、内感功能、内省（Introspection）感受自我心灵，"第一人称"景观可以归纳为两个最基本的观点：一是心理状态的私人性，一是认识自己心理状态的直接优先接近性（Privileged Accessibility）。每一个想法都是独一无二的，只有通过内省才能接近它。然而，这两个观点在20世纪中受到了现代心智哲学家的批判和否定。维特根斯坦认为心理现象是主观性的而不是私人性的。（4）同一理论，又称"等同理论"（Identity Theory），认为心理状态就是大脑的生理状态，每一种心理状态和过程在绝对值上等同于大脑神经系统中的某种生理状态和过程。因而这种观点也被称为"还原论唯物主义"（Reductive Materialism）。澳大利亚哲学家阿姆斯特朗提出的"中枢状态唯物主义"（Central-State Materialism）是一种典型的同一理论。中枢状态理论实际上仍然是心身因果作用论。中枢神经系统没有别的非物质的性质，它所有的唯一性质就是在物理学和化学中所承认的那些性质以及它们的派生物。中枢神经系统是身体的一部分，是一个特殊的能控制行为的部分。按照中枢状态唯物主义的观点，心身问题被消解成为一个科学的细节问题，神经生理学可以对心身关系提供充分的说明。“类型同一理论”（Type Identity Theory）与“记号同一理论”（Token Identity Theory），用不同的概念框架或理论框架去描述同一个实在。（5）消除论唯物主义。时下流行的“消除论唯物主义”（Eliminative Materialism）以另一种方式来消解笛卡尔式的二元论。它论证，对内部心理状态的二元论的说明是属于“常识心理学”（Folk Psychology）的做法。然而，常识心理学的概念是前科学的、常识性的概念框架，例如信念、欲望、痛苦、快乐、爱、恨、高兴、害怕、怀疑、记忆、承认、愤怒、同情、意图。它们只体现了对人的认知的、情感的和目的的性质有一些最基本的、初步浅显的了解，对于我们内部的状态和活动常常提供一种混乱的概念和错误的表象。从常识的观点看，心灵的本性对于我们来说仍然是神秘之地，所以常识心理学的理论和概念应该被消除或淘汰，代之以一种现代的、高级的、科学的神经科学的理论和概念。由于它要用唯理主义和唯物主义的概念去取代常识心理学的概念，所以它被称作消除论唯物主义。（6）知觉现象学。具有代表性的是梅洛-庞蒂的“心—身哲学”：在我们看东西的时候我们并没有意识到我们的眼睛，在我们听东西的时候我们并没有意识到我们的耳鼓，在我们经验世界的时候我们对自己的身体的知识是缄默不语的。身体在认识过程中的这种透明性，人对于自己身体的知识的这种缄默不语的本性，使得笛卡尔和萨特等人完全忽视了身体在经验中的作用，以至于认为人在本质上是没有身体的。我们对于外部物体的把握主要是靠我们对于它们的形状、重量和物理结构以及化学构成的经验性的了解，而我们对于我们自己的身体的把握并不依赖于我们对于身体的构成、重量和形状的认识。人能够移动自己的身体并不依赖于对于生理过程的理解。在我们把握自己的身体时，我们并不需要在牛顿空间或爱因斯坦空间中对我们的身体的各个部分进行定位。我们不需要寻找身体，身体与我们同在。人的心灵是身体能力（潜能）的一种统一的集合。这种能力不是通过学习得来的，而是通过身体自然地获得的。梅洛-庞蒂认为，艺术归根结底诞生于以身体为中心的交换体系中。尼采关于生命的重要依托——身体的认识，深刻影响了梅洛-庞蒂的身体现象学哲学研究。在梅洛-庞蒂看来，好的艺术家就是广义的完形主义者。生命是个格式塔。人是灵肉格式塔。身体是人所有作品中最重要的作品。身体本身就具有超越性和创造性。从某种意义上说，身体是超理性的，或者可以说是大理性，而精神不过是小理性而已。创造性的身体为自己创造了创造性的精神。所谓精神，不过是身体的一种机能。精神不过是身体的“意志之手”即自我设计功能。意志的每一个动作都是身体的动作，身体的活动是客体化了的意志活动。人的所有认识也是以身体为媒介而获得的。知觉不是对世界的复制，而是被重新构造出来的，所以，知觉本身就是创造性的。身体因此让物环绕在它的周围，事物则成了身体本身的一个附件或者延长——以身体为中心的世界就这样处于不断地形成过程中。

在二元论的万丈悬崖和唯物主义的无底深渊之间，如何找到一条出路？心物二元、灵肉分立的死结如何解开？意识是发生在大脑中的一种生物学过程，正如消化是发生在胃和其他消化道中的生物学过程一样。由此看来，意识是物质的，从而我们就有了一种唯物主义的说明。但是，意识具有第一人称的本体论，因而不可能是物质的，因为物质的东西和物质的过程都有一种第三人称的客观的本体论。如果意识是一种像（细胞）有丝分裂、减数分裂或消化那样的普通生物学现象，那么我们就应当能够确切地说出意识是怎样像有丝分裂或消化那样还原为微观现象的。就意识来说，在我们对它的神经生物学基础作了完全的因果性说明以后，还有一种不可还原的主观性因素给漏下了。因此，看来意识是精神的，这样我们就有了一个二元论的说明。意识完全是物质的，与此同时，又在不可还原的意义上是精神的。作为原因而行事的物质的大脑过程和作为结果的非物质的主观意识过程的二元论。假定意识及其全部主观性是由大脑中的过程所引起；假定意识状态本身是大脑的更高层次的特征。只要我们承认了这两个命题，那么就没有什么形而上学的心身问题留下来了。我们能够根据一个人大脑某个部位的神经元放电就知道他的肘部有疼痛，我们甚至可以把肘部的疼痛定义为大脑中某个地方发生的一系列某些种类的神经元放电。患有某种脑瘤的病人由于肿瘤压迫下丘脑便总是感到口渴。不管喝多少水也不能平息他们的渴感。而下丘脑的有关部位受到损伤的病人则从来不感到渴。只是我们接受了带有心理的和物理的、心灵和物质、精神和肉体这些相互排斥的范畴的词汇表时，传统的问题才会产生。人们需要走到问题的背后，把意识加以“自然化”。人们常常说，印象派画家在作画时是把他们的注意力集中在他们对对象所具有的经验上而不是集中在对象本身上。其实，意识流小说也是文学领域的“印象派”。它们是典型的艺术创作中意识和潜意识的“自然化”。

生命与心灵，形而上学与神秘感的最后聚居地。而所有这些，安顿于须臾不可忽缺的身体。

《周易·系辞下》曰：“天地之大德曰生”。

科学知识告诉我们，生命的基础是碳，它是元素中独一无二能形成长链并生成大分子的原子。生命似乎就是依靠这样的分子之间的合成和反应而形成的。宇宙空间到处都有碳氢化合物、氧和水，这是构成生命的三种最主要的成分。地球上空的闪电为大气层中的一些气体提供能量从而转化为有机化合物并落入温暖的大海，最终形成孕育生命的“原生汤”，生成可以自我复制的分子，它们便是生命的前身。生于太空的病毒至今仍在不断地轰炸地球，这就是流行疾病在世界各地时常突然爆发的原因。生命借助于远自太阳的极小份额的能量而成为可能。光合作用是大自然的一种技术（归纳调整，对保证其生存的周遭进行干预）装置。“生命”已经是一种技术。**一个看上去违背热力学第二定律的东西是生命自身**。在整个宇宙中，熵（无序化量）总在增加。在地球上，万物以太阳的光能为食。植物能自我制造营养，动物则不能。以自然天成与顺其自然的方式来看，动物界并不比植物界需要自然花更大的力量去创造，一个最美好的天才也不比一束麦穗需要自然花更大的力量。

生命具有两大特征：新陈代谢与生衍繁殖。生命过程有一种明显的目的性：有机体能够自调节、自维护和自复制，它们的活动似乎是为了获得未来的目标。生命有机体的这种目标制向特征表明适合于生物学的说明是目的论说明，而且，不能把生命有机体的整体性行为分析为它的各个独立部分活动的结果。这两个特征使我们可以把生命有机体表征为具有一定的结构和功能的定向组织系统。卡西尔认为："生命是终极的和自决的实在，它不可能根据物理学或化学来描述和解释。"[①] "靠着感受系统，生物体接受外部刺激；靠着效应系统，它对这些刺激作出反应。"[②]

思维在自身中知道所有这些物体，而这些物体则什么也不知道。生机勃勃的生命如何从死气沉沉的无生命物质中发展出来，这令我们感到困惑。更令人深思的是，所有生命都指向死亡且易于死亡。"组成生物的物质是如此脆弱，如此易于分解，以至于假若它单单遵守物质的普遍规律的话，它就无法逃脱在一瞬间腐烂和解体的命运。如果某个活的生物想不顾物理学的一般规律而幸存下来，哪怕它的寿命比起一块石头或另一个无生命物体来是多么短暂，它就必须在其自身之内具有一种'守恒原理'，以保持其身体的组织与结构的和谐的平衡状态。一个有生命的物体，和构成该物体的物质的极端易腐性相比，具有惊人的长寿命，这一点正好表现出某个'自然的、永恒的、内在的原理'在起作用，表现出某种特殊的原因在起作用，这种原因与那些非生命物质的规律完全不同，它与那些规律认为不可避免的不断腐败的过程经常地在抗争着。"[③] 生之多艰，踯躅于生死之间。古罗马斯多葛派哲学家马克·奥列尔认为，哲学就是生与死的实践智慧。蒙田认为，哲学就是学会和实践走向死亡的艺术。不懂得死亡，就不会艺术地和审美地生活。为了进一步深刻揭示能在对于人生的重要意义，海德格尔甚至将死亡纳入能在的范围，使死亡不再成为常人所恐惧的那种生命终结，而是成为发展生命创造过程的

---

① ［德］恩斯特·卡西尔：《人论》，甘阳译，第 33 页。

② 同上书，第 34 页。

③ ［比］伊·普里戈金、［法］伊·斯唐热：《从混沌到有序——人与自然的新对话》，曾庆宏、沈小峰译，第 86 页。

一个重要组成部分。死亡就是通向可能性世界的重要通道。巴塔耶认为，作为一种奇妙的荒诞性，死亡不断地打开或关闭可能性的大门。死亡同可能性世界的这种奇特关系使死亡获得了至高无上的价值，因为对于人来说，可能性比一切现实性还珍贵；可能性的珍贵之处，就在于为人的自由开辟道路。可能性的东西不能单靠思想或理性，因为可能性是最没有规则、最没有道理可言。维特根斯坦《逻辑哲学论》指出：死不是人生的一种事情，没有人经历过死。福柯则认为：人死后就意味着“堕入虚空的深渊”。运动与活动、因果原则和命运观念似乎总是对立的。我们只能对无生命的东西进行计算、度量和解析，而只要是活生生的东西，就必定与现存的东西是相分离的。“化学以及医学中的问题是要用能够组织其自身且能产生生物的活性物质去取代惯性物质。狄德罗主张物质一定是有感觉的。组成一块石头的分子在积极地寻求某种结合而拒绝别种结合，因而它们的喜好和厌恶是受支配的。”①

只有在理解了生命之后，科学才能指望得出关于自然界的任何连贯一致的看法。在约十万颗恒星中才有一颗拥有行星，但是约二十亿年前，太阳竟有幸与其他恒星发生了一次硕果累累的接触，产生出现存的行星系。没有行星的恒星不可能造就生命，因此生命必是宇宙中一种极为罕见的现象。甚至连地球上的生命也只属于一种接近地面的比例极小的物质。从这个意义上说，地球是极为孤寂的，遥想着外星人的地球人也是极为孤寂的。从物理学来到生物学，令人觉得是从大宇宙来到小村镇。我们仍需承认，若把生物视为创造的全部目的，那创造的意义未免太微不足道了。人类不会永远停留于天真烂漫的童年时代，喜欢听那些天花乱坠的童话故事；请想象一个长于我们所听过的故事，而“高潮”则要短些，这样人们便会得到一幅生物学家所描绘的上帝活动的妙图。另外，甚至当这故事的“高潮”达到时，它也

① ［比］伊·普里戈金、［法］伊·斯唐热：《从混沌到有序——人与自然的新对话》，曾庆宏、沈小峰译，第85页。

似乎配不上有这样的前言。在进化的过程中有什么东西需要一种目的（无论它是宇宙之内的或超越宇宙的）的假设吗？科学研究的进步并未证明生物的行为可以不受物理法则和化学法则的支配。长期以来，文学，诗学以及美学关于以物观物、以我观物的区分与争论，均是人类神话思维的积淀与存留，与科学的实话实说和实事求是相比，如同痴人说梦。

围绕人的起源，先后有上帝造人、猴子变人、基因变异诸说。人类学家对于人类在其进化过程中的四件大事津津乐道：（1）大约700万年前的人类的起源；（2）两足行走的猿类物种的“适应辐射”；（3）大约250万年前脑量开始增大；（4）智人的出现。人类是所有生命系统中最复杂的事物，他拥有最大限度的个体自由。

受精卵细胞仅仅需要50次分裂，一个全新的人就此成形。人一生中泵出7亿升血，呼出6.72亿口气。拉·梅特里在《人是机器》里这样写道：“请他们告诉我们是不是人最初只是一个精虫，这个精虫变成了人，就像一条毛虫变成蝴蝶一样。”接下来他告诉我们：“这个卵子虽然在子宫里经过九个月的生长，成了一个巨大的怪物，但是除了它的皮（所谓羊膜）永远不会硬化并且能够无限制地延伸以外，它和其他雌性动物的卵是没有任何区别的。”“我们来看一看人在他的壳里和壳外的情形；让我们用一架显微镜来观察一下最初期的胚胎，四天的、六天的、八天的或十五天的；十五天以上的胚胎肉眼便能看见了。我们看见些什么呢？只有一个头：一个很小的，圆圆的卵，上面有两个很小的黑点，那就表示是眼睛。在这以前，一切就更不成形状了，我们只看见一块髓质的东西，那就是脑髓；在脑髓里首先形成了神经的原点，或者感觉的始基，同时也形成了心脏，心脏在这时候已经具有自身的跳动的能力了，这就是马尔丕基所谓的跳动点，它的跳动能力有一部分也许已经是由于神经的影响了。这以后，一点一点地，我们看到头脑渐渐伸展出来成为脖子，脖子又扩大，于是便形成了胸腔，这时候心脏已经下降，在胸腔里固定下来。这以后又产生了下腹部，有一层膜（横膈膜）把它隔开来。这样不断扩展，在一端就产生了胳臂、手、手指、指甲、毛发；另一端就是大腿、小腿、脚等等；大家知道的，手脚的不同只是在于位置，一方面成为身体的支撑部分，另一方面成为身体的平衡部分。这是一种显著的植物性的生长。在这里，是一些头发覆盖着头颅，在那里，是一些草儿和花儿。总之，处处都显示出自然的华美。而最后，在我们心灵所在的地方也同样安置着那些植物的芬芳精髓，这是我们人体的另一个精华。”① 拉·梅特里用高度拟人化的钟与钟表匠的寓言告诉我们自然造人的真相："怎么！是这个蠢钟表匠把我造出来的吗？我，我能划分时间，我能丝毫不错地刻画太阳的行程！我能高声吆喝我所指出的钟点！不，这是不可能的。”我们的情形就和这则寓言一样。忘恩负义到这种地步，居然瞧不起创造我们的这个自然领域。相较而言，东方天人合一式的尊崇自然好于西方人定胜天式的轻视自然。

时至今日，地球上没有哪种动物因为头大而导致头疼，未能“幸免”、遭此“厄运”的唯有人类。它是精神存在感应属性增益原理的直接体现。人类胎儿由于脑容量在进化过程中与其他身体部分不成比例的激增，在分娩的过程中每每遭遇难产，幸好人类聪明的头脑能够轻而易举地解决这一难题：剖宫产。意识改变大脑结构，引发中枢神经重构。大而聪明的人脑导致更加复杂的人类文化，更加复杂的人类文化又反过来促进更大和更加聪明的人脑的生成。不知这是否也算是一种中国人常说的聪明反被聪明误。人不是因为有手所以最有智慧而是因为他是最有智慧的动物所以有手。十指连心，心手相应，得心应手，“在观察从人到动物或从动物到人的许多过分夸张的概括见解时，我们一再地碰到人脑——从地质学的角度看——在短暂的时刻发生巨大改变的奇异问题，这时人经过类人的水平并变成了人。在地质时间的背景上仅只两百万年就使人脑的体积扩大了三倍，改变了人体的姿

① ［法］拉·梅特里：《人是机器》，顾寿观译，商务印书馆 1959 年版，第 68—69 页。

势，以良好的手目协调发展了合用的手，改变了人与具有创造力和攻击力的工具的关系，并一下子把人抬高到符号和概念的世界中。我们在这里似乎踌躇于两个同样无用的概念之间：（1）人的学习能力或他的思维能力对于他的基本的混杂天性没有造成什么区别；他和以前一样的原始而低劣，但在实现其混杂的内驱力时更聪明些；和（2）人将迅速脱离其动物的遗传性并生活在一充满其自身想像的可能性的象征世界里。真理，或者更恰当地说，经验的现实处于这两个极端公式之间的某个地方。生态学与比较心理学的最终贡献在于解开这一中间地带的无数因素之结。”①

对自然的科学描述将遇到人作为自然的配对之物：人是一部被赋予灵魂的自动机，因而与自然是不同的。“我们绝不可能用探测物理的事物的本性的方法来发现人的本性。物理事物可以根据它们的客观属性来描述，但是人却只能根据他的意识来描述和定义。”②人是大自然的杰作。人总好像是一种可靠的价值。他（她）很少被查问。他（她）甚至有权力中断和禁止查问。人的价值，不等于人体的化学物质成分。这些只值几美元。人不应该自认为是一种原因，也不是一种结果，而应将自己看作一种可靠的转换器，一种由其技术科学、艺术、经济发展、文化及其带来的新的记忆方式即宇宙中新增加的一种复杂性支持的转换器。人类不是也不曾是这种过程的原动力，而是其结果，是输送者和继承者。科学采取“我—它”态度，让我们看到了一个有许多客体的世界；而宗教却采取了各种不同的“我—你”关系，我们进入了这种关系，并通过它们建立了永恒的“你”即上帝的观点。人与人的关系、人与他者的关系是人与上帝关系的一个反映。现代世界的常见病都来自把人与他者的“我—你”关系降为一种非个人的主体与客体的“我—它”经验，而不是把这种

---

① ［美］加德纳·墨菲、约瑟夫·柯瓦奇：《近代心理学历史导引》，林方、王景和译，商务印书馆 1980 年版，第 502—503 页。

② ［德］恩斯特·卡西尔：《人论》，甘阳译，第 8 页。

对待自然的“我—它”关系提高到“我—你”关系。把科学奉为新的启示，为最后了解人和社会提供了方法，就像它为了了解自然界提供了方法一样。直到19世纪中叶为止，科学还没有发展到这样专门化的程度，使得受过教育的人无法跟上最新的发现和理论，科学与人文学的分家还没有发生。“在歌德那里，进化是垂直上升的，在达尔文那里，却是平面展开的；在歌德那里，进化是有机的，在达尔文那里，却是机械的；在歌德那里，进化是一种体验和象征，在达尔文那里，却是一种认识和定律。对歌德来说，进化意味着内在的实现，对达尔文来说，却意味着‘**进步**’。”①

艺术的主题以诗意的无限美妙的人及其所创造的社会生活为核心。人在艺术的形式中完成了他的感性的形而上学。美学，即是作为感性的形而上学而登场的。艺术乃求存的美妙诱因，生命的重要兴奋剂。艺术家宛若烧黑了手指的快乐的纵火者。阿多诺指出，艺术只由于人的非人性才忠实于人。阿波里奈尔则认为，艺术家是一些想成为非人的人。

神学与科学都不是以人为中心的。神学观点把人看成是神的秩序的一部分，科学观点把人看成是自然秩序的一部分，两者都不是以人为中心。与此相反，人文主义聚焦于人的身上，从人的经验开始。这是人文主义信念的第一个特点。人文主义信念的第二个特点是，每个人在他或她自己的身上都是有价值的——我们仍用文艺复兴时期的话，叫做人的尊严——其他一切价值的根源和人权的根源就是对此的尊重。人文主义传统的第三个特点是它始终对思想十分重视，它一方面认为，思想不能孤立于它们的社会和历史背景来形成和加以理解，另一方面也不能把它们简单地归结为替个人经济利益或阶级利益或者性的方面或其他方面的本能冲动作辩解。马克斯·韦伯关于思想、环境、利益的相互渗透的概念，是最接近于总结人文主义关于思想的看法的，即它们既不是完全独立的，也不是完全派生的。

① ［德］斯宾格勒：《西方的没落》第一卷，吴琼译，第354页。

阿多诺的否定辩证法，就是要通过恢复对自然的记忆来重建主体和客体的平等伙伴式星丛关系，打破理性的同一性强制。但理性中心主义诞生于其中的精神中心主义与人类中心主义，可谓人类永恒的原罪，虽然诸神早已消失于蒸汽机的烟雾之中，信息人、基因工程人乃至非单一星球生物物种的灵性人类、神性人类正在孕生于智能蒸汽机的“灵蕴”之中。自然存在的递弱代偿衍存使物性成为人性的基础，人性成为物性的绽放。精神的感应属性增益产生了理性，理性成为人类精神的制高点。历史地看，感性、知性、理性只是人类感应属性增益过程中递弱代偿衍存的不同形态而已。人类在漫长的感应实践的刺激反应过程中，最原始、最本能、最普遍也最可靠的精神活动方式是包括直觉在内的初始感觉。知性的觉醒使知觉后来居上，凌驾于感觉之上。人类用知性超越感性，又用理性改造知性，直至发展出更高形态的理性，取代机械教条、笨拙生硬的低级形态的理性，进而对理性本身进行理性、智性、灵性反思。长期以来，人们认为西方中心主义的核心是理性中心主义，也即罗各斯中心主义，不过对理性进行反思之后，我们应该认识到理性也只是人类精神属性与能力的一种特殊形态而已，虽然它已位居人类精神世界的王者宝座，成为人类精神活动的核心与本质。事实上，人类精神要远比单纯与单一的理性更为广大精微，源远流长。因此，在理性中心主义之前、之中和之后，一以贯之的始终是人类的精神中心主义。精神中心主义才是人类中心主义的灵魂。科学的发展深化了人类对自然与自我、物质与精神的认识和理解。自然科学宛如不同于精神分析学派的物质分析学派，它使人类意识到精神感应也只不过是万物皆有的物理感应的变本加厉，化学感应与生理感应的更加扑朔迷离、错综复杂的表现。精神运动始终是物质运动的递弱代偿衍存形态。不论人类多么唯物或唯心，这“物”永远是人类感应属性中的“物”，这“心”永远是一切“中心”的“中心”，这永远合众为一、万物一体的“心”，终在“以我观物”，终难“以物观物”、“物物而不物于物”，终难还原为科学认识中的所谓“客观对象”以及康德哲学体系中的所谓“物自体”。

下　编

语言论视域中的科学话语与文学修辞

引言　语言乌托邦与社会存在的生存性状耦合

西方哲学在经历了本体乌托邦、主体乌托邦的迷梦与觉醒之后，开始向语言哲学转型，或谓哲学的语言论转向。语言问题开始作为哲学的首要问题得以史无前例的重视和研究。然而当解构主义思想家点明文本之外别无他物（There is nothing outside the text），用于建构文本以及担当哲学起死回生重任的语言文字符号，原来也不过是欧洲白种老男人将玩腻了的传统哲学打发至语言乌托邦的把戏而已。西方哲学再度困于语言情结、阐释学迷宫以及文化唯物论的泥潭之中，一时之间，从理性、知识到语言、阐释，似乎不再有不受质疑的合法的"立法者"，阐释本身需要阐释，到处都是形迹可疑、普遍遭受反对和抵制的有待阐释或过度阐释的"阐释者"。人类像塞万提斯笔下荒唐的骑士英雄堂吉诃德，一次次举起手中的长矛，刺向风车一类的假想敌。也颇似卡夫卡笔下的土地测量员，一次次被拒于存在的城堡之外，无功而返。

阐释总是在与已知事物的关系中确定未知。在神话传说中，是从泛灵论的角度阐释世界的超验性，神性想象中充满人性因素；在启蒙理性中，则是从实证科学的角度解释世界的规律性，物性理解中渗透人性成分。从最广的意义上说，"人性"是"形式"得以产生、发展和繁荣的绝对普遍（因而也是唯一）的媒介。无论哪种解释，均是以主观与客观的对立或概念与事物的分离为基础，但都认为解释与对象同一。在这点上，两者都建立在神人同形的基础上，即建立在人的绝对话语权力的基础上。但启蒙却指责这点仅仅是神话的基础，实际上，启蒙有过之而无不及，其自身也堪称新的巫术。如果说巫术使事物有灵，科学则把灵魂物化。法兰克福学派的启蒙反思与批判，将独断专横的同一哲学推向公审的被告席。

知识优于阐释的观点，自柏拉图以来就统领西方哲学思想，到了启蒙时代更是被科学化、客观化了。卡尔·波普尔开创了进化认识论，动摇了西方传统的知识观念。后现代主义知识观认为，完全客观的知识不是幻觉就是烟雾。权力往往决定着知识的正当性、存在形式和分配关系。因此，知识就是美德，知识就是力量，可以作另一种解释：知识就是权力。一切知识都需要阐释。一切阐释都离不开语言。语言本身也需要阐释，就像阐释本身也不能免于阐释那样。语言符号理论开启了精神和理智生命的新天地。生命由执着于眼前的和直接的需求本能冲动转向"意义"。这些意义是可以重复且能不断再现的，即是说，它们不是被囿于直接的此时和此地，而是在无数生命的场合中和无数他人的运用中被意指和理解为同一的东西。

欧洲语言学萌动于《圣经》，俗称"亚当（上帝造物，亚当——为其命名）理论"。神学语言观等级制体现为神言、物言以及介于神物之间的人言。现代阐释学可远溯至古希腊神话，在远古神言系统中，闪电曾被理解为神的手势。"在希腊神话中，信使 Hermes 往来于奥林匹亚山与人世之间，负责传递和解释诸神给人类的旨意及信息，于是，把神含义模糊的语言转换成人类惯用的语言便被称为 hermeneuei。"① 人言出于对神言（天言）的拙劣模仿，开始干涉它言不能及的事物。这显然是在说不可说之说。对于不可言说的，人类唯有保持沉默。然而，正是人言范畴之中的科学言说，揭示了疑似神言——闪电背后的某些俗世真谛。"按照维科的说法，我们知识的真正目标不是对自然的知识，而是对人类自身的知识。倘若哲学不满足于此，而一味地追求神性的或绝对知识的话，那么，哲学将逾越自身之界限而使自

① 赵一凡、张中载、李德恩主编：《西方文论关键词》，第1页。

己误入歧途。对维科来说，知识的最高法则乃是如下之点：任何存在都只能对它自身所创造的事物真确地予以理解和领悟。我们的知识范围绝不能超出我们的创造的范围。人类只能在他所创造的领域之内有所理解，更严格地讲，这一条件只能在精神世界内获得，而不能在自然中获得。自然是上帝的作品，自然只能在创造它的神性理解中被全然领悟到。人类所能真正领悟到的不是事物的本性，因为人类绝不能彻底穷尽事物的本性；人类所能真正理解的乃是他自己的作品的结构和特性。"[1] "因此，我们的知识便面临着这样一种不可回避的选择：我们的知识或许能使自己指向实在，但在这种情形下，它绝不能一览无遗地洞察其对象，充其量只能对其个别属性和特征作一经验性的和一片断性的描述；或者，我们的知识能够达到一种完满的理解，一种能建构其对象本性或本质的适当观念，但这样的话，知识就仍不免耽于它自己的概念构造范围之内。在后一种情况下，对象所具有的性质，仅仅是知识凭借对其随意界说时所描述的那一结构。维科认为，只有当我们超越于数学知识和自然知识领域之外时，我们才能摆脱这一两难境地。"[2]

在东方，也有建立在神学或神话思维基础上的语言观。朱自清在《经典常谈》中这样写道："中国文字相传是黄帝的史官叫仓颉造的。这仓颉据说有四只眼睛，他看见地上的兽蹄儿，鸟爪儿印着的痕迹，灵感涌上心头，便造起文字来。文字的作用太伟大了，太奇妙了，造字真是一件神圣的工作。但文字可以增进人的能力，也可以增进人的巧诈。仓颉泄漏了天机，却将人教坏了。所以他造字的时候，'天雨粟，鬼夜哭'。人有了文字会变机灵了，会争着去作那很容易赚钱的商人，辛辛苦苦去种地的人便少了。天怕人不够吃的，所以降下米来让他们存着救急。鬼也怕这些机灵人用文字来制他们，所以夜里

① ［德］恩斯特·卡西尔：《人文科学的逻辑》，沉晖等译，中国人民大学出版社2004年版，第47页。

② 同上书，第48页。

嚎哭；文字原是有巫术作用的。”[①]

洛克指出，语言为工具，而非神授。皮尔士接受洛克的符号学定义，提出人类一切思想和经验都是符号活动，因而符号理论也是关于意识和经验的理论。皮尔士认为，知识话语是工具，也许是人类求得生存的最重要工具。由于知识的最大用处乃是其解释能力，我们必须利用它，就像利用任何其他解释一样，只要能够做出解释，它就能够带来精确的结果。在运用的过程中如果出现了大的问题，就必须对之进行修正甚至替换。

斯宾诺莎认为语言文字乃迷雾之源。培根指出：“语言只是物质的幻象，迷恋语言就是迷恋图像。”[②] 德国诗人斯蒂芬·格奥尔格 1919 年写就的一首诗名为《词语》，其中一句这样写道：“词语出现处，无物存在。”歌德也曾喟叹自己是一首不幸的诗，注定要用拙劣的文字将生命和艺术蹂躏。卢梭在《语言起源论》中指出，文字是对自然的危险补充，它阻碍交往，制造纷争，饱含欺骗，导致欧洲盛行的贪婪与暴政。文化作为自然的替代，难免成为一种必要的邪恶：奶瓶替代乳房，手淫替代性爱。因为人有语言，所以人这种动物有发展太快的危险，超过了它的感官反应的限制，因而聪明反被聪明误，使它自己一无所获。因此人的存在是激动人心的，但也是危险重重的，而蛞蝓的生活是令人生厌的，却也是安全可靠的。以王东岳关于精神存在的感应属性增益原理以及社会存在的生存性状耦合原理视之，不能不让人生发英雄所见略同之感。

尼采反对这样一个观念：语言学家的任务就是，透过世世代代的编辑和抄写者们对古典文本所进行的层层增加、删除、语词变化、转换、遗漏以及其他的变动，来揭示某些未遭破坏的、本源的文本。在尼采看来，不存在本源的文本。无论语言学家从一个文本里剥掉多少被有意或无意编辑的文本，在它之下也还是有

① 朱自清：《经典常谈》，生活·读书·新知三联书店 1980 年版，第 1 页。

② ［美］布莱恩·麦基：《哲学的故事》，季桂保译，生活·读书·新知三联书店 2002 年版，第 75 页。

无法穷尽的沉积层。尼采坚信：不存在事实，只存在解释。所有的问题都是一个解释的问题，而不是一个事实的问题。尼采认为，一切都是阐释。认识这一点，并不妨碍人们产生新的思想价值，它只会刺激更多、更新的阐释。作品从不属于某个作家或时代。它一路风尘，辗转传承。天下文章一大抄，我抄你来你抄他，互文性不光是语言文字的互文性，它也指一种思想越位、方法融合。依哈特曼之见，天下最好的文体，当属杂拌文史哲的尼采式随笔。

从原始初民的结绳记事，到当下众声喧哗、充满话语狂欢的后现代文化，语言文字符号无疑是人类社会历史文化的基因载体。

洪堡是第一个强调语言不是一种物而是一种活动这一事实的人。洪堡著有《论人类语言结构的多样性》。他指出，如果我们想说得更准确一些，那我们可以确定地说，根本就没有“语言”这样的东西，正如根本就没有“理智”这样的东西一样（There are no such things as natural language, sign and reason），但是，人既能说话，也能理智地行动。洪堡证实人类语言分享共同起源。说到底，语言文字的产生和发展，不过是人类的感应属性增益之后的代偿衍存方式与过程的展开而已，并且它与人类社会存在的生存性状高度耦合，可以视为天道赓续与人道运演。

约翰·塞尔指出：“也许，对语言令人惊奇的性质引起注意的最简单的方法就是提醒自己想一想以下事实：在我和你的面孔下部有一个口，就像一副接合在一起的铰链板。这个口不断地闭合开启并发出各种各样的声音。这些声音大部分是由于空气通过喉咙里由黏液覆盖着的声带而引起的。从纯粹的物理学观点来看，这些物理的和生理的现象所产生的声音的冲击是非常平淡无奇的。然而，这些声响具有特别显著的特征。从我口里发出的一阵声响可以被看成是一个陈述、一个问题、一种解释、一次告诫、一个命令、一个指令、一种许诺，等等，或者还有大量其他可能的东西。而且，能够说出来的东西可以被看作是真的或假的，令人厌烦或无趣的、激动人心或独创的、愚蠢的或者简直就是无关紧要的。”① 约翰·塞尔的这番话大有深意，它将人类言说行为这种最为复杂的文化实践活动做了物理、生理、心理诸层面的现象学还原。爱德华·萨丕尔在《语言论》中也提出自己有趣的看法：“没有了社会，如果他还能活下去的话，无疑他还会学走路。但也同样可以肯定，他永远学不会说话，就是说，不会按照某一社会的传统体系来传达意思。”“走路是一种机体的、本能性的功能（当然它不是一种本能）；言语是一种非本能性的、获得的、‘文化的’功能。”“学走路时，文化，或者说社会习惯的传统，不起什么重要作用。”“人和人之间，走路的差别是有限的。”没有两个人说话是一样的。“人自然就会说话，这不过是一种幻觉。”“确切地说，并没有说话器官，只是有些器官碰巧对发生语音有用罢了。肺、喉头、上颚、鼻子、舌头、牙齿和嘴唇都用来发音，但它们不能认为主要地是说话器官，正像手指不能认为主要地是弹钢琴的器官，或膝盖主要地是祈祷的器官。”②

瑞士著名语言学家索绪尔《普通语言学教程》最为简洁而透彻地表达了上述语言学思想：言说行为是从心理生发转化为生理表达再经由物理传播的过程；聆听行为则与之相反，是物理—生理—心理的过程。③ 索绪尔是西方现代哲学与文化转向语言论的重要人物。他认为：语言学问题吸引着所有的人，包括历史学家、文字学家以及那些必须对付文本的人。更明显的是语言学对于文化的普遍意义。然而这种普遍意义却会导致一种逆反后果：即没有一个研究课题，能像语言学这样滋生出如此多的荒唐观念、固执偏见和奇思异想。索绪尔，是结构主义语言学的开山鼻

① ［美］约翰·塞尔：《心灵、语言和社会——实在世界中的哲学》，李步楼译，上海译文出版社 2001 年版，第 130 页。

② ［美］爱德华·萨丕尔：《语言论》，陆卓元译，商务印书馆 1985 年版，第 3—8 页。

③ 参见［瑞士］费尔迪南·德·索绪尔《普通语言学教程》，高名凯译，商务印书馆 1980 年版，第 33 页。

祖，这位生前名不见经传的隔世老人，死于第一次世界大战之前。他的《普通语言学教程》，经学生整理后于1916年出版，历经第二次世界大战像宗教秘籍般流传下来。他的结构主义语言学思想向东迁徙，先后影响了20世纪30年代前后的俄国形式主义和布拉格学派。巴赫金和雅各布森不约而同地对索绪尔《普通语言学教程》做出热烈回应。学者赵一凡将这场史称“语言学转向”或曰“结构主义革命”的先驱生平与思想境遇视为现代学术喜剧。“结构”是20世纪中期西方思想界的轴心概念。(20世纪后半期，轴心概念嬗变为“传播”或称之为“交流”。)“结构”概念是西方理性模式的形式化，理性主义色彩明显。(“传播”或“交流”概念，则比较突出互动性、过程生成、混沌及不可预知特性，带有明显的后理性主义、后结构主义特征。)结构主义思想运动形成于四大策源地：索绪尔讲学布道的日内瓦、俄国形式主义摇篮莫斯科与圣彼得堡、东欧语言学家聚集的布拉格以及爆发结构主义革命的巴黎。与此同时，也形成了四个理论方向：（1）语义学方向；（2）马克思主义方向；（3）心理学方向；（4）社会学和人类学方向。30年代末，雅各布森移居美国，执教哈佛大学。此间，他在纽约邂逅一位人类学家，列维-斯特劳斯，遂将火种传给了这个名不见经传的法国年轻人。索绪尔思想的天路历程，前后跨越半个世纪，由东向西兜了一个大圈。颇具戏剧和传奇色彩的是，他用法文讲解的艰深理论，引不起同胞的注意，反倒在遥远寒冷的俄罗斯，备受青睐，广有影响，最后升级为向法国、美国乃至全球输出的理论经典。不仅如此，索绪尔梦幻与节日般地荣归故里，居然得益于两个原本互不相干的流亡学者——雅各布森和列维-斯特劳斯。他们双双流落他乡，却能一见如故，英雄相惜，转眼间完成了现代学术史上最感人的薪火传递。[①] 结构主义一手标榜科学精神，提倡系统分析，共时方法和深层阐释；一手批判传统哲学，并具有

① 参见赵一凡《西方文论讲稿——从胡塞尔到德里达》，生活·读书·新知三联书店2007年版，第227—229页。

“否定主体、否定历史、否定人文主义”三项显著特征。在《普通语言学教程》中，索绪尔提出语言和言语、共时与历时、能指与所指、组合与聚合等构成结构主义语言学的重要概念。结构主义认为，使房子成为房子的，不是建筑材料而是结构和形式。所谓结构，适用范围很广，从一粒分子到一幢摩天大楼，从一个单词到一本小说、一套游戏、一种传统或一部宪法。结构主义强调系统内要素之间的关系，深受19世纪末自然科学系统论的影响。系统论是在相对论、量子力学影响下发展起来的科学观念，超越了原子论的局限，它将事物看作有机体系，力求把握整体与局部间的组合机制。与物质结构相比，人为结构大多缺乏稳定性，它往往不受自然法则和因果律支配，而取决于人的复杂意向。结构主义并非单一学派，仅仅分享一种家族相似的风格。结构主义知名学者还有德国哲学家卡西尔、美国符号学家皮尔斯、瑞士心理学家皮亚杰等。

福柯将自己思考的中心从主体转向语言，并通过对语言的研究，注意到语言的实际社会应用问题比语言本身更重要。他认为，语言的基本问题，不是语言本身的形式结构，而是它在社会实际应用中同社会因素的实际关联。正是在这里，集中体现了社会权力同知识之间的紧密而复杂的勾结，隐藏着解决整个西方社会文化奥秘的钥匙。正是因为这样，他在语言研究中，集中研究了语言应用中的话语问题。现代语言失掉了透明性，也不复指向世界：它变成了一门自我指涉的神秘知识。福柯将人类知识生成，视为一种冲突机制。而话语作为表述真理的言语行为，就此成为一种权力争夺场所——其间充满了压迫和控制、阴谋与暴力。人类话语实践就是知识场与权力关系的更迭。福柯完全背叛了索绪尔，将结构语言学的宁静殿堂，炸得摇摇欲坠。福柯不相信任何形式的思想能够在话语游戏之外声称拥有绝对真理，权力不只是消极的，不只压制它想控制的东西，它也是生产性的，它带来愉悦，生产知识，形成话语，构成毛细血管状的微观权力运作网络。

随着解构主义或曰后结构主义的兴起，结构主义日薄西山。

一些论者认为，昙花一现的结构主义失败原因，不尽在于范式缺陷，而在于过分追求科学化，渴望发现人类思维的恒量，一劳永逸把握绝对真理的天真愿望。结构主义叙事学充满数学公式化的结构、化学元素式的要素以及符号学的迷宫。列维－斯特劳斯的神话素，如同索绪尔的音素、词素。神话的意义不在字词组合，而在共时结构。神话是获得人类思维结构的较佳方式。居伊·德波认为，结构主义是现存权力的后裔，是被国家认购的思想。1968 年“五月风暴”期间，罗兰·巴尔特曾说，结构不会上街游行。后人反唇相讥巴尔特：巴尔特也不会。“五月风暴”期间涌现了大量的革命涂鸦，诸如：“一切权力归想象！”“禁止被禁止！”“已经快活十天啦！教授你老了。”“我越是革命，就越想做爱！越做爱就越想革命！”

夏加尔曾言：艺术的太阳只照耀巴黎。然而对于德国思想家哈贝马斯来说，20 世纪思想的光辉，偏爱塞纳河左岸。1985 年，福柯去世不久，哈氏不顾他与法国佬未见输赢的论战，写下一段向对手致敬的文字：“在过去二十年中，巴黎产生的具有原创性和生产性的理论，要比世界上其他任何地方都更多。”索邦、农泰尔、社科高研院，竟在一段岁月里，压倒了德国人引以为傲的现象学中心弗莱堡、文化研究发源地法兰克福，以及哈贝马斯在慕尼黑建立的研究所。不过，众所周知，法国人开始思考，全世界都会头疼。柏格森、萨特、加缪这些获得过诺贝尔文学奖文采飞扬的思想家还好，结构主义五巨头列维－斯特劳斯、罗兰·巴尔特、雅克·拉康、福柯、阿尔都塞以及格雷马斯、托多罗夫、热奈特等人的著作大都佶屈聱牙，晦涩难懂。尤其是拉康，在这方面首屈一指，无与伦比。拉康搭乘一辆“欲望号街车”，顺利穿越了黑格尔与弗洛伊德间的思想壁障。拉康借用福柯理论，提出四大话语：主人话语、歇斯底里话语、大学话语、精神分析话语。这位八旬老人患上失语症默默而死。遗言是：“我很固执，但我要消失了。”

语言是人类的根本制度，也可以说是人类最重要的制度性实在之一。人类具有一种能力，能够使用一个对象来代表、表示、表达或象征某种另外的东西。正是这种语言的基本的象征化特征，成为人类制度性事实的一个本质性的预设前提。在社会的和制度性的实在中，语言不仅用来描述事物，而且参与建构事实。人类许多其他制度需要语言，而在某种程度上语言的存在并不需要其他的制度。语言哲学是心灵哲学的一个重要分支。哈贝马斯认为，意识哲学向语言哲学的转变是从弗雷格开始的，但是语言哲学仍然是一种主体性哲学，哲学的模式仍然是自我/客体模式而不是自我/他人的交往模式。哈贝马斯认为，生活世界乃是一种象征性结构：它以语言为内在核心，构成一张包容人际交往与行为规范的动态网络。言语者与他者就某事达成理解，所使用的任何一种语言行为都把语言表达固定在三层世界关系当中：与言语者的关系，与听众的关系以及与世界的关系。他将语言交往划分为三大类型：第一，包含了“真实性”要求的断言式，它是对一个事实、一种事态的陈述，使听者获得对该事实或事态的了解与认识。第二，体现了“正确性”要求的调节式，其作用是表达人际关系的规范意义，涉及说者与听者的关系定位及其角色的承担。第三，蕴含了“真诚性”要求的表达式，它是向他人表达自我内心情感与体验的话语方式。哈贝马斯的话语伦理是交叠共识。传统在哲学阐释理论中是一个历史和人类文化的概念，而在哈贝马斯这里，则变得政治化和问题化了：传统既可以达成交流，也可能系统地排斥真正的交流。[①] 这些导致信息变形，迫使人们怀疑阐释。

在西方现代哲学的语言论转向过程中，维特根斯坦也是举足轻重的人物。语言哲学关注的一个艰深而又令人困惑的问题是：什么使得语言富有意义？维特根斯坦的前期杰作《逻辑哲学论》是在“一战”战壕里写就的。这一时期的语言哲学思想尚属意义图像理论（the picture theory of meaning）。早期的维特根斯坦是主张神秘主义的新柏拉图主义者。由于自以为已经解决了一切哲学问题，维特根斯坦一度退隐山林去当小学教师。作为罗素的

① 赵一凡、张中载、李德恩主编：《西方文论关键词》，第9页。

高足与得意门生，直到1928年，他才重返剑桥，并于1936年接替穆尔成为哲学教授。**成熟的维特根斯坦放弃以逻辑规则为意义标准的思想，在后期代表作《哲学研究》中提出了语言是由诸多的语言游戏构成的观点。他开始认为，每个符号自身似乎都是死的，唯在使用中才是活的**。意义依赖使用，言语往往有不同的用法。意义决定于我们使用词语的方式。想象一种语言就是想象一种生活方式。语言像座古老的城市经历着自己的沧桑，迷宫般的小街道和广场，不同时期修建的房屋以及包围着城市中心的郊区。世界的界限就是语言的极限。语言是“tool”、“instrument”，而非事物的“picture”。维特根斯坦认为，哲学是由于语言的误用而导致的问题，导致哲学错误的冲动起初来自对语言运作的误解，还来自我们对科学方法的过分普遍化并将之推广到它们所不适合的领域中去的倾向。语言不能表达世界，现实不断超出语言的可说范围。维特根斯坦认为，哲学问题并非肇始于好奇，而是源于语言的意义引发的对才智的沉迷。

德里达认为现代主义乃是一场表征危机。现代主义作为一场叙事危机，它证明现代人不再是知识中心。长期以来，人类叙事与文化表征的中介物被透明化和虚无化。“语言学转向”之后，语言符号作为一种具有独立价值的中介物呈现在主体和现实之间。然而，语言自身混沌不明，词语意义更是滑动的游戏。由此推论，生活虽说是艺术源泉，可它不能再现，难以表征。所以传统的模仿说、镜子说、反映论，一时间几乎都成了空话。西方文化从现代主义到后现代主义的发展过程中，由上述倾向所产生的矛盾和危机越来越尖锐，使西方文化界中一部分敏感的思想家和艺术家首先意识到：西方文化的反自然性质主要来自西方语言文字本身的荒谬性。远离和完全脱离实际对象的语音和符号，反而比它们所指涉的现实世界更有价值和更占有优越地位，而被捧为至高无上地位的语音和符号，便成了西方人心目中的“文明的神”，也就是某种意义上的“第二种神”。德里达指出，西方艺术基本上就是这样一种由语言文字所统治的神学和形而上学的艺术。特别是进入后现代社会，由生产方式进入信息方式，是人类文明的又一次重要转型。

后现代批评家们似乎个个都能上演撕裂文本的拿手好戏，而对文本的弥合却不那么感兴趣，或者干脆声称文本的裂缝永远不可能完全弥合。英美新批评虽然注重文本的多义性和多价性，但是更着力于稳定文本的多义性和多价性，更关心怎样在保留多元性的同时保证统一性。结构主义是对只见树木不见森林的形式主义的拨乱反正。结构主义又被视为只见森林不见树木。结构主义更为宏观的稳定却因其不稳定的能指给后结构主义留下摧枯拉朽的缝隙。解构之后的不确定性则把对多义性的追求推向了极致。于是后现代文化也开始陷入“表征危机”。

后结构主义者认为，首先必须彻底揭露“能指”与“所指”的“在场”与“不在场”的游戏性质，特别要指明这种游戏的虚假性和虚幻性。传统观念认为意义先于语言而存在或存在于语言之外并可通过语言而获得。德里达和福柯超越海德格尔的地方就是对意义理论穷追猛打，并在摧毁意义理论“二元对立统一”思维和表达模式的基础上，颠覆与此紧密相关的语音中心主义和逻各斯中心主义。

如果没有语言，智质就只是一个沉闷空洞的潜质。语言和工具颇有类同之处，即一方面，它们都是生物体智质属性的代偿延伸，另一方面，它们都体现着智质虚存的实体表达和性状再造倾向。“当代哲学的‘语言论转向’，与古典哲学的‘认识论转向’颇有异曲同工之妙，对语言的关注正在淹没对逻辑的关注，一如既往对逻辑的关注曾经淹没了对本体的关注那样。雅克·德里达（Jacques Derrida）的‘语言之外再无其他’与贝克莱的‘感知之外别无所存’何其相似乃尔！从‘本体论’（追究物质与本原），到‘认识论’（追究精神与感知），再到‘语言论’（追究言辞与文本），乍一看，哲学研究似乎越来越精致了，然而，作为哲学载体的人却与缔造了人的自然本体渐行渐远了。”①

① 子非鱼（王东岳）：《物演通论——自然存在、精神存在与社会存在的统一哲学原理》，第 324 页。

如此看来，西方语言哲学实为一匹特洛伊木马，将整个文化帝国与知识城堡置于危机四伏之中。人们曾经一再过分地赞美语言，认为语言乃是使人类提升到动物之上的“理性”之真确表达和明晰的证据。事实上，“在哲学史上，从来不乏重要的思想家，不仅反对把‘语言’和‘理性’混为一谈，甚或把语言看做是理性的真正对头。对他们来说，语言非但不是人类知识的向导，反而是人类知识的永恒的诱惑者。他们坚持认为，只有当知识坚定地背向语言，并且不再使自身受到语言本性的欺骗时，知识才能达到它的目标”①。

由于文化成果数量上的增长和所占地位的日趋显现，自我受到了压抑。自我在文化中所确证的，不再是自身的力量，而是自身的脆弱和低能。齐美尔《文化哲学》，呈现的是一幅文化人类与人类文化的受难图。克尔凯郭尔曾说，要是为自己镌刻墓志铭的话，没有别的，他选定一个简单的词：“个人”。

个人是如何出生的，又是如何被社会化、文化化的，其中语言文字以及相关的数字符号是其关键。且看诗人于坚的长诗《零档案》（节选）

卷一　出生史

他的起源和书写无关　他来自一位妇女在28岁的阵痛
老牌医院　三楼　炎症　药物　医生和停尸房的载体
每年都要略事粉刷　消耗很多纱布　棉球　玻璃和酒精
墙壁露出砖块　地板上木纹已消失　来自人体的东西
代替了油漆　不光滑　略有弹性　与人性无关

① ［德］恩斯特·卡西尔：《人文科学的逻辑》，沉晖等译，第74页。

手术刀脱铬了　医生48岁　护士们全是处女
嚎叫　挣扎　输液　注射　传递　呻吟　涂抹
扭曲　抓住　拉扯　割开　撕裂　奔跑　松开　滴　淌　流
这些动词　全在现场　现场全是动词　浸在血泊中的动词
“头出来了”医生娴熟的发音　证词：手上全是血
白大褂上全是血　被罩上全是血　地板上全是血　金属上全是血
证词：“妇产科”“请勿随地吐痰”“只生一个好”
调查材料：患感冒的往右去　得喉炎的朝前走　“男厕”
X光在三楼　住院部出了门向西走100米　外科在305
打针的在一楼排队　缴费的在左窗口排队　取药的排队在右窗口
挤满各种疼痛的一日　神经绷紧的一日　切割与缝合的一日
到处是治病的话与患病的话　求生的话与垂死的
话　到处是
治病的行为与患病的行为　送终的行为与接生的行为
这老掉牙的一切　黏附着　那个头胎　那最初的　那第一次的
那条新的舌头　那条新的声带　那个新的脑瓜　那对新的睾丸
这些来自无数动词中的活动物　被命名为一个实词0

个人的生命现象与生活现实被淹没在庞大的文化符号的迷宫中，被抽象在建构的社会档案中。精神存在不止于以生物个体作为承载单元，而是越来越倾向于以生物群体结构形式来实现精神的结构化存在。“恰如一个人，如果被完全限制在他自己的劳动果实上，他就永远不可能积累财产。但是相反，许多人的劳动累积在一个人的手里就成为财富和权力的基础。因此也可以说，除非通过最巧妙的思想的节省，以及通过几千个合作者按经济方式安排的经验的精心积累，任何值得一提的知识都不可能被集中到一个人的头脑之中。因为一个人的寿命和天赋能力都是有限的。”[①]现代性的主要运动是向群体社会漂移，生活日益集体化和外在化的群体社会意味着个体的死亡。社会生活是个人意识化合的结果，认同价值基础上的交换行为。现时代的社会思想是由可以称之为“多数法则”来决定的。也就是说，每个人的素质无所谓，只要我们拥有足够数量的个人不断增加到这一大量——即人群或大众——中去就行。同时，有大众的地方，就有真理——现代世界相信这个。精神的分化代偿本身还需要全方位的自然实存结构造型予以代偿。精神的成长过程不得不经历社会炉火的锻铸。社会将逐渐成为总体智质性状完整而真实的高位载体，个人却不免相应地蜕变为嵌入社会整体结构的某一具体部位的附属配件。任何一种生物群体的基因库均呈现出极为富厚的多向应变潜力。分化代偿的层次性自然进程不可遏止，社会整合结构的趋强态势已成定局。“历来为人称道的‘文化交流’，小至私人的交际和语言的产生，大至民族之间的沟通和文明类型的融合，其源于‘交流’的优势所在实际上类同于‘杂交优势’的生物学现象，也就是说，智质运动体现和继承着DNA结构重组的自然定律，尽管把智性的呼应贬低到如此斯文扫地的程度的确令人不快也罢。”[②]

作为自然代偿属性之一的“自由”，必然从生物性自由向社会性自由自发过渡。“如果从**自在的感应性**发展出**自为的感知性**，则这个自为空间的扩张态势就构成**感知此岸的扩张空间**；如

① ［比］伊·普里戈金、［法］伊·斯唐热：《从混沌到有序——人与自然的新对话》，曾庆宏、沈小峰译，第57页。

② 子非鱼（王东岳）：《物演通论——自然存在、精神存在与社会存在的统一哲学原理》，第317页。

果从**自在的被动性**发展出**自为的能动性**，则这个自为空间的具体容积就构成能动者当时**自由度的框范**；如果从**自在的物理波动**发展出**自为的心理波动**，则这个自为空间的递增幅度就构成**心理波动的振幅增势**；最后，如果从**自在的物类聚合**发展出**自为的社会整合**，则这个自为空间的逐步拓展就构成**社会结构的繁化进度**。”[①] “**社会是自然属性的全面实现和高度集约，人类理性逻辑的智质演运过程及其生物性状的物化重塑过程就是‘自然社会化’的生动表达，故而社会的内涵呈现越来越丰富的倾向，即‘社会存在’倾向于将一切自然函项（或曰‘一切自然代偿项’）统统囊括在自身之中**。”[②] 也就是说，社会存在作为一个哲学问题，可以置于“粒子结构—原子结构—分子结构—细胞结构—机体结构—社会结构”这样一系“自然实体结构化代偿”的完整序列中加以审视。

自启蒙运动以来，在科学理性的声威中，各式各样的“社会进步论”甚嚣尘上，经久不衰。然而有目共睹的世界大战、环境污染、生态破坏、气候反常、核武威胁、艾滋瘟疫、恐怖主义、贫富悬殊、金融海啸、难民流徙，凡此种种，不一而足，不免令人疑窦丛生，唏嘘不已。正如黑格尔所说的那样，世界史并不是一块充满好运的地域，那种安宁而幸福的时期不过都是史书中的空白之页。

在谈到法兰克福学派及其他政治哲学时，王东岳这样认为：“在我看来，这类哲学完全就是现代社会学与政治学的变种，如果这些东西也能叫做‘社会哲学’的话，则应该说真正的‘社会哲学’尚未诞生。实际上，法兰克福学派所关心的大多是时髦的政治话语和时尚的社会潮流，同时他们也能挑起某一阵子短暂的思想波动或社会骚动，此外别无要紧的学术贡献可言。至于波普尔的‘乌托邦工程批判’、罗尔斯的‘正义原则证明’和诸

① 子非鱼（王东岳）：《物演通论——自然存在、精神存在与社会存在的统一哲学原理》，第 51 页。

② 同上书，第 366 页。

齐克的‘最小政府理论’等等，则更像是对既往社会运动和当前社会问题的批判与思考，却不是对有关‘社会存在’、‘社会构成’以及‘社会演化的动能与动量’等根本问题的基础性研究。从西方思想史上看，也许只有孔德、斯宾塞和马克思曾经对这类真正属于‘社会哲学’的问题有过加以深究的意向，这个刚刚着手开垦的哲学处女地眼下反而日渐荒芜，其间只生长出了稀稀拉拉的衰草残花，几乎令人目不忍睹。”①

看似生机勃勃的所谓“文明”存态，正是那个先决而等效的宇宙物演衰变进程的华彩落幕式。生存能力的提高为什么反而造成生存效果的全面败坏呢？人类对于自身在自然界的位置几乎茫然无知，而整个学术界甚至对于“社会”这个运载体究竟属于何物都摸不着头脑，更不要说对它的“运动趋向”有所把握了。② 谁能保证，“社会”这个寄存着人间最多厚望的宝贝，恰好不是一个宇宙最幽深的陷阱呢？人类文明的总体发展趋势是被某种宇宙物演法则所注定的，一般短视距的人文历史现象描述只能起到遮蔽主因和蒙蔽智慧的作用。

① 子非鱼（王东岳）：《物演通论——自然存在、精神存在与社会存在的统一哲学原理》附录二，第411页。

② 参见上书，《附录三》，第424页。

第一章　长恨人言浅　不如天意深

第一节　语言的天道赓续与人道运演

普罗太纳斯曾说，如果有人问大自然，问它为什么要进行创造性的活动，又如果它愿意听并且愿意回答的话，则它一定会说：不要问我；静观万象，体会一切，正如我现在不愿意开口并一向不惯于开口一样。宇宙的诞生，自然的存在，没有造物主召开发布会，没有哪位大神声称负责，也没有随之附带说明书，一切有如天书，只能依赖人类与生俱来、与时俱进的感知能力去认识和理解。这便是人类置身其中的宇宙天地“装聋作哑”般的“无言”景象。这种无限时空中运演的天道，人类任何有限的言说都只能是狗尾续貂，强作解人。然而不论是无言的天道还是畅言的人道，就其运行之途径、运演之情境而言，却又都是有迹可循的。

《浮士德》将《约翰福音》卷首的“太初有道”（In the beginning was the Word/Logos）改写为“太初有行”（In the beginning was the Deed）。这充分体现了新约上帝与旧约上帝、行动的上帝与言说的上帝之间的冲突。无限的宇宙是不可能完整、充分呈现于有限的人类感知与言说之中的，康德称之为普遍绝对。因为呈现就是相对化，就是安排背景，安排呈现的条件和际遇的成形。所以人们不能呈现绝对。但是人们能够凭借超越无限时空的思想，想象并表明有绝对这种东西。这就是一种“否定性呈现”，康德则称之为“抽象的”呈现。这似乎又使天道在人道中成为可能。

自然是沉默的，无限的自在，就是无限的沉默。存在主义哲学大师海德格尔在其语言哲学中反复申言聆听寂静，只是这寂静并非真的天聋地哑，而是雷鸣般的此在，无声胜有声。它是一种昭示，也是一种召唤，但绝不与人言雷同。语言是一回事，沉默的世界是另一回事。语言对世界的命名，是人的一厢情愿，跟世界没有任何物理或物质层面上的关系。这也正是结构主义语言学大师索绪尔反复申言的语言符号与指称事物之间的任意性。意图是语言的本质。语言是事物的精神性衣冠冢。语言是话语的墓志铭。语言让话语凌虚蹈空，谎话连篇。推而广之，美（诗、艺术）更是想象力的灵光闪现，是对沉默的无奈挽救，而非现实本尊，也非现实的反映。但就自然创造人，人创造语言而言，人言绝非无中生有，空穴来风，而是天道赓续与人道运演的体现。

正是由于宇宙天地这种无言的本真状态，启示东方先哲以人合天的慎言、寡言、不言、禁言思想，形成“巧言令色，鲜也仁”的语言观念和价值取向。人言嚣张，天道废弛。心行处灭，言语道断。才涉唇吻，便是死门。开口即俗，说道便错。孔子喟叹天地不言，四时行矣，百物生焉。老子体悟天地不言而有大美，大音稀声，大道无言。《荀子·解蔽篇》云：“由用谓之，道尽利矣……由天谓之，道尽因矣。此数具者，皆道之一隅也。”《天论篇》云：“万物为道一偏，一物为万物一偏愚者为一物一偏，而自以为知道，无知也。”这一观念不过是《老子》“道可道，非常道”、《庄子》“道不可言，言而非也”以及“可以言论者，物之粗也”等思想的翻版和改写而已。老庄之不言，乃欲言而不能言，一则无须乎有言，一则不可得而言。他们不能不用语言文字，而又不愿用、不敢用、亦且不屑于用之，故主张得意忘言，得鱼忘筌。《易·系辞》云：书不尽言，言不尽意。佛道崇虚，极空有之精微，体生灭之机要，以中华之无质，寻印度之真文。《圣教序》云：“盖闻二仪有象，显覆载以含生；四时无形，潜寒暑以化物。是以窥天鉴地，庸愚皆识其端；明阴洞阳，贤哲罕穷其数。然而天地苞乎阴阳而易识者，以其有象也；

阴阳处乎天地而难穷者，以其无形也。故知象显可征，虽愚不惑；形潜莫睹，在智犹迷。况乎佛道崇虚，乘幽控寂，弘济万品，典御十方。举威灵而无上，抑神力而无下。大之则弥于宇宙，细之则摄于豪厘。无灭无生，历千劫而不古；若隐若显，运百福而长今。妙道凝玄，遵之莫知其际；法流湛寂，挹之莫测其源。故知蠢蠢凡愚，区区庸鄙，投其旨趣，能无疑惑者哉！”这种天道无言与人道难言的纠结，也体现在佛教的现量、比量学说之中。现量不可言说，甚至不可意会，如果硬要言说与意会，只能勉强称之为第一刹那。当我们说 It is 的时候，It is 已成 It was。刹那芳华，瞬间永恒。比量在梵文中原意为“随后的量度”之意，顾名思义，也就是间接知识的意思。人类把握事物存在的方法，除了**直接感知**与**间接推知**之外，再无其他途径。如果作彻底的怀疑与追问，也许根本不存在丝毫不含间接成分的直接与丝毫不含直接成分的间接。每一现量都有理智直观的刹那。每一比量都是在特定的现量背景下生发。在现量之后的各刹那中，第一刹那的现量（有类我们平常所说的第一印象）便不复存在了，接踵而至的是无穷无尽的现量中涌现的无穷无尽的比量。现量与比量构成佛教所谓的“流转相”：生、住、异、灭诸相。《维摩诘所说经》云：言说文字皆解脱相。《金刚经》曰：所言一切法，即非一切法。执则字字疮疣，通则文文妙药。六祖所谓心迷《法华》转，心悟转《法华》，恰如大哲海德格尔所言，是语言说人，而非人说语言。禅宗于文字无所执着爱惜，只为接引方便而拈弄，以当机煞活而抛弃。故不立文字，以言消言，随说随扫，随立随破。这使得东方传统文化由无言、不言、慎言、寡言、畏言发展为离言、去言、消言、弃言、禁言。眼耳鼻舌意身皆为欲求牵累。语从四大声色中来。一切在途之语都是病。此情此景，只能让人类再次喟叹，即便人类巧舌如簧，口吐莲花，语言就是语言，作为无物之阵，它所能承载和兑现的，只能是天道赓续与人道运演。

人类语言作为人文世界衍生出来的“软件系统”，是依托于自然存在这一“硬件系统”的。凭借古往今来、古今中外的大哲先贤们对存在本体的这种非语言状态的“无言”之美的多元体认，今人心领神会这种悠悠天地的现量性无言此在，此在无言，应该不会有太大的难度。在有限的现量存在中，人类被无限的比量世界包围。作为天、地、人三才之一的人类，宇宙之精华，万物之灵长，为天地立心，即是天道赓续，依天文、地文而创人文，人文成化，人道运演。《文心雕龙·原道》曰：“言之文也，天地之心哉!”“文之为德也大矣，与天地并生者何哉?”而人文的理想、核心与本质，则表现为为生民立命，为往圣继绝学，为万世开太平。这一深厚传统，集中体现在刘勰《文心雕龙》原道、征圣、宗经的文之枢纽之中。“人文之元，肇自太极。”“道沿圣以垂文，圣因文而明道”，“原道心以敷章，研神理而设教”，“天道难闻，犹或钻仰”，“经也者，恒久之至道，不刊之鸿教也”。

穿越时空，且让我们放眼现当代西方思想世界。如果说海德格尔的言说表达了他对不可言说的东西、沉默的东西、持存的东西的尊敬，而德里达的言说则表达了他对繁衍的东西、难以捉摸的东西、隐喻的东西和不断地自我解构重构的东西的情有独钟与深情款款。1966 年美国约翰·霍普金斯大学召开巴黎结构主义研讨会，年仅 35 岁的德里达竟在会上宣读一篇攻击结构主义的论文《人文科学话语中的结构、符号与游戏》，史称 SSP。1967 年，巴黎结构主义革命进入高潮。这一年，德里达一气呵成三本解构力作：《声音与现象》、《论文字学》、《书写与差异》。第一本书《声音与现象》篇幅虽小，但它锁定胡塞尔现象学最先进、最精密的形而上学。德里达指出，西方哲人患有家族病，即声音至上，在场第一，言为心声，法随言出，也即所谓的“语音中心主义”。《声音与现象》是另外两本著作《论文字学》、《书写与差异》的导读与注解。《论文字学》中，德里达先是为莱布尼茨鸣不平，继而征调一批与黑格尔抗争的现代学者。继蒙田、伏尔泰之后，莱布尼茨盛赞中国文明，欲以此作为欧洲启蒙的理想参照。在《关于中国哲学的手稿》中，莱布尼茨不但迷恋中国汉字简约象形的哲理性，而且怀疑西方拼音文字是否科学。他甚至建议：借用汉字超脱性，发明一种数理语言。对此离经叛道之说，黑格尔大加挞伐：（1）汉字虽比埃及古文字抽象，但仍以象形为基础。它那笔画生硬的自然痕迹，抗拒语法，也不利于科学发现；（2）汉字脱离口语，表意不表音，仅为少数人所用。这种艰涩书面语，阻碍精神表达，始终“外在于历史”。一句话，东方人之所以久久不脱蒙昧，实因其使用的象形文字，不堪思想之负。而西方拼音文字的伟大，则在于它采取语音—字母（Phonetic-alphabetical）直录形式，即最大限度消灭符号距离。作为哲学语言，它口吐真言，直面思想，所以黑格尔断定它是最好的语言。在《哲学全书》中，黑格尔扬言，拼音文字，无论自在自为，都最具合理性。五四新文化运动以来，西方的逻各斯中心主义对中国的传统文化以及语言文字产生了巨大影响，周有光在《汉字改革概论》（1979）一书中，从文字的两大规律出发为汉字拉丁化改革寻找理论根据：（1）文字符号是不断发展的，符号发展的一般规律主要是简化——从繁难到简易。（2）文字制度的发展，一般规律是从形意制度（picto-ideographic writing）到意音制度（ideo-phonetic writing）再到拼音制度。汉语拼音与白话文运动的发展，很充分地体现了西方语音中心主义与逻各斯中心主义的强大势力与深远影响。在《哲学讲演录》中，黑格尔抨击莱布尼茨礼拜汉语文字实乃误入歧途。钱锺书《管锥编》耿耿于怀，开篇即予辛辣还击：“黑格尔尝鄙薄吾国语文，以为不宜思辩；又自夸德语能冥契道妙……其不知汉语，不必责也；无知而掉以轻心，发为高论，又老师巨子之常态惯技，无足怪也；然而遂使东西海之名理同者如南北海之风马牛，则不得不为承学之士惜之。”① 迈入数字化生存的当代，媒介即信息，在当下的科技媒体信息社会，只有经过高科技媒介转换的现实才能进入和成为现实。以语言文字为代表的传统冷媒介已让位于各种更加流行的电子化与虚拟化的热媒介。目前人类社会的各种文化设施，都不过是以放大的方式，将存在于中枢神经系统内部的复杂

① 参见赵一凡《西方文论讲稿——从胡塞尔到德里达》，第353—354页。

生物过程以声光电等物理方式投射到社会的大屏幕上演示出来而已。王选的汉字现代信息化处理，使古老汉字史无前例地突破科技瓶颈，浴火重生，在信息化、数字化时代大放异彩。德里达高度认同法国哲学家让·热奈特的观点，他在《中国：文字的心理侧面与功能》中指出：汉字起于象形，可它并未止于简单象征，而是形声齐备，意指灵活，精妙体现天人合一。德里达也颇为赞赏美国东方学者费诺罗萨、意象派诗人庞德。他俩一个论理，一个译诗，双双展示汉字音韵之美，意象之妙，思辨之卓越。虽然对此德里达略知其然，不知其所以然，可他还是禁不住为心向往之的东方文明喝彩：汉字象征了“一个发展于逻各斯中心论之外的伟大文明”。张隆溪《道与逻各斯》，可以说是对德里达中国文明想象的学术回答。

文本写作或运用任一符号系统的表达活动，被德里达比喻为“沙漠上的行走”。没有比喻，语言将失去力量的泉源，而僵化为一约定的符号系统。文字尽管败坏，文本虽然粗鄙，却是人类唯一可以仰仗的文化档案、思想载体。文字无论如何都不可能作为一种外在力量被随意打发。黑格尔崇拜的语音中心，竟被德里达置换为一种文本中心。德里达认为文本之外别无它物（There is nothing outside the text），从而使自己成为在文本中到处流浪的思想家。德里达所说的文本性，首先是指文字特有的间距、含混、重复与转义。由它构成的文本，好比一条存在之链：它包含了各式思想残渣、情感碎片、意义痕迹，一如卢梭《忏悔录》中的言不由衷、自相矛盾。即便在黑格尔的圣明著作里，照样充斥着言过其实、文过饰非、修辞矛盾、自我分裂的言说劣迹。德里达认为，文本以其嬉闹方式，表达它的开放与无限。这并非是一种快乐或不幸，而是一种我们必须接受的自然状态。说到底，文字与文本的毛病，反映了人类语言的局限。对此我们不必掩饰，而应予坦然承认。德里达在批判胡塞尔意义理论时指出，传统西方文化之所以能够有效地依靠语音中心主义推行逻各斯中心主义，就是因为语音中心主义具有以“在场”指示、代替和论证“不在”的优点，具有一种从“直接面对”转向“间接迂回论证”的中介化特征。语言正是传统形而上学玩弄“在”与“不在”的游戏的中介场所。德里达指出，相对于书写，说话的声音具有更透明、更自明和更直接的被给予性。也正是因为这样，西方传统思想和文化才把说话和语音放在首位（voice, writes on the ears）。柏拉图以来，所有正统思想家所做的基本工作，就是用语音中心主义所提供的这个特点，将“存在”和“不存在”这两个根本不同的本体联结起来，并以逻各斯中心主义所形成的真理命题结构，将两者统一起来。所以，传统思想所做的，无非就是把“差异”变成“同一”，然后又在“同一”的基础上，将“差异”限定在有利于长久地固定“同一”的范围内。其本质是格式塔心理学派所揭示的异质同构。传统思想家总是首先夸大语言同思想观念及其真理体系的统一关系，并通过将语言符号绝对化和固定化，而达到将思想观念及其真理体系绝对化和永恒化的目的。表面看来，柏拉图以来的传统文化，似乎将语言，特别是口头的言语论证放在思想观念及其所要表达的真理体系之先。但是实际上，夸大语言，特别是言语论证，正是为了夸大通过语言，特别是言语论证而表达出来的观念体系和真理系统。语音中心主义的巧妙之处，就在于以虚假的语音优先掩盖其真理优先的实质。语音中心主义和逻各斯中心主义的优点在于有意识地使复杂的文化创造过程实现简单化、同一化、确定化和可理解化。但是，语音中心主义推行逻各斯中心主义同时也使西方文化的创造活动的整个过程朝着有利于各个时代统治中心的方向发展，在此过程中完成了意识形态殖民，认识混同于事实，语言等同于事物，从而实现了对于文化创造者及其产品自由创造生命的宰制与扼杀。语言论述始终同它所论述的事实保持距离，甚至采取完全相反的表现形式，以便于论述本身逃脱实际的基础，将自身掩饰成“无关利益”或“中立”的纯“客观”语言形式，有助于它继续发挥它的奇妙而神秘的社会功能。从德里达开始，后现代主义者继续揭露传统文化用语音中心主义维护统治阶级真理体系的诡计。传统思想家凸显口语和言语的优越性，就是为了使本来虚幻和模糊的各种观念及其所支持的真理体系魔术般地变成现实在场出席的现实力量。在传统思想家只看到或只重视一致和统一的地方，德里达看到并重视差异和间隔。德里达并把差异和间隔当作一致和统一的基础。实际上，追求一致和统一，就意味着重视静态和休止，重视稳定和保守。一切静态和休止、稳定和保守，都只是各种事物生命运作中的一个暂时过渡状态。德里达试图跳出和超越结构主义在“能指”和“所指”二者的形式关系内部循环的局限性，强调两者的区分同时包含“空间的”和“时间的”多向维度，从而克服结构主义仅限于共时和历时的二元对立模式。德里达认为，符号本身就是悖论。也就是说，决定符号意义的可感知性和可理解性的一致性，又同时必定以它们的根本差异、游离作为先决条件和基础。在德里达看来，语言的“能指”和“所指”表面上是两种不同的因素，但实际上却是一个符号。当传统文化的语言用“能指”去指示或表现“所指”的时候，实际是用在场的“能指”去指示或表现不在场的“所指”，而当在场的“所指”直接呈现的时候，原来的“能指”却变成不在场。历代的传统文化利用语言中“能指”与“所指”的“在场”与“不在场”的游戏，进行各种知识和道德价值体系的建构，并赋予某种被典范化和被标准化的意义体系。因此，后结构主义者认为，首先必须彻底揭露“能指”与“所指”的“在场”与“不在场”的游戏性质，特别要指明这种游戏的虚假性和虚幻性。传统观念认为意义先于语言而存在或存在于语言之外并可通过语言而获得。德里达和福柯超越海德格尔的地方就是对意义理论穷追猛打，并在摧毁意义理论“二元对立统一”思维和表达模式的基础上，颠覆与此紧密相关的语音中心主义和逻各斯中心主义。德里达发明“延异”、“播撒”等准概念类范畴以解构西方文化根深蒂固的“逻各斯中心主义”。德里达似乎是一位鲁滨逊式哲学人物，被孤身困在“迷阵”岛上，等待“哲学思辨号”（晚年著作中所强调的不能被解构的道德确定性）货轮来搭救他。德里达指出，传统的二元对立之所以必须被颠覆，是因为它构成了迄今为止一切社会等级制和暴戾统治的理论基础。德里达等人的后结构主义对于结构主义的超越，不只是停留在对于结构主义语言观及其语音中心主义的批判，而且还进一步延伸到语音以外的文字以及文字以外的其他各种符号、记号、图像等具有“间隔化”和“差异化”特征的形象结构的运动场域。Writing is therefore both an addition to speech and a substitute for speech（书写因此既是言说的附加也是言说的替代），将自由创造的活动范围延伸到文字以外的间隔化和差异化图像结构的运动中去，延伸到未被标准化的多元化的“类符号”中去，其目的不但是彻底摆脱语音中心主义的约束，而且也要走出西方文化的种族中心主义的阴影，同时实现在新的差异化运动中进行自由创作游戏的理想，为整个人类文化创造的无限延异的创造运动开拓更广阔的前景。德里达解构主义的贡献，就是划清了符号的运用同实际存在的事物、人们所信仰并推行的真理价值体系之间的界限，并指出它们之间的永远不可克服的差异。语言是事物的单纯符号，是事物的“替身”，替补，乃是延异的别称（to supplement means both to add and to substitute）。在某种较难理解的意义上说，词语几乎就是一种类似于摹本的东西，摹本具有使世界得以表现和象征性存在的功能，人可借此“把握”和“拥有”世界。但意义不是符号，事物不是原词，语言符号同实际存在的事物之间的差异不但永远不可克服，而且将在人类文化创造和自由思想的永恒运动中，成为一种德里达所说的“不断产生差异的差异”（“延异”）。这种“不断产生差异的差异”不但真正揭露了语言符号同实存事物之间的差异，而且为人类理想的自由创造游戏活动提供了最强大的动力。德里达与德勒兹在差异哲学上的高度同一的互文性，也许正是差异现象表面雷同的吊诡所在。在德里达看来，人所创造的语言符号，其重要的特征，不仅在于它本身内部和它同所表达的对象之间的差异性，更重要的是，语言符号中的任何一个因素，都包含着当场显示和未来在不同时空中可能显示的各种特征和功能。正因为语言符号中隐含着这些看得见和看不见的，也就是在场和不在场的、现实的和潜在的特征和功能，才使人在使用语言过程中，面临着一系列非常复杂的差异化运动问题。这种差异化运动，不是传统意义上的那种二元对立的固定差异化结构，而是具有自我差异化能力，并因而不断自我增殖的差异化过程。书写文字差异化结构中潜伏着无限差异化的可能性。书写文字的这种再生无限差异化可能性的生命力，当然不能抹煞原作者创作原文本的历史功绩。原文本，从现象学的意义上说，只是特定历史条件下极偶然、极有限的某种表达形式。传统形而上学的错误，就是将这种形式绝对化、固定化、神话化和标准化。时空维度的未来多种可能性交叠在一起，隐含着任何一个文本的无限可能性方向。当代科学研究表明，在量子世界存在着不确定因素，它会像蝴蝶效应那样由微观世界向中观世界以及宏观世界传导，从而引发“能在”与“此在”的不同模式以及具体的不同表现方式。此在的生命本质就是能在。人生的能在本质，使人隐含无限丰富的创造可能性。为了进一步深刻揭示能在对于人生的重要意义，海德格尔甚至将死亡纳入能在的范围，使死亡不再成为常人所恐惧的那种生命终结，而是成为发展生命创造过程的一个重要组成部分。将已经“死去”的文本重新在新的历史条件下复活起来，获得其新的生命，这就是对旧文本的最高尊重。各种文本或各种文化产品的意义，只有在不断更新的文化创造生命运动中参与到新的创造生命中去，才能发挥出来。德里达的文本学，即是这种关于文本结构的学问，关于书写的科学。德里达的文字学所研究的，与其说是文字和文本，不如说是这些文字和文本的运动及其一切可能性。德里达通过文本批判话语，又通过文本摧毁文本，无非是在文本中寻找和揭露已被掩盖的话语的踪迹，又在文本的踪迹中寻求自我解放和自我创造的途径，从而达到踪迹结构的再度差异化。德里达认为只有通过书写的文本，才能将有向度的、因而有限度的和有边界的中心还原成无向度的和无边界的真正的“零度”。“延异”的运动是一种类似现代物理学家海森堡对于光子的“测不准原理”式的运动描述：位置和动量或时间和能量同时量得之准确度有一明显的限制，因为一个无穷大尖锐的界域表示在空间和时间上有一个对位置（时间和空间）无精准的测量，因而动量和能量就必须完全的不确定，或是说事实上任意的高能量和动能的出现有压倒性的或然率。要同时确定位置和动量是不可能的；二者都将有误差，而二者误差之积为常数。凡希望物质世界反复无常者，都不会不知道此事的含义。意义是零碎或散布在整个符号的锁链之中，它无法轻易被敲定，绝对不是充分现存于某个单一符号，而是在场与缺席同时不断闪烁的状态。那文本的洞见，藏在瞻之在前、忽焉在后的随机痕迹之中。文本隐藏各种各样的幽灵。Meaning both to defer and differ，德里达式书写文字"延异"现象与光量子的测不准现象具有异质同构性质，堪称信息量子的测不准原理。从语言学来看，解构主义从根本上瓦解了索绪尔的一个固定的所指寓于一个能指的概念，没有了辩证的目的论，没有了传统形而上学真实的对立，没有了语音中心主义的"在场""呈现"的必要，德里达的"延异"解构思维因此将西方哲学的方向由千百年来的"逻各斯"、"语音"优位转移到作为"踪迹"的"文字书写"。有什么样的思想和文化，就产生和运用什么样的语言和文字，有什么样的语言和文字，又决定着会有什么样的思想和文化。

对于德里达早期工作，美国哲学家理查德·罗蒂冷峭总结道：文字乃一不幸之需。哲学文字，在海德格尔和康德等人看来，其真正目的是终结文字。但在德里达看来，文字总是导向更多、比更多更多的文字。从德里达的"crab-like style"（蟹状风格）中，我们可以细细品味这颇具戏剧性的一幕："我写下了第一个句子，其实我不该写下这个句子，请原谅，我要抹拭一切并从头开始；我写下了第二个句子，但我想了想，又觉得这个句子也不应该写下。……"走出语音和意义的双重结构范围而在文字的痕迹结构中延异。书写文字差异化同非书写文字的物体存在间隔化和差异化的相互关系。非书写文字的物体存在差异化结构，同样也不可避免地采取各种符号间隔化的中介形式。如同一切麻醉剂一样，书写文字在提供有利和直接的好处的同时，也带来消极的副作用。书写文字固然比言语更稳定和更含有反思的潜力，但它毕竟仍然是符号而已。作为人类创造的符号，书写文字充其量也只能成为人类思想和想象的中介，成为人的情感和实际活动的跳板，借助于它人们可以一方面同现实的世界打交道，另一方面又可以飞跃现实世界而到达纯粹想象的世界，在那里享受幻想中的自由。人类是唯一需要精神自由的生物，而这种精神的自由远比物质的和看得见的自由更重要。书写文字的重要性正是在于为人类提供了最大的自由，实现了在现实生活中得不到的自由。这种精神上的满足比物质上的满足更重要得多。但是，正因为如此，人们也发现了书写文字的局限性，发现书写文字会反过来破坏人们原来以为可以得到的自由。柏拉图将书写文字贬称为某种不利于人的生命的异己。他认为文字一方面在我们的记忆中留下明显的标志，另一方面又削弱人的记忆能力。因此，柏拉图认为，书写文字同真实的思想之间存在着一段距离。他引用古代的一个传说，讲到最早发明文字的埃及人赛乌斯同国王萨玛斯之间的争论。赛乌斯赞扬文字的发明可以使埃及人增长记忆，变得更加聪明。但是国王萨玛斯却认为文字只会使人忘记，因为人们不再去努力记忆了，只相信那些外在的书写符号而不再依靠内在的记忆。所以，人们通过文字教给学生的，只是某些近似智慧而非真正智慧的东西。从文字中人们以为学到许多东西，但实际上却对其中大多数仍然无知。柏拉图进一步指出，文字只能使人知道那些同所写的符号相关的事情。他认为，文字就像图画一样，画得很像是活人，但如果向它提问题，它却一言不发。文字也是这样，写得好像很聪明，但如果向它请教如何诠释，它却只能重复原来的话。同时，柏拉图又说，文字写出来以后要传给各种各样的人，这些人有的能理解，有的可能产生误解，但是文字自己却又不能进行辩解。柏拉图还将由各种话语和文字所组成的逻各斯分为三个等级。第一个等级是写在灵魂中的有关真善美的知识，第二个等级是在对话讨论中说出来的逻各斯，第三个等级就是写成文字的逻各斯。所以，苏格拉底和柏拉图都认为，书写文字是死的，它是没有能力进行辩解和诠释的。这与我国先秦庄子语言文字观何其相似乃尔！人类文化满目尽是语言符号化的思想骷髅。世界各地星罗棋布的图书馆充斥太多死胎名册，实是名副其实的点鬼簿与心灵墓地。文字同意义之间的间距化结构，被看作是产生混乱思想的病灶，也是各种离心结构扩大化的基础。德里达在文字同意义之间的间距化结构中，探索语言多义化的可能性，寻求脱离统治者“标准化意义”的新出路，以便找到最适当的空间和足够的时间去扩散其自由创造的思想产品。

后现代观念中的文本开始成为一个开放而永难完成的“织物”，它在不断地变换花样令人目不暇接，而不像古典观念所设想的确定的意义就隐藏在语言文字背后。形而上学或本质主义的意义观在这里被彻底粉碎。鲍曼把这个深刻的转变称之为从立法者角色向阐释者角色转变。福柯认为语言不可作为本体论、主体论基石，而要像病人那样，置于他的话语分析仪下，一一经受临床检验。拉康则指出，语言的发明，是对存在的杀戮。

如今，西方有关语言的巴别塔神话也许已经轰然倒下。但是，说一千，道一万，人类生活于其中的这个世界已然不是一种“事实”，而是关于事实的符号，我们从一个系统到另一个系统不停地给这些符号编码和解码。在这种表征行为与指意实践中，意义与价值、问题与症结，纷至沓来。西方人类学家创立符号人类学的研究形态。人类从记号（mark）开始产生到标示符号（icon，iconicity：signifier，signified），到信号（sign）、暗号、代码（code），再到象征（symbol）、隐喻（metophor），语义符号（semiotics），图像释义学（iconography），身体语言（gesture languages），体态符号（kinesics）等等，以此来透析文化符号和文化含义，深化对人类自身的认识。“我们不得不相信语言是人类极古老的遗产，不管一切语言形式在历史上是否都是从一个单一的根本形式萌芽的。人类的其它文化遗产，即便是钻木取火或打制石器的技艺，是不是比语言更古老些，值得怀疑。我倒是相信，语言甚至比物质文化的最低级发展还早；在语言这种表达意义的工具形成以前，那些文化发展事实上不见得是一定可能的。”[1]无论如何，诚如爱德华·萨丕尔所高度赞美的那样，“至今我们看到的真正属于语言的东西都指出，语言是人类精神所创化的最

① ［美］爱德华·萨丕尔：《语言论》，陆卓元译，第20页。

有意义，最伟大的事业——一个完成的形式，能表达一切可以交流的经验。这个形式可以受到个人的无穷的改变，而不丧失它的清晰的轮廓；并且，它也象一切艺术一样，不断地使自身改造。语言是我们所知的最硕大、最广博的艺术，是世世代代无意识地创造出来的、无名氏的作品，象山岳一样伟大”①。

当之无愧，诚哉斯言！语言乃是个体进入的第一个“共同世界”。

第二节　危如累卵的文化通天塔

文化，就是智质的性状化表达。文化活动每每表现为面对信息增量的信息处理过程。

孔德认为，人类既往的文化史经历了三个演化阶段：神学阶段（宗教阶段）；玄学阶段（形而上学阶段）；科学阶段（实证阶段）。

康德认为，文化和文明给人类带来的不是幸福，而是得到幸福的条件。从人类文化的目标来说，也不是要使世俗的享乐得到实现，而是要使自由即真正的自律得到实现。这种自律并不在于人类对自然的技术性驾驭，而在于人类对自身的道德性控制。

梁漱溟提出人生三大问题与人类思想文化三期：（1）人对物的问题，西方科学文化；（2）人对人的问题，中国儒家文化；（3）出世之学，印度佛教文化。

与其说文化带来人类的繁衍，毋宁说加剧了人类对于自身存在真正目的的迷离。随着“文化工业社会”也即“后现代社会”的到来，“现代性”与“后现代性”的相关讨论成为学术文化的热点议题以及社会理论的焦点命题。它是人类社会发展至当下人的生存性状耦合的集中体现。

“现代性”是“文艺复兴”以来，在反对中世纪宗教蒙昧主义和封建专制主义过程中诞生的思想文化。在此前提下，“现代

① ［美］爱德华·萨丕尔：《语言论》，陆卓元译，第197页。

性”就是理性。“现代性”原为一种抽象的哲理构想，它是经过一批心地善良的启蒙思想家之手绘制而出的理想蓝图，在这个理性王国中充满了华彩乐章和华美约言。“现代性”既是一个文化观念，也是一个哲学观念，还是一种有关现代社会更加宽泛的陈述。“现代性”的概念是把握了社会转变的某种感悟，它不只是纯粹制度的或文化的，而是两者的结合。人们把洛克称作具有现代思想的第一人。伏尔泰和康德都把洛克视为自己思想的祖师爷。洛克对整个18世纪的法国思想产生重要影响，百科全书派和启蒙主义者都把自己的政治、道德、教育和哲学思想建立在他的著作基础之上。因此，他是对法国大革命和美国革命产生了重要影响的思想家。除了亚里士多德和马克思外，似乎还没有一个思想家能像洛克这样对政治领域产生如此重大的影响。蒙田的《随笔》(1580)，培根的《知识的进步》(1605) 和《新工具》(1620)，笛卡尔的《方法谈》(1634)，卢梭回归自然的文化悲观主义，黑格尔理性主义集大成的启蒙乐观主义，马克思、恩格斯充满批判现实主义精神的《共产党宣言》(被伯曼视为“第一部伟大的现代主义艺术品”)，都是西方现代性进程中的重要节点，都是现代性自我确认史上一些重要的里程碑。卢梭把三种革命性的思想引入到西方哲学的主流思想中，并从此产生了巨大的影响。首先，文明并非人人所设想的那样是一种好东西，也不是价值中立的，而确确实实是一种坏的东西，文明并非真实价值的创造者和推动者，而是真实价值的玷污者和摧毁者；其次，生活中的一切（无论是个人生活还是公共生活）都必须遵循情感和自然本能的要求，而不是遵循理性的要求，换言之，情感应该取代理性成为生活和判断的指南，自然状态的人是“高贵的野人”；最后，人类社会有自身的“公意”，它不是个体成员意志的总和，公民必须完全听命于“公意”。赫勒对马克思的现代性理论做了准确概括，其8个主题是：（1）现代社会是动态的和未来导向的，扩张和工业化塑造了现代性的主要特征；（2）现代社会是理性化的；（3）现代社会是功能主义的；（4）科学而不是宗教成为知识积累的基础；（5）传统风俗习惯消解了，传统德性丧失了，某些价值或规范变得越来越普遍；（6）创造和解释的经典衰落了；（7）“真理”和“公正”的概念多元化了；（8）现代世界的不可思议和人的偶然性并存。雅斯贝尔斯这样概括西方现代性的三大原则：理性主义、个体自我的主体性和世界是在时间中的有形实在的观念。有多少现代主义者就有多少现代主义。现代性把全人类都统一到了一起。现代性的表征：工业化（当年梁思成听到伟大领袖希望在天安门城楼上看到一排排雄伟的大烟囱时惊得目瞪口呆）、都市化、科层化（或官僚化）、工具理性化、世俗化、个体化等。西方现代社会学三大导师马克思、狄尔凯姆（又译涂尔干）和韦伯均不同程度、不同角度地关注与研究“现代性”。马克思将现代性与资本主义的发展联系在一起。狄尔凯姆担心，工业化会加剧竞争心理和自杀倾向。韦伯是对现代性态度最为悲观的西方重要思想家，他沉痛地指出，现代世界所获得的物质进步，是以官僚体制的扩张，以及这种官僚体制对个人创造性和独立性的扼杀为代价的。理性化过程不可阻挡，但官僚机构及其管理模式，势必造成一个自行运转的铁囚笼，它压抑精神生活，牺牲个人自由。但即使是韦伯，也从未有只言片语谈及西方现代性背后血腥的殖民背景。霍米·巴巴将自己的工作称作“现代性的后殖民考古学”。霍米·巴巴正是从这种殖民背景出发，对西方现代性理论的两个核心观念（一、从启蒙时代构建起来的“人的本体论”，即“把白人作为标准、规范的构架”的理论；二、历史的线性进步观念）提出了挑战。阿尔都塞对黑格尔－马克思历史观的批判即属于此。“现代性”的核心是主体性。西方从笛卡尔到康德的主体性哲学思潮，这种张扬人的主体与能动性，就是西方“现代性”建构的哲学思想基础。康德整个先验论的建构思想，在本质上都是张扬这种能动性。康德的批判理性使理性合法化。理性得以成熟、壮大，并且成为战无不胜的源泉。作为理性，它包含三个子项：认知理性、道德理性、艺术理性。“现代性”是一复合型命题。“现代性”三位一体：科学精神、民主政治、艺术自由。利奥塔关心科学和艺术的现代性问题，吉登斯强调社会制度层面的现代性问题，哈贝马斯关注审美和哲学上的现代性主张。哈贝马斯称黑格尔是发展出明晰的现代性观念的第一位哲学家。在某种程度上，把他当作现代性的启蒙宏大叙事的缔造者并不为过。从20世纪30年代现象学运动，50年代语言学转向，60年代新左派革命，70年代解构批评，直到80年代后现代论战，“现代性”与“后现代性”话题，一直是西方社会理论、历史哲学以及学术文化的核心命题。现象学一词，始见于18世纪德国哲学家朗贝尔特《新工具》（1764）。朗贝尔特的现象，实为假象。他所说的现象学，即一种鉴别假象的方法。此后，费希特在《伦理学》（1812）中提出：现象学当称“自我现象学”，因为它从自我意识出发，向外推演出现象世界。为了仔细区分感性与理性，康德又在《自然科学的形而上学基础》（1875）中建议：需确定一个“现象学一般”的先验范畴，以便将人的经验知识，限定于现象界。在此基础上，黑格尔一举奠定精神现象学的研究目标。与康德相悖，黑格尔坚持理性与感性、本质与现象统一。此外，他虽同情费希特，却把他“由自我到世界”的过程反转过来，提出一个“从现象到本质”的经典公式。胡塞尔现象学是黑格尔理想在20世纪的痛苦延伸。胡塞尔的老师是布伦塔诺，意动学派创始人，弗洛伊德也是其著名弟子。胡塞尔早期著作《逻辑研究》，通过还原与悬置，表明现象学任务是揭示意识行为，将其还原为意向。也即将显现在意识中的直观对象，称之为本质。将客观实在存而不论，进行本质还原、先验还原。从1910年的《严格科学》，直到晚年的《欧洲科学危机与先验现象学》，胡塞尔的目标始终未变：以现象学重组西方哲学，尤其要克服那种“伽利略客观主义与笛卡尔主观主义”分道扬镳的可悲局面。胡塞尔确信，唯有提供一个完整的现象学哲学基础，方有可能扭转“欧洲哲学从中心撕裂”的历史危机。海德格尔对老师胡塞尔作了三项批评：（1）旨在打通意向，可是不能回答何谓意识；（2）痴迷于本质还原，却无法逾越意识与世界的鸿沟；（3）拒不考虑意识与经验的混合存在。由于胡塞尔漠视长青之树，他的意识科学只能是一种灰色理论。作为“传统哲学的摩西”，虽然他指出一条走出意识沙漠之路，却未能进入“存在的绿洲”。胡塞尔从一开始就锁定根本，深入剖析形而上学的核心：意识与主体。胡塞尔同黑格尔一样，非但推崇理念、重视主体，而且都把意识研究当成了哲学基础。差别在于：胡塞尔更多一层直观方法与结构分析。他所说的现象，也不尽等于精神现象。黑格尔的现象原为一种表象，它经由历史进程，逐渐显露本质，最终完成对立统一。如今二元论裂解，如何恢复统一？胡塞尔的拯救方案，是将意识重新定义，称作心物统一体。该统一体力图打破二元对立：它既非物理学实在，亦非心理学现象，而是胡塞尔所谓的“先验本质”。胡塞尔意欲别出心裁地构造一个心物交流的精巧结构，从而摆脱客观与主观的双重偏见。意向结构分析：作为事物在人心理上的对应项，意向可以单独存在，而不必依附外界。意向，是追求型的心理行为。意向有两个端点：一是意向，二是意向对象。人的一切意识活动，均在两极中展开。提出意向与对象平行律，以此来对应真理陈述与参指事物的双重结构。在胡塞尔看来：人类意识前一半，是具有综合功能的统觉。后一半属于观念或内在体验。针对后一半他表明：观念是一种“替代性表象”。作为反映事物的心理替代，它也是由语言符号承载的意向。意向不仅瞄准、替代对象，还具有飘逸逃脱的可能。德里达正是受到意向飘逸、替代缺憾的启发，展开他对现象学的批判。在德里达看来，胡塞尔虚张声势，先是狠命一脚将形而上学踢出门外，接着又把它从后门请了进来。胡塞尔的现象说仍是在场哲学，白色神话，科学招魂术。它包含着意向与对象的不对称。意识乃存在之母，也是一切可能世界的诞生地。人的先验意识，更是一个新世界赖以形成的先决条件：当人的意识表现出某种内在秩序时，一个世界便会应运而生。作为乱世圣贤，胡塞尔口吐莲花，感天动地，吸引大批追随者，诸如英伽登、勒维纳斯、梅洛-庞蒂等外国弟子，纷纷慕名前来听他讲经布道。保罗·利科，“二战”期间在战俘营中苦读并译介胡塞尔现象学著作，后来成为现象学在法、美的传人。现象学家门不幸：海德格尔升任校长，将老师赶出校门。另一杰出女弟子汉娜·阿伦特，海德格尔的情人，负气出走，投奔萨特，推崇法国存在主义。胡塞尔声称：“现象学，海德格尔和我而已”，但胡氏认为海德格尔奢谈存在，误入人类学歧途。海德格尔同样迷恋哲学的玄妙，扬言“终生只想一个问题”，执着不让其师。天下万物，唯有人能经验一切奇迹的奇迹，此即现实的存在。舍勒把现象学应用到各个领域当中，是现象学的最大推广者。舍勒把现代性的根本特征归结为“价值的颠覆”。在现代社会，感官价值被视为最高价值，从而凌驾于精神价值与神圣价值之上。他认为人只有通过对高级价值的爱才能最大限度地实现自我价值。而他试图做的就是重新恢复客观的价值秩序，也正是因为如此，他的现象学弥补了胡塞尔一生的缺憾。“现代性”源于根本信仰丧失了形而上学依据，理性开始作为价值崩盘后的“救命稻草”。体系化了的现代思想，只承认一种方式可以启蒙，以一种方式“进步”，它的体系化就成了它的包袱。而且，一言堂的启蒙，最终是大言欺人。福柯说得好：不屈服于“启蒙的讹诈”，才能继承启蒙。“怀疑一切”作为理性思维的一部分源于笛卡尔，启蒙的关键人物卢梭以怀疑著称，他在怀疑“进步”的必然性时，已经怀疑了启蒙的所谓正统。人们把马克思、弗洛伊德和尼采称为“三位怀疑大师”，而把黑格尔（Hegel）、胡塞尔（Husserl）和海德格尔（Heidegger）称为“3H”，不单指这三人姓氏都以H为首母，更要紧的是：黑格尔以《精神现象学》著称于世，胡塞尔与海德格尔则并称为现象学大师；因此，也把这一时代称为“三位怀疑大师”和“3H”的时代。怀疑主义作为一种哲学思想源远流长。怀疑主义也被称作皮浪（亚历山大大帝的卫兵，亲睹各地异俗，遂而随波逐流）主义。皮浪门徒蒂蒙对怀疑主义这一立场作了更有实质性的知识论证。他特别强调，任何一个论证或论据都是从自身尚不成立的前提而来的，要证明这些前提，就需要其他的论证或论据，而它们又必然建立在未加证明的前提之上，以此类推后退无穷，最终就不会有确定性的终极基础。休谟指出：我们无法获得确定性，我们面对的是充满希望的可能性，而不是确定性。狄德罗临终遗言：怀疑是通向哲学殿堂的第一步。

彻底的怀疑论是否能作为生活的依据，这本身就是值得怀疑的，如果能，那就又要怀疑这种生活的意义。不过，对怀疑论的这种辩驳（如果称得上是辩驳的话）并非逻辑上的论证。一些后现代理论家曾经假设，如果现代哲学是以蒙田而不是以笛卡尔为起源，那会是完全不同的启蒙运动。启蒙思想会更灵活，更包容；取代宗教世界观的，就会是语言文学和政治学，而不是数学和物理学。三大自主的价值领域科学技术、道德法律和艺术发展的不平衡导致了工具理性的过度发展。技术的发展变为现代性的参数。现代性就是自然和技术的转化过程。自然曾经是不可战胜的，现在则被控制了，并且它的控制者已占据了它的位置。今天，唯一永远不能被控制的东西就是疯狂的控制强制性。这种强制性就像海德格尔所说的现代技术的本质那样不受束缚。它成为技术律令，技术最初是人类器官或生理系统的替代物，优化人体行为的仪器，其功能是接收数据或影响环境，是物演代偿衍存、属性增益与性状耦合的结果。科学理性创造了现代性，发展了现代性，造成了现代性的危机，同时，也在探索走出现代性危机的出路。现代性通过高科技的力量符号化、信息化、复制化的人为文化因素越来越压倒自然的因素。电脑和互联网使人类仿佛共同使用同一个超级复式大脑，人类开始共同拥有这个史无前例的超强大脑，并且这个超强大脑在极速进化，宛若上神，无所不能，创造超现实的“超体”神话。这种数字化恐怖导致互联网恐慌。“现代性”提出三大元叙事：启蒙主义提出的人类解放，唯心主义主张的精神的目的论和历史主义所主张的意义阐释学。前工业社会，人类同自然斗争。工业社会，人类与人化自然也即社会纠缠。后工业社会，人类在庞大的文化迷宫中寻找出路。“现代性”导致生态失衡与价值失落。水脏了，人类发明水净化器；空气脏了，人类发明空气净化器；人心脏了，人类只能指望上帝原谅或是清场。有识之士开始把“现代性”视为纯粹的麻烦制造者。“现代性”在后现代思想家眼里，完全是一个否定性的概念，成为危机和困惑的代名词。历史上的愚人船和泰坦尼克号可以说是两条颇具“现代性”象征意味的船。[1]尼采攻击“现代性”是“权力意志”，海德格尔批评它是“现代迷误”，福柯指认它为“话语权力机构”，利奥塔嘲笑它是一套业已崩溃的“宏大叙事”。哈贝马斯认为，现代性尽管出现了许多问题，但并非走到了穷途末路。无论是哈贝马斯把现代性解说为启蒙思想家的建构方案（不是启蒙规划的终结，而是尚未完成的规划）也好，还是福柯把它理解为一种英雄态度也好，或者利奥塔将其概括为元叙事为基础的知识总汇也好，“现代性”都表现出以理性精神不断反思历史与构建未来的倾向。“现代性”是“时间性乌托邦”。“现代性”由先锋变成残部。

一种范式转换将使一些人落伍。纯形式的现代主义和纯反叛的现代主义都太狭隘、自以为高尚和不切合后现代精神。斯宾格勒的“西方的没落”警示，艾略特的精神荒原想象，以及庞德谐诗“从牙缝中挤出一声老婊子，那文明便扑哧一声完蛋”，表征着现代性向后现代性的过渡与转换。说到“后现代”，人们最强调它的哪一半，是“后”还是“现代”？后现代首先是后现代吗？或者它更是后现代？后现代似乎是现代之中最现代的东西。现代性母体中孕育着“后现代胚胎”。后现代主义通过新历史主义证明自己是反现代的，因为后现代背离了现代的启蒙义务。然而后现代主义又不是对现代性的简单否定，而是对现代性的多元重写。

包豪斯学派后期作品中讲求功能主义，强调简单、统一和冷峻的风格，苛求理性、抽象和机械的特征，带有明显的工具理性、科学主义甚至极权主义色彩。后现代性肇始于对这种现代主义建筑风格的消解与颠覆。1958年纳博科夫的《洛丽塔》被视为后现代文学诞生的标志，现代派文学向后现代文学转变的标准范本。纳博科夫认为，大作家都具有高超的骗术，其作品与现实毫无关系，却能独创一个新世界。《洛丽塔》完美实现了福楼拜百年前的艺术梦想：“我但愿能写一本至美至真到虚幻的书，它

① 参见赵一凡《西方文论讲稿——从胡塞尔到德里达》，第63—66页。

将不靠任何外在之物，全由自身灵气凝为一体，就像地球悬浮于太空，几乎没有主题，或主题隐匿不见。——我确信艺术的未来在于那个方向。”《洛丽塔》正是一本无主题的空灵之物。巴思在《衰竭的文学》（1967）指出，当代生活千变万化，充满“测不准定律”支配下的新奇与混乱以及那“一切都成问题”的惶惑心态。菲德勒《小说的终结》（1963）认为，现代主义变成一只泼尽水的空碗，历史已耗尽现代主义美学价值，文学亟须向后现代生存开放想象。桑塔格《反对阐释》（1966）认为阐释犹如都市废气，它损害敏感性，造成智力对艺术的报复。面对生活瞬息万变，她号召大家捍卫感觉。她所谓的新感性，正是出于对理性的厌恶。现代派文学擅长晦涩比喻，偏爱神秘象征。后现代文艺反叙事、反表征。戴维·洛奇《现代写作模式》（1977）指出：从现代到后现代，确有一条小说风格的衰变轨迹，这便是从象征隐喻的严肃释义，走向玩世不恭的戏谑反讽。进入后弗洛伊德时代，现代性的“现实原则”被后现代的“快乐原则”所取代。后现代艺术较多走向设计，注重设计感。后现代美学表现出拼贴、复制、游戏、无风格、无自律诸特征。

20 世纪 70 年代后期，发端于美国的有关“后现代”的讨论开始形成多元格局，吸引欧洲学者加入，“后现代”也变成一个国际文化命题，一时之间绚烂热烈如鲜花着锦，烈火烹油。借用德国学者韦尔施的俏皮话，后现代就此告别美国式的粗浅，升格为一种魅力四射的全球景观。早期的后现代评论家，在美国要数哈桑、沃森、詹克斯、斯班诺斯一批专家。在欧洲，比较出名的有洛奇、佛克玛、韦尔施等人。美国的后现代理论侧重于后现代主义运动的描述；欧洲的后现代理论更加偏重于对后现代的知识范式或思维范式的强调。法国的后结构主义哲学为后现代理论奠定了哲学基础，否定“在场”而强调表征，否定本原而关注现象，强调多元而抛弃统一，重视规范的内在性而非先验性，以及通过建构性的他者来分析现象的方法论，从认知范式的角度确证了后现代问题，“后”是一种超越的文化逻辑（a cultural logic of beyond）。

后现代社会，也即文化工业社会，服务、金融和信息产业压倒了传统制造业。后工业社会，人与人之间的竞争，信息的竞争、知识的竞争、人才的竞争似乎更加多元而复杂，信息方式凌驾于生产方式，注重个体性和自我关怀，反对主体性和人道主义。博德里拉指出：消费被用来描述后现代社会特征，对应于用生产来描述现代社会；现代强调功用，后现代突出摆设。类像的技术逻辑成为主宰，现实被超现实所取代。地域在先原则被地图在先原则取代，恰如建筑蓝图与建筑实体的关系。经典阶级政治学让位于一种“身份政治学”的分布扩散。后现代思想与理论有诸多“流行”品牌。它们敏锐捕捉人类的神经痛点，洞悉人类每每被一些靠不住的观念搞得兴奋不已，擅长把对手的立场加以漫画处理，在注意到它们的势力的同时也注意到它们的死穴。后现代蕴含和呈现多元另类的思想风格与文化风格。

后现代表现出六大“家族相似”，有时是总体上的相似，有时是细节上的相似：（1）反本质主义；（2）绝对的相对化；（3）概念的历史化；（4）反基础主义；（5）对起源和本源的怀疑；（6）反总体性。后现代也可以理解为“各种批判、修正、超越现代性的努力”。现代主义重在运用；后现代主义则重在对运用的分析。后现代范式不是深度性而是复杂性。后现代反一律化、一体化、均质化、普遍化，崇尚杂交性、异质性，用散落性、偶源性、差异性、断裂性，对抗总体化、起源论、同质性、连续性；用透视主义和相对主义取代表象论和基础主义的认识论；用不确定性和小型叙事取代元话语和宏大叙事；用“精神分裂分析”取代“精神分析”；用微观政治学取代宏观政治学。后现代各种事物之间的差异界线模糊化，因果性和规律性为偶然性和机遇性所取代，休闲和消费优先于生产，娱乐和游戏取代规则化和组织化的活动，生活形式日益多元化，社会风险性增高，原来传统社会中以一夫一妻为基础的社会基本单位“家庭”正在逐步瓦解和分化，公民个人自由极端化，各种社会组织也逐渐失去其稳定性，各种组织原则不断地受到批判，现代通货兑换为毫无价值的过期证券。后现代对文化总体结构发起总攻击，认为总体性是暴力的第一行为。“后现代是在整体瓦解的地方开始的，所以它反对整体的复归——无论是它在建筑中抨击国际风格的垄断地位，在科学理论中与严格的唯科学主义决裂，还是它在政治领域里攻击外在的和内在的专制现象。后现代的主要特点是，它积极地充分利用整体的毁灭，并力图确保和发展正在显露出来的、具有合法性和特点的多样性。”[①] 利奥塔构想的后现代哲学三大任务是：第一，告别统一的强迫观念，并使这种告别合法化。第二，它应该阐明有效的多元性的结构。第三，需要弄清一种构想或彻底的多元性状态的内在问题。利奥塔在谈到哈贝马斯的话语伦理时指出：共识已成为一种陈旧的可疑的价值，但正义却不是这样，因此人们应该追求一种不受共识束缚的正义观念和正义实践。知识的获得不是接受普遍真理或同意共识，而是不断地怀疑现存的范式，发明新的范式。后理性文化，将传统认为“非理性”现象纳入更广泛的“理性”范畴，打破单一知识范式。后现代的心态和思维模式特征是，看重不确定性、模糊性、混沌性、悖论性、偶然性、随机性、灾变性、差异性、特殊性、流动性、间断性、不可预见性、不可捉摸性、不可表达性、不可修正性、不可化约性、不可通约性、不可让渡性等。

德勒兹认为，传统的形而上学是一种纵向性的思维方式。形而上学建立起一种体系，力图从不证自明的第一原则出发演绎出其他事物。这种哲学按照不同的等级来安排事物，确定它们的地位，整个世界成为一个等级体系。德勒兹提出“树喻”理论，指出形而上学把关于实在的知识按照系统的等级体系的原则组织起来，如同树的枝条最后归总到树根一样，知识的分枝深深地植根于坚实的基础之中。庞大的概念体系是中心化的，统一的，等级制的，植根于自我透明、自我同一的表象的主体中。这棵树上繁茂的枝叶被称作形式、本质、规律、真理、正义、权力、我思等等。德勒兹认为，柏拉图、笛卡尔和康德都是树状结构的思想

① ［德］沃尔夫冈·韦尔施：《我们的后现代的现代》，洪天富译，商务印书馆2004年版，第61页。

家，他们想在一种普遍化和本质化的图式中削除时间性和多样性。现代的信息科学也属于这种树状思维，因为它运用命令树的形象将信息放在中心系统中分成不同的等级。与传统哲学纵向思维方式的“树状结构”相对立，德勒兹和瓜塔里提出后现代横向思维方式的“根茎状”理论。“根茎状”是非等级体系、非地域化的，它在一种随意的、无规则的关系中和其他根系发生联系。“根茎状”思维，目的是要拔除传统哲学之树和它们的第一原则，消解二元对立逻辑，使根枝多元化，广为散布，产生差异和多样性，建立起新的联系。德勒兹和瓜塔里认为，横向的、“根茎状”的思维方式也是一种“游牧思想”（Nomadic Thought）方式，它和“城邦思维”（State Thought）是相对立的。城邦思维在理论上表现为总体化的哲学形式，在实践上表现为警察和官僚组织。恰如福柯所言，现代性与其说是一种历史分期的概念，不如说是一种思维方式。德勒兹和瓜塔里提出用“精神分裂分析”（Schizoanalysis）取代“精神分析”（Psycho-analysis）。“精神分裂分析”把永不停歇的流动看作欲望自身唯一的客观性。“精神分裂症患者”不是正常世界的疯人，而是疯狂世界的正常人。精神分裂完全是革命性的，它威胁着整个资本主义的秩序。“精神分裂分析”的目标就是去除资本主义借以阻碍欲望激增的压制，包括俄狄浦斯情境中自我和超我以及现代主体借以被首先建立起来的基本压制。“精神分裂分析”是后现代解放的基础。后现代人是一种用外壳覆盖的软体动物。

法兰克福学派1931年草创，他们继承左派批判传统，赞同社会学家韦伯的观点，认为现代世界是一个官僚政治的“铁笼”。他们是一群犹太知识分子，从纳粹统治下逃到美国寻求好一些的生活。此后，以这一学派为中心的欧美左派思想体系蔚为大观。法兰克福学派从阿多诺与霍克海默《启蒙辩证法》、马尔库塞《单向度的人——发达社会的意识形态研究》，直到阿多诺《否定的辩证法》，日趋悲观。**他们坚守两个战略方向：一是文化生产，二是意识形态**。学派重点研究后工业社会的文化工业，他们发现一个以信息为主要资源和主要产品、由智能技术支配其他生产技术、靠知识信息传播联系并推动的全球一体化的新型社会，已经在工业社会的母腹中初具雏形。现代世界的基本问题是文化问题。技术理性变成政治理性，或压倒一切的意识形态。资产阶级一旦将权力托付给专家，便能将社会治理得天衣无缝。因此，除了关注历史现实的诸多失败之外，文化批评还包含某个潜在的乌托邦维度或解放维度。它相信，通过义无反顾地关注现代的诸多缺憾，它将获得导向某个更融洽、更和谐的未来的前提条件。**阿多诺心中，文艺是左派抑制资本整合的最后阵地。阿多诺晚年更加悲观，为了与资本主义决裂，甚至不惜要求文艺放弃交流功能。**

哈贝马斯作为法兰克福学派末代掌门人，自有资格担当后现代文化论争的国际裁判，其大将风度，大有置身兵戈之下，一一摆平各路英雄之势。现代性为花，后现代性为果，哈贝马斯将热火朝天的后现代论争，巧妙引向久已遗忘的现代性。1980 年的《现代性：一项未竟工程》，指名批驳贝尔，挑战福柯、德里达等人的反现代立场。次年，哈贝马斯亲往美国，发表《现代性对后现代性》讲演。此举标志现代性讨论的国际化、多学科化，也意味着德法哲学刀兵相见。在启蒙运动的基础上为现代性辩护，并攻击后现代性，认为后者会导向保守主义。哈贝马斯致力于在如此多的激进批评家（从尼采到福柯，从阿多诺、霍克海默到德里达）的攻击之后，为受到诋毁的理性概念正名，并恢复现代性的规范内容，包括对话和共识的概念。

福柯，作为巴黎高师这一红色摇篮诞生的后马克思主义思想家，顺理成章地成为对后现代产生深远影响的政治与道德哲学家。他的《知识考古学》旨在阐明：总体历史即形而上学历史，它习惯“围绕一个中心，把所有现象集中起来，归结为原则、意义精神、世界观、总体形式”。据此，福柯要求抛弃传统对于伟大时代、进步逻辑、线性发展的迷信，转而关注西方文化思想的断裂、差异、偶然与缝隙。[1] 理性实际上把个人拘囿在一个新

① ［法］福柯：《知识考古学》，谢强等译，生活·读书·新知三联书店 1999 年版，第 10—12 页。

的、更加阴险的权力结构中，而不是将个人解放出来。权力，在福柯看来，是使得不可见的东西变得看得见的能力。现代性就像一座没有栅栏的监狱。哲学成为那些生活在现代性边缘的人的颂扬。哲学蜕化成自我毁灭的狂欢。在汤因比先知式语言中，“后现代”意味着非理性、无政府和危险的不确定性，与他批评的斯宾格勒的“没落”意义相近。吉登斯的《后现代后果》(1990)，挑战达尔文进化论，同时强调现代知识的断裂性突变，及其悲喜交加之两重性。时空分割重组（农业时间：农妇看见羊群下山，便知该为丈夫做饭；现代人备感时间驱迫：在机场，航班进出，如同魔幻，现代人类跨越时空的伟大能力）、金钱与专家合成变革新机制（美国社会学家帕森斯定义的三大社会媒介：金钱、权力、语言；即便是待在家里，他依然生活在各种专家系统中）、知识反思与社会再造（启蒙理性向我们提供了一种似乎比传统可靠的知识稳定性，但如今我们同样无法确定科学合法性）。我们已然生活在现代性的复杂后果之中。后现代后果使西方社会盛行中产（苦行、敬业、理性、贪婪）崇拜与准宗教崇拜。伊格尔顿的《后现代主义的幻象》指出，后现代主义是无法挑战现存资本主义的情况下左派激进冲动的一种替代性选择。后现代思想怀疑价值判断、认识论基础、总体政治眼光和历史的宏大叙事，是怀疑的、微观政治学的、相对主义的和多元论的。作者把后现代主义视为资本主义新的历史时期内的一种文化风格，是一个充满内在矛盾的幻象。该书在对后现代主义进行批判的同时，也充分注意到它的力量与意义，对西方流行的后现代思潮提供了一种清新的分析视角。

伊哈布·哈桑的泛批评，是现代迈向后现代的转向路标。它指示后现代“由单一到芜杂”的历史衍变。后现代两个最基本的特征：不确定性（非中心化和本体论消失的产物）和内在性（将一切实在据为己有的精神倾向）。哈桑列举了一长串现代主义与后现代主义之间的对立范畴：目的/消遣、设计/偶然、间距/参与、形合连结/意合连结、选择/结合、确定性/不确定性等，然后又在一次报告中提到了后现代主义的解构性特征：不确定性、零散性、非原则性、无我性与无深度性、卑琐性、不可表现性，以及重构性特征：反讽、种类混杂、狂欢、行动与参与、构成主义、内在性，等等。[1]

杰姆逊在耶鲁大学读书时师从德国流亡学者奥尔巴赫。先后以《语言的囚笼》、《政治无意识》标榜自己的欧陆理论倾向，以此对抗英美批评垄断。1975 年，他面临思想上后现代转折：所有在空中飞舞的稻草，都证明一种普遍感觉，即现代岁月完结了。《后现代主义与消费社会》（1982）表示，后现代是一种艺术风格，也是一个文化分期概念。资本主义市场、垄断、跨国三个时期，分别对应于现实主义、现代主义和后现代主义。后现代文化从根本上受制于、对应于资本主义消费社会。其特征是主体瓦解、雅俗交融、意识形态淡化、学科分野模糊。而它突出的形式特征，当属杂拼（Pastiche）和精神分裂。所谓杂拼，来自现代派的戏仿（Parody）。所谓精神分裂（Schizophrenia），是指后现代特有的认知规律：诸如时空倒错、概念游移、历史健忘、道德荒谬。后现代主义以空间性的平面化（热衷和迷恋表层与表象）取代现代主义时间性的深度化（注重渊源和本质）。批评者嘲笑他迷恋总体论，说他是个“老而无悔的马克思信徒”。

利奥塔从知识社会学角度介入现代性论战，可谓后现代发言人。其《后现代状态》（1979），聚焦知识游戏，抛弃元叙事（解放的和启蒙的叙事），提倡小型叙事，搜集边缘话语，发展局部知识，从追求共识的统一性转向差异，总体性被多元论、不可通约性和局部决定论所取代。现代主义是单数，后现代主义是复数。后现代主义反对大问题和大故事，声称强迫每个人接受就大问题做出的带普遍性的回答，无异于极权主义。如果哲学不能开始就人们普通的日常生活说些什么，它就不配得到它索求的尊重。认为小就是美，生活应该关注小问题和小故事，生活的意义乃是在闲言碎语中发现的，理想的人类组织形式便是礼拜茶会。哲学应该阻止我们的生活僵化，为社会历史文化的“木乃伊”

① 参见赵一凡、张中载、李德恩主编《西方文论关键词》，第 44 页。

松绑。利奥塔将人类知识分为两大类：叙事知识与科学知识。人类的叙事能力，发源于童谣、情歌、占卜、祈祷、部落神话。作为口耳相传的古老知识，它质朴温和、宽松不拘，一如老祖母苦口婆心、给咿呀学语的孩子讲故事。结构语言学认为：叙事游戏虽然对语言能力的要求不高，但它包含着丰富的道德价值和情感价值（像正义、善良、高尚和美），兼容各种语言游戏规则（诸如指示、描述、质询、评价）。另外，通过说、听、指三角传输，叙事构成广泛的社会交往，以及文明社会内部不可或缺的人际制约。与之不同，科学就像老祖母膝下的一名聪明后生：它生性孤僻，不食人间烟火，一心要追索理念、描述规律、限定真理。为此，它抛开柔弱情感和杂乱规则，只玩一种高级游戏，即真理陈述。科学的无情，令它无法构成广泛包容的社会交往，只能作为学者或科学家之间的高深对话。[①] 科学奉行操作主义、有错尝试。科学真理如今仅仅存在于实验室的尖端游戏中，除去少数专家的短暂共识，科学再无其他合法依据。

丹尼尔·贝尔《资本主义文化矛盾》（1978）指出，西方社会由经济、政治、文化三领域构成。它们相继独立，各自围绕不同轴心运转。经济遵循效益原则，政治的轴心原则是平等。两大领域各行其是，干扰文化自治。在文化领域，真正起支配作用的不是效益，也不是平等。高贵而高雅的文化艺术的灵魂是自我表达、自我满足。在现实的体系中人是高度角色化和功能化的，奉行自我控制规范和延期补偿原则。在丹尼尔·贝尔看来，后现代俗称反文化，它的正式学名应是文化渎神（Cultural Profanity）。俗鄙、反智、不敬鬼神、享乐放纵。此种渎神文化表明，资本主义不再为人提供工作生活的终极意义。这是一篇西方现代文化悼词。有类于斯宾格勒《西方的没落》与汤因比《历史研究》，惊悚于后现代乱世的降临。内尔·腾布尔认为后现代是一场由庸人领导的哲学运动。哲学变得过于低眉顺眼，毫无准备，以致提不出生活中富有挑战性的大问题。脱离现实关怀，显示了学术恶劣

① 参见赵一凡《西方文论讲稿——从胡塞尔到德里达》，第56页。

的过度超脱的态度。技术专家政治论仰仗两尊偶像：金钱和技术。后现代犹如一个从瓶子里逃出的妖怪，眼见它魔幻般增生，众人痛感自己法术不灵。

同现代主义一样，后现代注定要耗尽其批判动力，因为它无法一直保持反叛姿态。后现代的困境在于：它对资本主义的攻击越凶狠，就越受社会褒奖，而它的反对派意识及其优越感，就会愈发遭到削弱。虽然如此，后现代应该不会是人类不堪收拾、前所未有的乱局。

人们曾把卡西尔与爱因斯坦、罗素和杜威相提并论，并称他是当代哲学中最德高望重的人物之一，一位百科全书式的学者。作为一名文化哲学家，卡西尔从新康德主义的立场出发，将康德的“知识批判”和“理性批判”推及到“文化批判”。在他看来，“符号化的思维和符号化的行为是人类生活中最富于代表性的特征，并且人类文化的全部发展都依顺于这些条件”[①]。人是文化动物，具有使经验符号化的能力来赋予感性经验以形式、意义及存在。这个符号系统是人不同于其他动物感受系统和效应系统的新的功能系统。“这些符号形式乃是人自身创造的真正的中介，借助于这些中介，人类才能使自身与世界分离开来，而正是由于这种分离，人类才使得自身与世界紧密地联结起来。这种中介物的特性表征着人类全部知识的特性，它同时也是人类全部行为的典型特征。”[②] 在最简单和最原始的形式中，人类行为就具有一种“间接性”特征，这一间接性是与动物的反应方式截然对立的。工具所要服务的目的本身包含着特定的“预见”。而这个未来之“预见”是所有人类行为之特征。我们必须把一些尚未存在的东西置于我们自己面前的“影像”中，以便从这一“可能性”过渡到“现实性”，即从潜能过渡到行动。当我们由实践领域转向理论领域时，这一特征就表现得更为清晰了。就这一点而论，两个领域之间不存在根本的区别。所有理论性概念本

---

① ［德］恩斯特·卡西尔：《人论》，甘阳译，第35页。

② 同上书，第70页。

身都带有“工具”的特征。艺术和神话是人类生活的符号世界的一些“扇面”。这位文化哲学大师在回答学生提问时猝然去世。

布尔迪厄的反思型象征性社会理论（Reflexive Symbolic Social Theory），与卡西尔如出一辙，强调符号与中介的重要，对西方当代学术以及我国当代文化研究产生重要影响。布尔迪厄所谓的象征性实践，与传统行动概念完全不同。布尔迪厄认为，“个人”一端往往被心理学霸占，“社会”则几乎由经济学、政治学、社会学集体瓜分。个人端口，有类USB接口，总需要也总是在输入输出。人总是透过某种象征符号去接触现实，理解现实，安排现实。唯有通过象征，世间一切真实的东西才有可能成为人类知识对象。这是一种人类社会特有的象征暴力，也是人类文化特有的生存样态。这种象征性实践不是以主体和客体的区分为基础，也不是行动者主体的行为表现总和，而是体现在实际活动同社会语言运用的密切关系。它强调人类精神心态所创造的各种象征性符号和意义系统，突出社会形态与精神心态的相互渗透，是人与其他动物相区分的根本标志。它的基本特征是其中介性。由于这种中介性的高度介入，这种象征性实践成为高度中介化活动。柏格森将无需中介的认识称为直觉。然而人类行动意识、活动工具和语言等沟通符号不仅成为人的实践活动最基本的中介性因素，成为作为主体的人同作为实践对象的客体之间的中间环节，而且，这些中介性因素始终贯穿于人类活动之中，渗透并凝固在活动的产物中。中介性手段变得越来越复杂，采取越来越多的层次化和区分化的新结构。这正是当代人类社会中介机构、中介人越来越多的根本原因所在。当然，介质并不直接等于意义。在象征性社会实践中，我们应看到社会结构与习性的双重同质结构。传统马列偏向以经济收入、生产资料占有，来划分阶级属性。不少西马理论家也往往习惯把“利益”局限于经济，因此低估了社会系统中的象征力量。所以亟须扩展马克思“利益”概念，令其包容各种文化象征行为。由于文化象征行为的存在以及对文化特权的追逐，到了现代社会，可谓人人身陷名利场，个个都是势利鬼。恰似萨克雷《名利场》文学性呈现的世间景象。也宛如安迪·沃霍波普艺术与伍迪·艾伦“纽约客”里所折射出的名人文化社会景观。人类在趣味、个性、时尚等表面上的张扬，暗中却是在利用象征形式，掩盖权力关系，使之成为天经地义的“区别”。人类社会与人类文化在平等的谎言下大张旗鼓地生产和维护这种别有用心的差异。文化实践的象征性结构和象征性运作逻辑，使人类仰仗语言中介建构起来的文化现实变成语言交换市场与语言制造商。到处都是语言促销商，到处都有语言行销策略。语言是一门政治经济学，它涉及生产关系，关乎社会行为。依据索绪尔的语言差异原则，它体现为一种文化任意性。一切权力都不能只满足于作为权力而存在，必须设法使其正当化，合法化，必须至少设法使人看不到自身的任意性，必须至少掩盖这种任意性，哪怕这种任意性本来就是其自身的真正基础。我们唯有一条走出迷宫之路，即转向权力场、文化生产场，从中探讨语言潜在的权力因素、象征价值。语言是集体共识，或一套“众人分享的基本知觉框架”。正当化的循环圈变得越来越大和丰富复杂。只有从静态也即共时观察和分析的观点来看，场域才表现为结构化的社会空间。社会实践、社会理论不可避免地因语言局限性而生产各种各样的矛盾性、悖论性、悲剧性和消极性。在布尔迪厄看来，理性化的人类行动，越是采取与理性化相反的曲折形式，其理性化的程度就越高；反之，越采取表面的非理性的形式，越可以达到单纯理性化所可能达不到的目的。社会科学不同于自然科学的地方，正是在于论述风格、修辞和策略的高度复杂性和变动性。语言既是文化现象的原型，又是产生一切社会生活形式现象的原型。整个社会是一个主要通过语言而进行象征性交换的市场。不同人之间的对话和语言运用，就是不同说话者的社会地位、权能、力量、才能、资本和知识等各种显示权力的因素的语言表露和语言游戏。布尔迪厄认为，社会的象征性结构是由社会场域、习性和社会制约性条件三者的相互交错构成的。说话只是中介活动，语言再生产、再建构着社会结构，使旧世界在新世界内部获得复制。人类当下正处于文化生产和文化消费高度发展的文化工业社会新阶段，它将被加倍地符号化、象征化。教育制度，也是这种象征实践文化再生产的核心。各种职称与学位因生产出来的文化差异而具有各不相同的象征价值与象征意义。象征性实践主要由语言的象征性结构负载和加以表达、保存、积累、发展甚至有时根据需要加以掩饰和适当地歪曲（如广告词）。各种各样的委婉表达法，使我们相信一句话有一千种说法，一千句话也可一言以蔽之。这正是交响乐隐喻所要传达的多声部主部副部变奏的理论内涵所在。布尔迪厄的学说思想有三个核心概念：习性、象征资本、文化生产场。作为具有特殊内涵的概念，习性不同于习惯，它被视为人类行为的文化语法，它能促成大量行为实践。习性导致群体行为默契，提供一种“没有指挥的合奏”。布尔迪厄先后将习性描述为文化无意识、内在行为倾向：它指向一种偏重实践而非有意识的心理习惯。布尔迪厄在《资本的形式》（1986）中将资本区分为四种形式：经济资本（譬如货币与财产）、文化资本（譬如文凭与知识）、社会资本（譬如亲属与人缘）、象征资本（譬如头衔与名望）。正是由于不同于经济资本的文化资本、社会资本以及象征资本等形式的资本存在，象征性实践中开始形成符号拜物教以及各类资本之间的兑换。人类所有行为，本质上都追逐自我利益，包括象征利益。即便韦伯所研究与分析的宗教劳动、宗教商品，也表明宗教行为基本指向今世，其目的最终也是经济的。正如博德里亚有关符号生产与符号价值的理论所印证的那样，布尔迪厄看出各种各样名牌、商标、称号、名号、名片均是作为文化资本而价值不菲。与此同时，集体误认与盲从，是象征资本的关键。它会表现为专业误识，如所谓的“为艺术而艺术”，即是唯美主义艺术象牙塔里的一种强烈自主幻想。这与拉康有关主体即是对自我的一系列误认的思想也是一脉相承。经济资本处于所有其他资本的最根本处，其他资本都是“经济资本的转换与伪装形式”。然而经济资本也不能独立统治社会。布尔迪厄所说的文化生产场与其社会场域理论密不可分。他的社会场域理论强调关系性、结构性与生成性。社会场域作为区分工具，可对发达社会实行分层别类的文化研究。社会场域具有结构类似性。作为跨学科概念，场域犹如一颗钻石的不同截面，分别是：社会区分场、习性养成场、资本转换场、权力斗争场、文化生产场。在文化生产场中，文学场的主要争夺点，在于场域边界。文学理论一向彼此斗争，相互否定。可它们斗来斗去，始终大同小异。例如批评家们争论不休的文学性、文本性、神话原型、语言结构等，无不因其抽象神秘，而缺少历史复杂性、社会真实性。布尔迪厄认为，每一文学文本都包含三层社会现实：（1）权力层；（2）文学层；（3）作家的习性、策略、位置、发展轨迹等。布尔迪厄的场域理论，与阿尔都塞的问题域以及福柯的知识场有着共同的法属特征。欧美社会学研究的一大不足是，看重机构的结构功能，而忽略其赖以运行的社会条件。

与人类文化创造活动相关的三大因素，即人的思想创造活动、符号差异化过程以及指涉的客观存在，在德里达看来，对于继续发扬文化创造活动的生命力，最重要的，是始终保持它们本身所固有的内在生命活动，设法不要使其生命活动继续受制于作为中介因素的符号结构体系。当然，德里达也看到：第一，通过符号结构而实现中介化，是人类文化创造活动所不可避免的。第二，在符号中介化的过程中，思想创造以及相关的各种因素，都不可避免地伴随中介化而被扭曲。第三，试图将符号中介化过程保持其生命力，又不得不借助中介化过程的内在差异化而再度实现中介化，因此符号中介化生命力的维持，又不可避免地借助于再度中介化，并以再度中介化过程中对于符号结构生命运动的扭曲为代价。第四，在集中精力试图解构符号中介化过程的时候，实际上又不可避免地暂时将文化创造过程的非符号因素的生命运动“悬挂”或“搁置”起来，从而又导致对这些非符号因素生命运动过程的暂时扭曲。第五，文化创造活动所不可避免的符号中介化过程，不可避免地将要经历暂时的固定阶段，因此符号中介化的暂时固定而引起的非生命化过程，又必将导致对于文化创造过程各因素原生命的伤害。在这里，我们看到布尔迪厄象征性实践社会理论的中介研究在德里达思想学说中的有趣互文。

王东岳的《物演通论——自然存在、精神存在与社会存在的统一哲学原理》第一次明确指出了“社会”的自然源头，打破了思想史上历来坚守的“人类—社会”的局限概念以及“人为创造”的社会幻象，建立了“粒子结构→原子结构→分子结构→细胞结构→机体结构→社会结构”这样一系“自然实体结构化代偿”的完整序列。[①] 把“社会存在”与“自然存在”、“精神存在”表述为同一个存续系统，证明了“社会系统不是人为的产物而是物态结构演化或生物生机重组的自发序列”这一重要论断，从根本上阐释“社会与人的关系”问题。“存在性**使物质的规定性与逻辑的规定性同一，使作为物的规定性与作为人的规定性同一**，从而足以成就**符合逻辑的自然哲学、符合自然的精神哲学**以及**既符合自然弱演又符合精神舒展的社会哲学**之统一。”[②] “**从理化物质的感应、到低等动物的感性、再到脊椎动物的知性和灵长人类的理性，这个进程势必还将继续贯彻下去，直到最终全面危及人类这个至弱物种以及社会这个至弱结构的存在为止。也就是说，人类的‘理性逻辑系统’还将进一步地扩大化、缜密化、繁琐化和失稳化，而不像康德所希冀的那样可以人为地加以把握和限制。这也是目前风靡一时的‘非理性’或‘反逻各斯中心主义’的所谓‘后现代主义哲学’的无知和轻薄之处所在。**”[③]

丧钟为谁而鸣？太阳不再照样升起！

① 子非鱼（王东岳）：《物演通论——自然存在、精神存在与社会存在的统一哲学原理》附录二，第418页。

② 子非鱼（王东岳）：《物演通论——自然存在、精神存在与社会存在的统一哲学原理》，第82页。

③ 同上书，附录二，第401页。

第二章　此中有真意　欲辨已忘言

第一节　科学沦为启蒙的神话
文学作为神话的移位

阿多诺与霍克海默的《启蒙辩证法》贯穿两大论题：神话已是启蒙，启蒙沦为神话。两大论题指向同一个问题：启蒙后的人类为何并没有进入真正的人性状态，反而深深陷入新的野蛮状态之中？奥斯维辛之后，写诗只能是野蛮。围绕这一问题，法兰克福学派展开启蒙理性的反思与批判。随着文化工业社会的崛起，资本主义新自由主义市场神学在科学、理性、自由、人权等普世价值口号的簇拥下君临天下。《启蒙辩证法》，实际上是对斯宾格勒《西方的没落》的一个左派回答：人类对于自然的统治、男人对于女人的统治、西方宗主国对于东方殖民地的统治，无一不隐藏着启蒙理性的身影。而作为启蒙运动的领路人，科学难辞其咎，罪莫大焉。

何谓启蒙？从康德到福柯，都在思考和反思这一贯穿欧洲近现代史的宏大主题。启蒙作为人类精神的自觉，理性精神的觉醒，科学精神的壮大，以知识代替幻想和愿望，以物质现实谋求自我持存，在反宗教、反封建的斗争中摧枯拉朽，立下汗马功劳。启蒙理性，让人类认识到是人的精神创造了神的观念，而不是神创造了人和人的精神观念。启蒙理性让人类如梦初醒，认识到人类历史上这场旷日持久的人神之恋，实乃人的一厢情愿，人用自己的精神创造了神这个梦中情人，最终在梦醒时分，认清了这场热恋与单恋的真相。神在人的精神中诞生，也在人的精神中死去。神乃人的精神臆造与意淫。曾几何时，人却成为神的牺牲品。泛神论与泛灵论的本质是泛精神论，人将自然世界精神化，人用万能的精神创造出万能的神，然后自以为是，自欺欺人。

18 世纪的欧洲对建设一个更美好社会的信心来自于 17 世纪以来科学革命和社会变革带来的成果。在此之前的人类想象中，宇宙是小而亲切的，宇宙最大的模式也不过冥王星的轨道那么大，地球被当作宇宙的中心。哥白尼之后，宇宙大了，人小了。然而可惜的是，体现科学之理性的人，接下来又以无限膨胀的骄傲，成为新的上帝。尼采曾问：现代科学文化为什么没有古希腊悲剧文化的力量和伟大？原因之一是悲剧时时提醒希腊人：人类要站起来而伟大，首先要老老实实承认人在自然界面前很渺小，小到微不足道。而相比之下，现代人类拥有的科学理性却常常使人忘乎所以。人忘记了自己的小，他的理性优越感不成比例地增大，成了他最大的无知。另外，科学真的符合人性吗？人性真的符合科学性吗？人这种动物，基本上由“愉快”和“痛苦”决定其动机。凡带给人“愉快”的就是“善”，必定为人所追求；凡给予人“痛苦”的就是恶，必定为人所憎恶。因此，人如果痛苦，那只能归因于他知识欠缺，即他的无知。

自近代以来，科学昌盛，认识论哲学将理论与存在的根基安置于“主体”之上，纯粹的自我——即意识——成为认识世界和社会实践的第一原理，这就彻底放逐了远古神话，驱逐了中世纪宗教神学的“上帝”，而确立起奠基于意识哲学的近代主体论哲学，阿尔都塞称其为“理论的人道主义”。人像神一样神气活现地代替神摄政人间。然而一波未平，一波又起，人类从神学时代进入科学时代之后，打着人文主义、人本主义、人道主义的大旗，一路高歌猛进，势如破竹，翻身做主，忘乎所以，竟又在热烧刚退的人神单恋之后陷入一场同样天花乱坠、想入非非的自恋之中。启蒙作为对于神话的批判，原本是人的主体化、理性化过程，然而当启蒙的工具理性、科技理性在此过程中被无限夸大和放大之后，成为主宰自然、精神和社会的统治原则时，启蒙收获的却是对自然的压抑和人的异化。人对于自然的支配成为普遍支配的现实基础，人与人的关系在人与自然的关系模式中培育和生成出来，自然对象化在人的社会关系中投射出相似结构。异化的本质是人的生命与意志的物化。在科学主义与理性主义时代，所有的精神，都只不过是物质的副现象。拜神降格为拜人，拜人降格为拜物，拜物降格为拜金。所谓的精神，所谓的理性，荒唐得像是一场虚构。原来人们膜拜的是教堂，现在人们膜拜的是商场。在商品拜物教甚嚣尘上的物质世界，精神像幽灵一样游荡。如果说神是精神的产物的话，所有的神话都只是一场精神骗局，那么精神作为神经的产物，精神也只是种种神经性状。人类精神在启蒙理性面前史无前例地如此斯文扫地，至此，启蒙沦为破灭的神话。

《启蒙辩证法》指出，荷马史诗与神话之间存在紧密关联，即所谓“整部史诗都是启蒙辩证法的见证”；荷马史诗无非也是艺术作品，史诗作为艺术作品，意味着对于神话的整理，史诗对于神话的整理实质是展开了理性之网，诸神的谱系化以及神话故事的逻辑化正是理性之网打捞的结果与收获。从这个意义上看，神话和史诗也是不同历史时期的理性产物，所谓神话其实已是理性启蒙。在阿多诺看来，奥德修斯归乡记即是启蒙辩证法充满预见的隐喻。从特洛伊到伊萨卡这段多灾多难的远行，宛如人类主体的自我发展路程。面对自然力，自我的身体永远显得软弱无力，而只有通过神话，自我才能扬起风帆。于是，史前史的神话世界世俗化了，它成了主体意识和自我意识觉醒的象征。面对塞壬海妖的诱惑，奥德修斯将自己绑在桅杆上而使诱惑成为纯粹的形式，但主体的持存却是以内在自然的压抑作为代价，可以说支配了自然的确定性的自我是一个束缚和抽空感性内容同时又充满理性计谋与暴力的虚化自我。在荷马的叙事中，奥德修斯毫不理会求婚者乞求饶命的哀求，将他们赶尽杀绝，他浑身沾满鲜血，就像吃牛的狮子一样站在那里；甚至那些帮助求婚者的侍女们，也先被集中起来，打扫尸体、整理大厅，然后像陷入笼中的鸟一样被奥德修斯用船上的大网全部绞杀。“主体性的历史证明了人之于自然的统治只不过是自然暴力的内在化，而奥德修斯的隐喻则直接成为20世纪大屠杀的预演，神话已经是启蒙，而启蒙蜕化为神话，神话与启蒙的交织揭示出理性的史前史。”①

既然启蒙理性的神话是在历史中形成的，那么启蒙神话也必须历史性地在理性自身的扬弃中得以解决。《否定的辩证法》不仅是对《启蒙辩证法》的补充，而且是对它的深化。在阿多诺的批判话语中，如果说文化工业是工具理性的肯定意象，那么艺术则是其否定意象。阿多诺的艺术思想与美学思想不同于传统艺术哲学，在阿多诺看来后者往往二缺一，不是缺少哲学，就是缺少艺术。也许更糟的情况则是什么都没有。现代艺术的本质不是肯定而是否定，以破碎的形式实现自己乌托邦的承诺。艺术召唤的并不是人类的主宰精神或者理性之光，而是被理性之光所驱逐的东西，是仍旧在自然中驻留的东西，非必然的、非确定的，甚至非常随机性的东西，只是因为这些东西既要逃避理性同一性的训诫又要呈现于人类意识之中，艺术才成了最后的“避难所”。艺术将自己与世界隔离开来，以防止因为自己的开口而被纳入既定现实的合谋之中，它以谜的形式呈现自身，于是，艺术走向了极端的否定，后现代艺术走向了艺术的反面，成为反艺术的艺术。艺术走向反艺术是艺术辩证法的必然逻辑，就如同否定的辩证法一定会指向自身一样：“辩证法不得不走出最后的一步：辩证法既是普遍的欺骗语境的印记，又是它的批判，因此，辩证法就必须甚至转向反对其自身。”② 马尔库塞认为所有真正的艺术都是否定的，他提出“艺术是大拒绝”的著名论断。在资本主义异化的世界中，马尔库塞赋予艺术以政治性的革命功能，艺术就是用被压迫者的语言来抗议和拒绝现实社会，革命是艺术的本质，也是他衡量一切艺术的基本尺度，事实上，社会批判的紧迫性与必要性，正是他写作《审美之维》的前提与动力。

---

① 孙士聪：《批判诗学的批判：问题与视界——法兰克福学派与中国现代诗学论集》，中国社会科学出版社2015年版，第69页。

② 同上书，第89—90页。

人类文明的发展，得力于理性的抽象能力。语言文字符号的抽象活动，无疑对人类这一重要实践起到了推波助澜的作用。语言问题，成为哲学首要和主导的问题，并使语言论在传统哲学的本体论、主体论之后，获得了取而代之的哲学地位。自哲学的语言论转向之后，引发了阐释学转向、文化学转向。人类释义方式从古代神秘代码向现代科学代码嬗变。工业革命后，现代科学和商业讲求准确、明晰、实用和效率，而人文学科则对丰富性、复杂性、模糊性、差异性、随机性、偶然性以及不确定性等情有独钟。到了19世纪后期，现代主义兴起，文学文本的含混性、朦胧性备受青睐。20世纪的文学批评认为，对自然科学的实验报告和会计账本来说，模糊是一个大缺点和错误，但是对文学作品来说，它却是一大优点，文本阐释的多样性成了阐释的标准，“意图谬误”之说把作者的意图打入冷宫。阐释学（Hermeneutics），也称诠释学，源于神使赫耳墨斯（Hermes）。阐释学的本义，即针对神旨或秘籍进行翻译、诠释及阐发。因而阐释学的第一个重要领域是神话与神学的领域。作为一项事关古文字释读的专门技术，西方古典阐释学近似中国古代的注疏训诂。文艺复兴后，阐释学摆脱神学束缚，发展成西方世俗事务以及人文学术领域的一大支系。起先在法学领域，阐释学在诠释法律条文方面大显身手。后来在文学领域，阐释学在解读文本意蕴方面颇多建树。随着哲学、科学的发展，认识论本身除了成为阐释学的一种形式外别无选择。自18世纪以降，欧洲阐释学先后受到维柯、施莱尔马赫、狄尔泰的引导。维柯《新科学》倡言哲学与语言学通力合作，认为哲学家如不请教语言学家，就不能令其推理具有精确性。同理，语言学家如不求助于哲学推理，亦无法得到真理的批准。《新科学》确立一种人文阐释理想，即在描述人类世界方面，它梦想“要比物理学更加严整，比数学更加精密”[①]。“神话、语言、宗教和诗歌——这些都是与人类知识相适应的对象。维柯正是对准这些对象而构造他的‘逻辑’。于是，逻辑学

① 参见赵一凡《西方文论讲稿——从胡塞尔到德里达》，第193页。

首次敢于跃出客观知识亦即数学和自然科学之‘雷池’，并且敢于在数学和自然科学以外把其自身的世界建构为一人文科学的逻辑——作为语言的、诗歌的和历史的逻辑。一种新的认知形式的崛起和根本性突破。”① 真正的价值并不在自然或物质之中，而在于人类自身的行为以及通过这种行为所从事的创造活动。我们根本不必为人文科学寻找一门“原则的科学”，因为这些原则早已存在于心理学之中。18 世纪，孔狄亚克的野心就是要成为“心理学中的牛顿”。施莱尔马赫采用和凸显两种释义方法：语法释义和心理释义。“诠释循环说是施莱尔马赫对诠释学最重要的贡献。诠释循环的基本含义是：某事物的部分总是在这一事物的全体中被理解，反之亦然。”② **历史主义思潮贯穿黑格尔、狄尔泰、韦伯等德国思想家的思想之中**。重新发现黑格尔，主要归功狄尔泰。狄尔泰一度设想：将人文学术改造成经验科学，以便让其中的哲学与历史花开两枝、各领风骚。狄尔泰指责笛卡尔之流，说他们“血管里不曾流淌过一滴真正的血”。同时，他还向康德发难：我们实该“用历史理性批判，代替纯粹理性批判”。卢卡契认为康德的星空犹如纯粹知识的黑夜，迫使我们摈弃永恒形式，走向黑格尔美学范畴的历史化。走出康德的知识迷宫，使人从纯粹的认知者，变成历史的参与者与受造者。**美国学者瑞克曼认为，狄尔泰学说向欧美学界昭示了一个严酷真理，即人文学术注定要“因缺乏中心而走向散乱”。换言之，它无法像自然科学那样拥有统一基础。无论历史、心理或语言原则，都不可能为它提供一个阿基米德点。说到底，人类生活本是一个交相反应的复合体。唯有采用游戏方法、学会诠释循环，方可达至比较充分的人文理解。这理解，并非是什么绝对理念或真理，而仅仅是某种等待修正的相对知识**。其实更深层的原因与更根本的说法应是人类生存在不同时空条件下的性状耦合与信息整合。

至海德格尔和伽达默尔，现代阐释学发生本体论转向。**海德**

---

① ［德］恩斯特·卡西尔：《人文科学的逻辑》，沉晖等译，第 48 页。

② 赵一凡、张中载、李德恩主编：《西方文论关键词》，第 2 页。

格尔在完成了《存在与时间》一书之后，几乎用整个后半生的时间研究了语言的问题。海德格尔晚年思想贯穿一条“由存在走向语言”的红线。何谓逻各斯？海德格尔认为它是言谈，即把言语所指涉之物展现给人看。与其说人是一种语言动物，不如说语言是存在的家园（也许这正是文学优于其他形式的艺术的地方）。“语言是存在的语言，一如云是天上的云。”[①] 在存在的家园中，人类同语言的归属关系，已被悄然颠倒：不是人说语言，而是语言说人。或者说，是语言支配人类生活方式。当现代西方语言学家遗忘人类“内在于语言”的本质，妄图置身其外，以科学方法分析语言时，他们又一次误入歧途。语言也是存在的牢笼（也许这正是文学劣于其他形式的艺术的原因）。语言是“存在本身既澄明，又遮蔽的到达”。语言既能将人置入存在，亦能让人丧失存在。为了纠偏，海德格尔提出现象学本体论：其核心不是主体，而是亲在。他坚信“我在故我思”。阐释学即等于一门“亲在现象学”。理解是人类活动基础。作为海德格尔的同学，伽达默尔可谓有同好焉，在其阐释学代表作《真理与方法》中，伽达默尔认为哲学应该是阐释，教导人们如何参与和他们周围的世界进行对话。**问题不是我们做什么，也不是我们应该做什么，而是什么东西超越了我们的愿望和行动与我们一起发生**。这是一个先于主体性的一切理解行为的问题。历史主义把解释者同化到了历史文本的自在世界当中，而虚无主义又把历史文本同化到了解释者的主观世界当中。解释者与历史文本或传统之间的关系首先不是一种认知关系而是一种存在关系。解释既不是解释者自己的主观臆测，也不是历史文本的“自在意义”，而是解释者和历史文本共同的功劳。解释的目的不是或不仅仅是理解及阐释某个文本对于它的原始读者与作者意味着什么，而是理解及阐释那个文本对于现在的我们能意味什么。伽达默尔暗含嘲讽，与狄尔泰大为不同：他无意确立阐释学统一纲领，反而讥笑

① ［德］海德格尔：《人，诗意地安居——海德格尔语要》，郜元宝译，第29页。

狄氏对方法的痴迷。狄氏痴迷，原本来自康德。康德曾设问："什么令科学成为可能?"此命题强调反思理性，追求科学知识合法性。伽达默尔追问：人类理解何以可能?伽达默尔提出"成见"说，它来自海德格尔的"前理解"。它包括：(1)人生活于其中的社会文化传统；(2)他所拥有的概念系统；(3)他所习惯的设想方式。他还提出"效果历史"的说法：历史既非客观对象，亦非精神体现，它是主客体的交融统一。与之配合，他又提出"视界融合"。在尼采和胡塞尔那里，"视界"被引申为人类思维相对有限的可变范围。理解即视界融合的过程。成见与视界，合成伽氏的"诠释循环"。钱锺书《管锥编》曰："积小以明大，举大以贯小；推末以至本，探本以穷末；交互往复，庶几乎义解圆足而免于偏枯，所谓'阐释之循环'者是矣。"

对逻各斯与秘索思的研究，有助于我们更深入地审视人类从漫漫黑夜中走过的心路历程。逻各斯，对于赫拉克利特这些古希腊先哲来说，是宇宙唯一的统一原则。宇宙是统一的动态流。整个宇宙是活着的。在巴门尼德看来，宇宙尽管呈现出多种现象，但根本不运动，也不发生变化。所有的变化都是假象，宇宙的真正的实在是永恒的。巴门尼德曾经做过这样一个梦，在梦境中，巴门尼德被陷在一间笼罩在黑夜中的可怕的屋子里，其间一位女神莅临，指导他寻找通往真理之光的门径。女神说，通向所有生活的路有两种："是"的路（the way of it is）和"不是"的路(the way of it is not)。这些前苏格拉底哲学家更像是巫师。然而后代的哲人们却深慕爱奥尼亚学派与爱利亚学派的纯洁，惋惜雅典学园的堕落。斯多葛（原意为雅典柱廊下讲学）派认为在宇宙中我们能做的只有那么多，在本质上，宇宙是我们无力控制的，睿智和有德行的人面对不确定和充满敌意的世界能保持理智，身遭厄运也能自我放松。

神话绽放信念，宗教皈依信仰，哲学则永远在质疑信念、寻求信仰的路上。赫胥黎认为，唯一可靠的哲学是不可知论。人类并非全知全能，却总是渴望像神一样全知全能。霍克海默曾表示没有一种自己赞赏的哲学不具有神学因素。英国作家凯伦·阿姆斯特朗在《何谓神话》中说：秘索思即神话思维，看上去已经名声扫地，它往往被误认为等同于非理性和自我放纵。其实不然，除了空间与时间外，数是决定神话世界结构的第三大主题，由此可见逻各斯与秘索思并非一对完全冲突不可调和的矛盾。陈中梅在荷马史诗《译序》中指出：柏拉图有意识地大量使用了神话和故事“秘索思”（单数 muthos，复数 muthoi），通过诗人的拿手好戏，即“讲故事”的方式表述了某些在他看来用纯理性叙述（即 logos，“逻各斯”）所无法精确和令人信服地予以有效阐述的观点。讲故事的方式，是人类在逻各斯以外的另一条走向并试图逐步和渐次昭示真理的途径。成熟的哲学不会（事实上也很难）抛弃秘索思。当哲学（或逻各斯）磕磕绊绊地走过了两千多年理性思辨的路程但却最终面临“山穷水尽”之际，秘索思是逻各斯唯一可以寻索的古代的智慧源泉——充满离奇想象却包含粗朴和颠扑不破真理的“她”是帮助逻各斯走出困境的法宝。随着科学的发展和时间的推移，文学与哲学在经过一段时间的分家后（当然这种“分家”常常是不彻底的，因为任何需要并以种种方式铺设终端的博大的思想体系似乎都很难完全避免形而上的猜想，而诗化是形而上学的特征之一），当今又呈现某种程度上的重新弥合之势（如德里达和保罗·德曼等解构主义思潮）。现当代一些有影响的哲学家们把语言看作存在的居所（如海德格尔），因而标榜自己摆脱了系统哲学的束缚。然而，他们其实并没有走出西方传统文化的氛围，仍然在逻各斯和秘索思这两个互立、互连、互补和互渗的魔圈里徘徊。维特根斯坦从神秘性走向解说的信心，而海德格尔则从反传统走向“诗”和“道”的神秘性。秘索思也是人类心灵的居所。当海涅宣布“只有理性是人类唯一的明灯”时，我们不能说他的话错了，但它只是表述了人的自豪以及**西方近现代以来患上的理性强迫症、逻辑强迫症**。然而，这位德国诗人或许没有想到，每一道光束都有自己的阴影（威廉·巴雷特语），因而势必会在消除黑暗的同时造成新的盲点，带来新的困惑。人需要借助理性的光束照亮包括荷马史诗在内的古代秘索思中垢藏愚昧的黑暗，也需要在驰骋想象的故事里寻找精神的寄托。这或许便是我们今天仍有兴趣阅读和理解荷马史诗的动力（之一），也是这两部不朽的传世佳作得以长存的“理由”。我们肯定需要逻各斯，但我们可能也需要秘索思。文学的放荡不羁曾经催生并一直在激励着科学；我们很难设想科学进步的最终目的是为了消灭文学，摧毁养育过它的摇篮。可以相信，秘索思和逻各斯会长期伴随着人的生存，使人们在由它们界定并参与塑造的人文氛围里享受和细细品味生活带来的酸甜苦辣与自然本质上的和谐。后现代思想家利奥塔将人类知识分为两大类：叙事知识与科学知识。人类的叙事能力，发源于童谣、情歌、占卜、祈祷、部落神话。作为口耳相传的古老知识，它质朴温和、宽松不拘，一如老祖母苦口婆心、给咿呀学语的孩子讲故事。它的偏爱感性恰好与偏重理性的科学知识话语形成鲜明对照。结构语言学认为：叙事游戏虽然对语言能力的要求不高，但它包含着丰富的道德价值和情感价值（像正义、善良、高尚和美），兼容各种语言游戏规则（诸如指示、描述、质询、评价）。另外，通过说、听、指三角传输，叙事构成广泛的社会交往，以及文明社会内部不可或缺的人际制约。与之不同，科学就像老祖母膝下的一名聪明后生：它生性孤僻，不食人间烟火，一心要追索理念、描述规律、限定真理。为此，它抛开柔弱情感和杂乱规则，只玩一种高级游戏，即真理陈述。科学的无情，令它无法构成广泛包容的社会交往，只能作为学者或科学家之间的高深对话。[①]

第二节　同一性的原罪　差异性的救赎

当资本主义商品交换原则普遍扩展“使整个世界成为同一的、总体的”，总体性的牢笼就罩在了整个世界之上。总体性的内在实质是现代社会与文明的基础主义与本质主义，也即科学技术的理性主义。黑格尔的存在即合理，总体即真实，被法兰克福学派置换为存在即物化，总体即虚假。德里达指出，在黑格尔这

① 参见赵一凡《西方文论讲稿——从胡塞尔到德里达》，第56页。

里，西方哲学首次实现了逻辑学、自然科学和精神科学的三位一体。至此，绵延千年、不改其宗的形而上学，终于见证了古代逻各斯与近代科学的同一性、统一性整合。“因智获罪”的创世神话诡异地转变为人间现实。诚如狄更斯《双城记》经典开场白所云：“这是最好的时代，这是最坏的时代；这是智慧的时代，这是愚蠢的时代；这是信仰的时期，这是怀疑的时期；这是光明的季节，这是黑暗的季节；这是希望之春，这是失望之冬；人们无所不有，人们一无所有；人们正走上天堂之路，人们正步入地狱之门。”尼采在《真理与谎言》（1873）中声称：人类智慧实为一股异化力量。形而上学的每一概念，都不吻合它所再现之物。尼采编造一个小小的寓言，它说明“人的智慧在自然界之中表现的多么可怜，多么阴暗和多么短暂，多么漫无目的和任意随便”。这个寓言这样写道：“在这充满着无数闪闪发光的太阳系的宇宙中的某个遥远的角落里，曾经有一颗星，在它上面的一些聪明的动物发明了认识，这是宇宙史上的一个最狂妄和最好说谎的片刻，但这仅仅是一个片刻。在自然界作了几口呼吸之后，这颗星便冷却了，而那些聪明的动物也必定要死去。这样一来，可能有人认为，我们幸而像科学家那样避免承认任何价值的有效性。”[①] 尼采在《悲剧的诞生》中指出，希腊人爱将真理喻为光明。阿波罗作为智慧之神，又称光明使者。然而这个词含有光明与幻象的双重含义。尼采说，幻象保护众人，使之忘却悲惨生存。与阿波罗相对，酒神狄奥尼索斯则代表自然欲望。原始文明中的狂欢仪式，一直洋溢着酒神的迷醉与疯狂。然而希腊文明的一大转折，却是太阳神驯化了酒神，并把它当成抒怀艺术形式保留下来。尼采说，希腊文明的建立，有赖于压服差异，制造幻象。尼采在晚年著作《权力意志》（1888）中，开始考虑艺术作为一种替代真理的可能：“拥有艺术，可避免我们死于真理。”使尼采快乐和疯狂的，显然是非理性而非理性。曾几何时，人类进入理性过剩、认识论过度的历史阶段。

① ［德］李凯尔特：《文化科学和自然科学》，涂纪亮译，第127—128页。

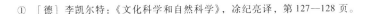

科技理性造就白痴心态，它丧失批判想象、取消否定思维。技术上升为统治原则，加剧了精神生活的萎缩：它窒息天才，压抑反叛，继而迫使语言庸俗化，引诱文艺向商品衰变。西方自由世界，因而比以往“更加意识形态化了”。奥斯维辛之后没有诗歌（No poetry after Auschwitz）。奥斯维辛之后“它是”（it is）的思维方式被摈弃了，唯一可能的思维方式是“它不是”（it is not）。也即消极思维（negative thinking）：人们绝不会真正知道自己想要什么，但能够知道自己不想要什么。否定即批判。法兰克福学派的社会批判理论，主张世界可以比现在好得多的哲学。文化研究旨在精确地揭示“现实性”和“合理性”之间的差异，暴露事物的已然存在、实然存在和应然存在之间相互对立的隔阂。阿多诺的社会批判并非反启蒙的非理性主义批判，而是启蒙的片面性的拯救性批判；艺术与审美也并非最终的归宿，而是非同一性的理想模型，艺术的真理在于为理性祛魅。马尔库塞将后工业社会的技术理性视为意识形态范畴，是对自然和人的有计划控制，再生产统治和奴役，并从经济领域扩展到政治、文化以及整个社会生活中。一方面，政治意图已经渗透进处于不断进步的技术，技术的逻各斯被转变成依然存在的奴役状态的逻各斯，结果技术作为曾经的解放力量转而成为解放的桎梏；另一方面，技术理性创造出一个真正的极权主义领地，个体与自然社会、精神和肉体不得不屈从其中，却又安于现实，再无自由的追求和想象，更无任何否定和反叛的冲动，意识形态的灌输占领了从劳动到休闲、从公共到私人的所有领域，不仅掩盖了自己为统治集团服务的实质，而且变成一种似乎人人主动追求的幸福美好生活。作为一种生活方式，表面上看生活内容不断翻新，科学技术与商业产品不断更新，消费指数不断刷新，实质上在这种生存性状换汤不换药、新瓶装旧酒的商业与技术游戏中，人已成为思想和行为模式上极为单向度的人。人要成为自主的人、要决定自己的生活，在技术上是不可能的。因为这种不自由既不表现为不合理的，又不表现为政治性的，而是表现为对扩大舒适生活、提高劳动生产率的技术装置的屈从。

后现代的知识特征是，一切知识都被数字化和商品化，不能计算机化、消费化的知识，几乎不被看作知识。在求新求快的市场逻辑的运作下，文化产品有如快餐文化，变成可口的信息字节。这是信息霸权，也是电子文化修辞。知识转译为信息量子以及电子贮存和传输形式，把一切不透明的东西变成电信所需要的信息指令序列。存在即信息。所谓信息，不过是物演代偿衍存过程中分化物的可感属性的别称而已。思想成为商品，语言成为对商品的颂扬。在商品主义社会、消费主义时代，科技话语对财富的欲望大于对知识的欲望。科学语言游戏将变成富人的游戏。没有财富就没有技术，没有技术也就没有财富。今天，在经济话语的庇护下，所有的话语种类正倾向于按照经济的标准进行操作。科学知识的语用学取代传统知识或启示知识的地位。大众文化以及现代传媒人为地制造着虚假的需要与欲望，这并非是为了消费者的真正需要，而是服从于社会控制和意识形态规训的统治需要。

人类史前史的核心即是模仿行为与人类的自我确认。这是一个通过巫术从象征性的模仿到实质性操控自然的过程，其中起到关键作用的是理性的工具化——后来阿多诺将其概括为“同一性”。人类通过思考与自然保持距离，以使它仿佛能够被实际支配似的站在自己面前。纷乱的世界被统一化与同一化，先是语言，然后是概念。这一抽象的建构世界的过程就是所谓的物化的最初阶段：从不同事物中归纳出共性的抽象取代了对自然的生理适应。对于被抽象所改造的自然而言，一切不能被把握之物都成为多余的，一切多余之物都被从自然中清除出去，现代科学技术的基本逻辑无疑就是这一思路的延伸。关于同一性，在《否定的辩证法》的一个注释里面，阿多诺区分为三种：第一种是个人意识的统一性；第二种是社会意识的统一性；第三种是认识论的主客体统一性。在这三者之中，心理意义和思维意义上的同一性并非阿多诺批判的目标。阿多诺认为，同一性是意识的首要形式，其本质是对存在物的强暴，独断而专横，这其实是指作为主客体统一性的同一性，即现代资本主义的同一性思维和逻辑，按照阿多诺的思路，其实质是交换原则。同一性的圆圈——它最终只是自身同一——是一种不宽容的自身之外的任何东西的思维画出的。监禁思维的是它自身的作品。同一性与理性中心主义、精神中心主义、男性中心主义、人类中心主义等各种中心主义分享同一思想基础。从辩证法的角度看，既是天下大同，又是天下大不同。东方的哲学智慧主张和而不同。事实上，所谓的“同”，所有的“同”，只有在认识的层面上才能被“认同”。天底下，有太多的“合同”，并没有真正的“雷同”。科学的统一场理论，所能统一的，最终也只能是科学共同体的同一性认识。

因此，对同一性的否定，就不仅仅是理论选择与理论姿态，而首先是政治立场与政治姿态，以及更加深刻的哲学反思。否定与批判是等值的，而辩证法则是清醒的非同一性意识。在黑格尔、马克思那里，辩证法虽然讲求否定，但这种否定与肯定相伴相生的，所以才有了“否定之否定”的辩证法法则。但阿多诺所谓的否定则是绝对的否定，是不含任何肯定的否定。不同于传统“同一性”哲学神话的“否定辩证法”不会导致肯定，只是证明第一次否定之不彻底。在法兰克福学派中对黑格尔的否定性开掘力度最大者应该是马尔库塞。在他看来，“否定”是辩证法的核心范畴，“自由”是存在的最内在动力。而由于自由能够克服存在的异化状态，所以自由在本质上又是否定的。有无否定性，是区分批判理性与技术理性的主要标志。

非同一性最微不足道的残余对主体来说也像是一种绝对的威胁，最低限度也会把主体全盘弄糟，因为主体自称是整体。主体性在不能独立发展自身的环境下会改变自己的性质。由于中介概念内在的不平等性，主体以完全不同于客体的方式进入客体。客体虽然只能依靠主体来思考，但仍是某种不同于主体的东西；而主体在本性上从一开始就是一种客体。即使作为一种观念，我们也不能想象一个不是客体的主体，但我们可以想象一个不是主体的客体。成为一个客体也就是成为主体性意义的一部分，但成为一个主体却不会同样成为客体性的意义的一部分。在那里，主体既不把客体视为必然之物或特许之物去关注，也不将其视为欺骗和操控的对象去关注，主体感受到了客体的差异性和开放性。

西方思想史上，尼采明知理性庄严，偏要鼓吹酒神精神。海德格尔抓住存在差异，不惜大动干戈。勒维纳斯反感笛卡尔的我思，竭力标榜他人之见。出于对意识的疑虑，弗洛伊德一头扎进了潜意识深渊。德勒兹将重复视为差异的重复并借此建立自己的差异哲学。以上各种差异理论，均为德里达烂熟于心，并将差异置于本体论之上。生物学告诉我们，所有表面的相似都是假象。即便双胞胎也是如此。有些生物实行无性生殖——这种生殖方式又快又容易，因为父母只需一个单体即可。但它也有不利之处。那就是在正常情况下不会产生变异：后代就像父母的复制品。与之相反的是，有性生殖因为有一对父母，生育的后代是父母双方特征的新结合。然而，即使在自然界，有性生殖也要付出代价：它比单父母生殖耗费的时间精力要多得多。德里达秉承希伯来先知的狂热，以色列人出埃及的神勇，一针见血地指出：所谓真理起源，不过是一系列符号游戏（the endless play of signifier to signifier）。西方人原来以为，世上万物都与其语言对应。只要亲身在场，言辞明晰，便可指物说理，把握存在。殊不知言自口出，理随事变。援引索绪尔的符号差异性理论，德里达发扬光大，提出延异的两大方式：延宕与歧义。歧义还造成一种播撒后果：就好比枝叶交织的一束花，稍有触动，意义的种子就会爆裂四散，落地生根。相比之下，海德格尔的存在高于一切，并在其哲学中苦苦追索一种原始在场。而德里达的哲学母题，却由存在变成了印迹。

巴赫金在《走向人文方法论》中表示：日常事件就像古代门神雅努斯，它有两副不同面孔：一面是可演绎的客观规律，另一面是经验领域中不可重复的事件性。原来存在与现实并非都是整齐化一的理性内容，非理性的一面是如此深广，居然每每为我们视而不见，置若罔闻。譬如，这个世界为什么存在？理由何在？我们被抛掷到这个世界上，又有什么充足的理由？体现了哪一种理性？谁能在出生之前提出申请？谁又能在此之前预先来到人间慎重考察一番，以便做出是否值得来此世间走此一遭的决定？所有这些对于人的理性来说都是非理性的。物理世界体现物性的物“理”较易梳理，生理世界、心理世界蕴含人性的生“理”、心“理”则难厘清。譬如，性爱是一种形而上学，性爱被看作是依据生物兴趣而进行的无意识的选择。生育我们的性，以及我们生育别人的性，与其说是理性，不如说是动物性的本能，至多算是人性或感性的冲动。万类为物为人，我们为男为女，或在此时彼时，或在此地彼地，又有什么道理可讲？生而有病，生而有老，生而有死，何必如此？天地不仁，以万物为刍狗，圣人不仁，以百姓为刍狗，天道损有余以补不足（是否果真如此存疑，抑或正好相反），人道损不足以补有余，如此折腾和多事，理又何在？尤其是那比物理、生理、心理更玄奥和复杂的情理更是才下眉头，却上心头，剪不断，理还乱。问世间情为何物，直叫人生死相许。出生入死，生死两歧，一直是困扰人类的基本问题，也是每个人都必然要面对的生存悖论，其中包含的理性与非理性的尖锐矛盾冲突，令每个陷入深思的人惊呼人生如梦。李白《春夜宴诸从弟桃李园序》云：“夫天地者，万物之逆旅；光阴者，百代之过客。而浮生若梦，为欢几何？”莎士比亚则说“我们是这样的材料，/犹如构成梦的材料一样；/而我们渺小的一生，/睡一大觉就圆满了”；“我们短暂的一生，前后都环绕在酣睡之中”。难怪莎士比亚笔下的哈姆雷特会思考那个著名的问题：“生存还是死亡？”难怪莎翁会借麦克白之口哀叹：“人生不过是一个行走的影子，一个在舞台上指手划脚的拙劣的伶人，登场片刻，就在无声无臭中悄然退下；它是一个愚人所讲的故事，充满着喧哗与骚动，却找不到一点意义。”海德格尔提出向死而生的存在主义哲学。那个与萨特不欢而散、不愿意承认自己是存在主义者的加缪曾说：“自杀是唯一真正的哲学问题”，“自杀是轻视自己的态度”。如此说来，这里面又有太多的非理性。别人对我们的轻视会令我们勃然大怒，可是我们对自己却可以轻视到取缔自己生命的地步，这又是“只许州官放火，不许百姓点灯”的蛮不讲理。伍迪·艾伦曾故作轻松地说：“我不害怕死神，我只是希望他来拜访的时候，我恰好不在那儿。”幽默中包含多少的滑稽，多少的荒诞以及情大于理的生命意志。他的影片，《解构爱情狂》中的哈里这样不解道："我天天吃西兰花，怎么会得癌症呢？"生命就是这样，那些多于理性的，理性难以化约和取缔的，可不就是非理性？生死之外与生死之间的分工，对于人来讲通常就是上帝管两头，自己管中间。人可以成为万物的尺度，但终究人也是受造者，作为自然的一部分而非自然的创造者。矿物是物，植物是物，动物是物，人物也是物，仅此而已。物以稀为贵，**宇宙中只有约百分之四的物质稀薄地分布于太空，其余的则是更为不可思议的反物质、暗物质。人性以及人的理性最终可以还原和湮灭在生理性和物理性的晦暗不明之中。生命中蕴含着太多的暗物质和暗能量。生命科学对于基因中长期疏于研究的非线性的环状结构部分的探究，也昭示了这一点**。卡夫卡叹曰："人是一片巨大的沼泽地"，"'我'无非是由过去的事情构成的樊笼"，"大多数人其实根本不在生活。他们就像珊瑚附在礁石上那样，只是附在生活上，而且这些人比那些原始生物还可怜得多"。我们不敢妄言世界和人的非理性一定大于或多于理性，但仅就人而言，非理性先于理性，情感与意志先于理智，理性和理智是人类之智历史的后天产物，只不过在代偿衍存的序列中后来居上而已。"叔本华在理论上否定生命意志，或者说尼采决计肯定它，这根本就不重要——这些都只是表面的差别，是个人趣味和品性使然。重要的是使叔本华成其为伦理现代性之先驱的东西，那就是，他也觉得整个世界是**意志**，是运动、力量和方向。"[①] 在叔本华这里，这世界已变成了智能现象的世界。杜布费主张，如果拿西方现代文明人的观念和原始人的相比，后者的许多看似野蛮愚昧的观念其实更合理，更可取。从个人角度说，他相信原始人的许多价值观：直觉、激情、情感、迷狂和疯狂。凡此种种，永远居于代偿衍存的源点。不同于后来居上的科学话语，文学修辞立足于这些更为根本的基本面与原始文化土壤。

在人类感知中，从来都有自我之极和对象之极之间的辨别。

① ［德］斯宾格勒：《西方的没落》第一卷，吴琼译，第 326 页。

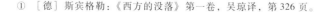

在一种情况下，自我所面对的世界乃是一物的世界，而在另一种情况下，自我所面对的乃是人格的世界。物的世界作为客体世界，可以通过人格环节摄入主体世界，并使客体世界主体化，但并不能真正改变客体世界的属性恒常性和规律恒常性。属性恒常性和规律恒常性是物理世界的两种根本特征。同样，主体世界也可客体化，但在客体化时，其最为重要且从知识论的观点看来最富于成果的，是有关知觉的恒常性问题。“我”与“你”的分离以及“我”与“世界”的分离正是精神生命的目标，而不是它的起点。这种“分离”与“整合”正是柏拉图所设定的“辩证法”这门真正的哲学基础科学之职责所在。凭借柏拉图的辩证法，古代思想建构了一个形而上的世界图像，而两千多年来的整个人类理智就是在这一图像的统辖和规定下发展的。由康德开始的“理性革命”宣布对世界的这种看法是不能得到科学支持的。但是，当康德因此而否定关于存在的形而上学的独断时，绝不意味着康德这样做是要放弃“理性”的普遍性和统一性。理性的普遍性是不会为康德的批判哲学所动摇的，相反，普遍理性将被确认，并在新的基础之上被确证。哲学放弃了寻找“物自体”亦即寻找于现象“之外”和现象“之后”的对象之企图，代之以“现象自身”的多样性、充实性和内在差异性的研究。[①] 也就是说，理性认识既要避免自然主义这块巨岩，又要避免形而上学这一深渊。自然科学不仅希冀增加对所有“人格”问题的压抑，它还力求把“人格”从这一世界图像中完全摒除。它唯有借助于无视自我与他人的世界，才能达到它的真正目标。天文学的世界似乎是基于这种观察方式而率先达到的最高成就和最终胜利。当科学将自身提升到普遍法则知识的高度时，近的和远的事物就没有区别了，自然科学便能够成为遥远领域的主宰。从这个意义上说，天文学处于离人最远的一端，生物学处于离人不远不近的一环，而心理学则处于离人最近的一端。“近代哲学循此方向更进一步。它不仅要求在天文学和物理学领域中消除‘超自然的’

① 参见［德］恩斯特·卡西尔《人文科学的逻辑》，沉晖等译，第60—62页。

心灵属性，而且还要求把这种属性从全部自然事物中驱赶出去。即使在生物学中也是如此；对生物学来说，‘活力论’的统治已告终结。因此，生命不仅从无机界中被驱逐出去，而且从有机自然中也被放逐出来。甚至有机体也要无条件地依附于机械论法则，亦即依附于压力法则和冲力法则。”① 科学是从观察星空等无情性物理世界开始，然后才由外向内发展的，人间事物恰恰是科学最后的观察对象。然而，不可思议的是，在一个完全由物理微粒所构成的世界中竟存在着意识。第二个令人惊奇的现象是心灵具有指向在它之外的世界物体和事态的显著能力。第三个现象就是心灵具有以合作的行为来创造一个客观社会实在的能力。宗白华《中国艺术意境之诞生·引言》认为：“人与世界接触，因关系的层次不同，可有五种境界：（1）为满足生理的物质的需要，而有功利境界；（2）因人群共存互爱的关系，而有伦理境界；（3）因人群组合互制的关系，而有政治境界；（4）因穷研物理，追求智慧，而有学术境界；（5）因欲返本归真，冥合天人，而有宗教境界。功利境界主于利，伦理境界主于爱，政治境界主于权，学术境界主于真，宗教境界主于神。但介乎后二者的中间，以宇宙人生的具体为对象，赏玩它的色相、秩序、节奏、和谐，借以窥见自我的最深心灵的反映；化实景而为虚境，创形象以为象征，使人类最高的心灵具体化、肉身化，这就是‘艺术境界’。艺术境界主于美。”进化曾作为打开一切存在之谜的钥匙。王东岳的“物演通论”②，通过对自然存在的递弱代偿衍存、精神存在的感应属性增益以及社会存在的生存性状耦合三大原理的梳理，找到了自然世界和人文世界的桥梁，从而使“人文”和“自然”之间的对立失去了辩证法意义上的全部尖锐性。

文学是人类心灵的奇观，精神的奇葩。美学则在科学与文学之间寻找着统一场。场并不是事物概念，而是关系概念。构成一生物特殊本性的就是它之于环境的特殊关系，即一生物接受环境

① ［德］恩斯特·卡西尔：《人文科学的逻辑》，沉晖等译，第 103 页。

② 宗白华：《艺境》，北京大学出版社 1999 年版，第 140 页。

的刺激并在其自身中调节这些刺激的方式。每一生物的形态结构，以及由此而决定了的该生物的刺激域和反应域之间的关系，犹如监狱之高墙一样牢固地包围着该生物。人类无法通过摧毁这一牢墙而逃离这一监狱，但人类可以凭借对此高墙的意识去超越此监狱。科学、文学以及美学都是人类精神越狱的不同方式。

斯多葛派认为，情感也是判断，具有认识功能，不管对与错，都是“知识”形式。比如，贪婪就是这样一种判断：金钱是至高无上的，必须不择手段地获得它。这是一个错误的判断。如果所有的情感都能听命于理性，那么它们就是正确的判断，人类也就能够与真实的事物和谐相处。休谟认为：“（一）人类的理解天生是脆弱的；（二）在各时期各国人们所怀的意见是矛盾的；（三）我们在疾病时和在健康时，在青年时和在老年时，在兴隆时和在穷困时，判断常是互相差异的，而且（四）各人自己的意见和信念都是不断冲突的；此外还有许多别的论据。”[①]

黑格尔区别了主观精神、客观精神和绝对精神这样三个领域。研究主观精神现象的是心理学，客观精神仅仅在精神的发展历史中才能显现于我们，而绝对精神是在形而上学中向我们显现自身的。“黑格尔的系统乃是借助于一普遍的理念去包容和组织知识之整体的最后一次伟大尝试。但是，黑格尔不可能达到他的目标。因为黑格尔希望建立的各种力量之平衡不过是一种幻觉而已。黑格尔的事业和他的哲学之奢望就是要调和‘自然’和‘理念’。然而，这种调和的结果反而使自然屈从于绝对理念。自然本身的权利丧失了；它仅仅保持着一种虚假的独立性。它所拥有的全部权利都来自于理念；因为自然不外就是理念本身。在这种情况下，自然并不被理解为理念的绝对存在和真理，而只能被理解为理念本身的自我异化和为他性。而这正是黑格尔哲学体系的真正要害。随着对黑格尔哲学这一方面的攻击日益广泛，黑格尔哲学体系就动摇了。”[②] 自然也好，自我也罢，作为绝对理

① ［英］休谟：《人类理解研究》，关文运译，第140页。

② ［德］恩斯特·卡西尔：《人文科学的逻辑》，沉晖等译，第84页。

念的非完美显现形态，势必大量寄生和残存于文学艺术中。职是之故，可以顺理成章地推导出黑格尔的思维逻辑，美是理念的感性显现，绝对理念的最终体现，则是文学艺术的走向终结。

胡塞尔认为现代世界分裂为客观世界与生活世界。前者来自科学世界观，后者建立在传统文化观念上：它反映自我与他人的互主关系。生活世界代表胡塞尔的最后一条还原通道。黑格尔的精神现象学，与胡塞尔的现象学哲学，同一性成为宿命，差异性成为救赎。

1967 年波普尔《客观认识》将战后世界一分为三：科学客观世界、个人主观世界、由人类精神产品构成的文化世界。

利奥塔认为，社会是语言实践的总和。语言行为属于一种普遍的竞技。言说就是战斗，个人总是处于特定交往网络的“节点”上，共识就是压制，发明总是孕育于歧见。歧见是一个社会的精髓。因此他反对语言封锁，主张言论自由。不再让法官体现正义的观念，而让律师体现正义的观念；正义的观念的重点不再是判决，而是容许；正义的观念不再是法学的，而是本体论的或语言的。在利奥塔看来，“语言游戏”太多地暗示了游戏者。这些游戏者站在幕后，建立游戏规则，然后进行活动——包括实际进行游戏的活动在内。换句话说，这个术语略有现代“主体”的意味。但是，正如德里达把主体看作是在延异运动中构成的，而不是在某种程度上先于这项运动而存在并脱离这项运动一样，利奥塔也不把主体即语言游戏的“游戏者”看作独立于游戏本身而存在，而是看作按游戏规则被划分了的语言场所或地点。游戏者并不先于游戏，他们在游戏中玩得精疲力竭。真假的区分是属于指示性游戏；正当不正当的区分是属于规范性游戏；有效率或没有效率的区分是属于技术性游戏。

乔姆斯基把语言学习能力，看成是人类认知关键。乔姆斯基“转换—生成”语言理论指出：语言分为表层和深层两个结构层次。深层的语言结构来自人们心灵中先验存在的一种创造语言和理解语言的机制和能力。深层语言无意识地支配着人们的语言行为，生成各种表层的语言，并且在各个不同民族的文化语境中转换运用。正是由于人们具有共同的深层语言结构，才能进行表层语言的转换达到交流沟通的目的。

呱呱坠地，儿童最初的经验乃是表达的经验。牙牙学语，儿童最为不可思议的能力乃是语言习得的能力。作为集体性的存在，人类早年也应如此。语言既是源头性的，又是生产性的。语言是对事物知识得以生成和不断增长的唯一中介。命名行为是不可或缺的首要步骤和条件，而科学的独特工作就在这一明确限定行为之上。由此不难理解，为什么语言理论成为认识论发展中的一个必不可少的组成部分。

没有一种话语种类能包罗所有其他的话语类型，没有一种话语种类能“胜任”其他的话语种类。科学话语与文学话语属于不同话语类型，采用不同语句规则。文学话语——内指性——侧重于诗意逻辑，情感逻辑；科学话语——外指性——侧重于数理逻辑，事实逻辑；文学话语——曲指性——侧重于表现功能；科学话语——直指性——侧重于指称功能；文学话语——阻拒性——侧重于陌生化；科学话语——明晰性——侧重于常规化。保罗·利科认为，科学语言和文学语言是语言的两极，一端追求最大的确定性，一端追求最大的不确定性。科学语言是一种系统地寻求消除歧义的言论策略。在另一端是诗歌语言，它从相反的选择出发，即保留歧义性，以使语言能表达罕见的、新颖的、独特的因而也是非公众的经验。利科发现，科学语言是通过四个步骤来达到消除歧义的效果的：定义，指称可测量的和不可测量的实体词汇，以数理符号代替日常词汇，由公理系统来控制解释。诗歌语言正好相反，它通过一系列特殊的手段，来保持自身语言的新鲜活泼，充满多义性。诗是这样一种语言策略，其目的在于保护我们的语词的一词多义，而不在于筛去或者消除它，在于保留歧义，而不在于排斥或禁止它。语言——同时建立好几种意义系统。从这里就导出了一首诗的几种释读的可能性。“词的情调，严格地说，对科学毫无用处。哲学家如果希望寻找真理，而不仅仅是想说服别人，他就会发现情调是他最阴险的敌人。不过，一个人从事于纯粹科学，实实在在地思想的时候并不多。他的心理活动通常沉浸在温暖的感情潮流里，他抓住词的情调作为驯顺的助手，来获得所希望的感触。对文艺家，情调自然是大有价值的。值得注意的是，即使对他们情调也是一种危险。如果一个词的通常的情调已经是大家毫无问题地接受了的，这个词就成了样子货，成了陈词滥调。文艺家不时要跟情调做斗争，让词恢复它赤裸裸的概念意义，而把感情效果建立在独出心裁地安排概念或印象的创造力上。”① “语言本身是表达的集体艺术，是千千万万个人的直觉的总结。个人在集体的创造里消失了，可是他的个人表达留下一点痕迹，可以在语言的伸缩性和灵活性里看出来。人类精神的一切集体事业都是这样的。语言准备好，或者立刻会准备好，给艺术家的个性以一定的轮廓。如果没有文学艺术家出现，那主要不是因为这语言是薄弱的工具，而是因为这个民族的文化不利于产生追求实在有个性的言辞表达的人格。”② “对我们来说，语言不只是思想交流的系统而已。它是一件看不见的外衣，披挂在我们的精神上，预先决定了精神的一切符号表达的形式。当这种表达非常有意思的时候，我们就管它叫文学。艺术的表达是非常有个性的，所以我们不愿意感觉到它受制于任何预先确定的形式。个人表达的可能性是无限的，语言尤其是最容易流动的媒介。然而这种自由一定有所限制，媒介一定会给它些阻力。伟大的艺术给人以绝对自由的幻觉。”③ 诗人和画家都像诡辩论者一样——是永恒的“幻象制作者”。只要美学以“模仿理论”为基础，它要有效地拒斥柏拉图的诘难的尝试就是徒然的。“美学上的享乐主义也往往走向这一方向。这种理论认为，模仿固然不能穷尽对象的本质，而‘现象’也不能达到实在。它反而指出了内在于模仿中的快乐之价值，模仿愈是接近于原型，其所得到的快乐之价值就愈高。”④ 语言和艺术也能显示其特殊的“客观的”意义——不是因为它们模仿了一种自存之实在，而是

① ［美］爱德华·萨丕尔：《语言论》，陆卓元译，第 36 页。

② 同上书，第 206 页。

③ 同上书，第 198 页。

④ ［德］恩斯特·卡西尔：《人文科学的逻辑》，沉晖等译，第 76 页。

因为它们预构了实在，并且预构了对象化的独特样式和方向。这一论点除了适用于外部经验之外，也适用于内部经验世界。

苏珊·朗格直接继承了卡西尔的符号论，并对克罗齐、科林伍德的表现说、柏格森的生命创化说，贝尔、弗莱的形式说也作了批判的吸收和综合，从而完善了符号学美学。苏珊·朗格在《情感与形式》一书中指出，艺术是情感的符号形式，而不是事实的符号。任何艺术作品的价值并不在于它所表现的对象是什么，而取决于它如何表现。朗格所注重的不是艺术同现实的关系，也不是艺术同它所表现的对象的关系。对艺术来说，不像各种认知活动和做事行为，根本就不存在对象的问题。艺术只是作者本身内在情感的一种特殊表现，一方面表现出作者内在精神活动中的特殊感受，另一方面又采取确定的语言以外的各种非确定性的象征形式而表达出来。艺术家的高明之处就在于：擅长于使用普通人所不能熟练运用的特殊象征表达形式，以便远远超出语言表达所能达到的层次，也远远超出日常生活中一般性的象征表达形式，使艺术所采用的特殊象征表达形式，不仅大致地表达出作者在创作时的基本情感，而且也能在艺术作品创造出来之后，借助于被使用的巧妙象征表达形式，继续延长创作时的艺术创造特殊情感，给予艺术中所隐含的特殊情感，在不断自我再生产的象征形式中继续更新。苏珊·朗格区分了信号和符号的差异，指出信号只是物理世界存在的一个部分，动物界也存在着一定的信号。符号却是人类的意义世界的一部分，符号是指称性的。符号意义区别于信号意义重要的一点就是，符号功能包含着概念，它不只是指称客体，还包括展示客体引起的意义概念。她把符号形式分为语言逻辑符号和非语言情感符号两种，前者是推理的、可分解和翻译的，后者是情感的、整一的和不可翻译的；人类情感是一种“有生命的形式”，艺术是“情感生命”的逻辑图画，或曰“艺术是情感的符号形式”；艺术符号虽非推理性的，却仍有自己的意义与逻辑，因而符合理性。人类的语言从隐喻性的符号开始，随着人类推理能力的日益扩大，逻辑的语言符号逐渐成为人们思维和交流的主要工具；但是，面对存在中那许多不可言传的东西，语言逻辑符号常常是无能为力的。苏珊·朗格所说的“形式”，内涵要比我们平常所说的艺术形式远为丰富，它既指生命形式，也指情感形式，还指生命的逻辑形式。她为生命的逻辑形式概括出四个基本特征：（1）处于永恒的新陈代谢的过程的有机性特征，（2）处于持续性和变化性的辩证运动过程的运动性特征，（3）这种运动保持着一定的周期性和节奏性特征，（4）生命的不断成长性特征。苏珊·朗格倡导的这种符号学美学，集中体现出强调艺术自律的唯美主义倾向。韦兹指出：艺术是一个“开放的”概念，逻辑上不可能给以明确的规定，如用“封闭”的定义规定它就违背了它的“开放性”。迪基认为：艺术每一类、每一层都可增添新的样式和品种，但“艺术”总概念仍然是可以定义的。艺术是由一定时代人们的习俗规定的。而习俗是历史变动的，所以艺术的范围也会扩大变动的。

德里达的晚期著作，越来越像后现代小说。德里达不愿被人当作哲学家，也不愿在哲学这棵千年老树上吊死。他宁可无家可归，也要保持一种若即若离的边缘立场，发扬一种呵佛骂祖的解构精神。他深爱文学，仅是因为文学“能够讲述一切”。文学的这一许诺，才是召唤和指引德里达的主要原则。谢林曾经指出，哲学虽然够得着最高的东西，但是看来它只能把少数人带到那里去。艺术把所有的人，把是人的人都能带到那里去的，也就是说，它能使人人都认识最高的东西，这就是艺术的不可磨灭的特色，这就是艺术的奇迹。德里达盛赞法国诗人瓦莱里的一个惊人观点：哲学是文学的分支。语言论转向之后，哲学家对于传统思辨哲学大都不再郑重其事。哲学是那些已死的欧洲白种男人思辨出来的晦涩难懂的东西。哲学成为男性理性主义的温床，这种思维方式，强调人们要与物体、他人甚至部分自我分离。正如尼采名言所说，哲学，好比文化的毒药。理性主义崇尚逻辑和数学，以为是思想最高级的形式，因此往往倾心技巧和证明，而不喜欢想象力和创造力。许多女权主义者声称，这种男权主义的理性主义，是增强男人的能力，削弱女人的能力的一种思维方式和说话方式，因此它需要被彻底地质疑。由于这些新的哲学日益侵蚀浪漫主义哲学的疆土，那些具有浪漫主义气质的人便逃离哲学，试图在艺术中寻求庇护。维特根斯坦深感哲学思辨是一种本质上毫无意义的活动，故开赴苏联志愿成为一名普通劳动者，然而不曾想苏联当局却意欲他教授黑格尔哲学，弄得他大跌眼镜，不欢而散。时过境迁，真正的哲学沉思现在常闪现于艺术和诗歌。海德格尔叹曰：哲学小命休矣。美国诗人庞德在宣告传统崩溃时，曾写下一句刻薄至极的打油诗：只听得一声婊子养的，那文明便扑哧完蛋。德里达造成一场**哲学向文学的延异运动**。文学语言本质上是反本质主义的。德曼对文学的反本质主义或者说反逻各斯中心主义性质的揭示是正确的、深刻的。文学作品都是唯一性的，一次性的，是不可重复的。文学作品的这种性质，使一切文学作品不可能受到真正恰如其分的评论。这种状况也决定了一切文学借助活动的性质：它所进行的，无非是评论者自身见解的自我表白，或者说是评论者借助于文本、以文本为中介所发表的特定意见。德里达指出，文学是一种允许人们以任何方式讲述任何事情的建构。文学的法规基本上倾向于无视法规和取消法规。耶鲁学派对于文学作品文本的不可阅读性的分析以及对于文本及其诠释的修辞运用的极端重视，都是为了凸显文学作品本身在内容、意义和结构方面的不确定性。从某种意义上说，**阐释由于其双重本体论结构、双重主体性结构而显得比原创作更重要**。对于耶鲁学派来说，语言结构中的不确定性源于语词表达的象征性和比喻性。耶鲁学派四人帮之一米勒一方面强调“文本的不可阅读性”，注重在文本原有意义结构的背后寻求不确定的象征性内容，并将其内涵不断地远离原结构，在变化多端和无固定原则的象征游戏中继续扩大；另一方面又有意地破坏原有的逻辑结构和表达形式，把精确表达出来的意义和形式加以摧毁，或者，在原有意义形式结构中寻求不精确和不确定的缝隙，然后顺此扩大其裂痕，有意地制造模糊和不精确的形式，在含糊性和不确定性中彻底打破逻辑概念和传统语言的基本原则，扩大文学艺术的非概念性、非语言性和非逻辑性。文本的不可阅读性并不要求读者和阐释者按照统一标准去理解文本内容，更不是去发现文本所隐含的固定真理体系。重要的是，文本的不可阅读性正是为了鼓励读者和阐释者，使他们善于在阅读中，向文本“放置”那些本来就“内含”于文本的意念，但又同时不去考虑其建构的过程和结果。所以，“解构”只是向文本“放置”各种具有特色的内含意念，一点也无意按照特定计划去“重建”什么新的东西。如何保障解构式阅读不至于发展成为“乱读”，颇令理论家们煞费苦心。保罗·德曼修辞阅读、修辞批评提出：诠释者在诠释文本结构时，应用多层次和自由灵活的隐喻越多，其诠释过程中的创造性就越高。当然，在发挥修辞能力的过程中，作者也可能会被修辞本身的不确定性而引导到错误的论证方向，但是，玩弄修辞游戏的冒险性越大，越有利于诠释者在回避各种风险可能性中寻求最大限度的自由创造。保罗·德曼认为，哲学无非就是通过文学的解构而实现它本身的无休止的反思，换句话说，哲学就是文学，就是一种最讲究修辞和文风的高级文学。反历史主义与文本优先性是耶鲁学派和新批评的共同特点。基于对新批评的“文本神圣”、“文本坚实结构”和“文本整体均衡”的功能神话的反动，保罗·德曼汲取德里达的解构批评思维，阐扬“延异”的方法，重文字反对话，重对峙反辩证，并将文本等同于修辞学，以指出文本比喻义与字面义的必然矛盾，因此，文本寓意发觉文本的飘忽不定的“光子”式运动说明了文本的“不可阅读性”，阅读与批评的盲目是导向真正洞见的必经之路。认为任何语言在字面上即是真实，此看法是错误的。语言会流露其虚构与武断的天性。哲学、法律、政治理论的著作和诗一样，均依赖隐喻，都只不过是在语言上显得极具说服力罢了。“人类的种种印象，其固定的、共同的、因而不属于任何私人的因素被储藏在简单而现成的字眼里；这些字眼压倒了，至少盖住了我们个人意识之种种嫩脆而不牢固的印象。个人意识的这种印象若要得到平等的条件以进行斗争，则它必得用明确的字眼表示自己。但是一旦这些字眼被形成了，它们就即刻反过来损害那产生它们的感觉；创造这些字眼本来是为了证明感觉没有固定性，但在被创造之后，这些字眼却会把自己的固定性强制加在感觉身上。”[①] 保罗·德曼的“解构”，以严谨的修辞学论述赋予修辞学清晰的哲学意涵，用以批判康德以降的哲学家所使用的语言与概念。19世纪修辞学的价值崩溃乃是运用天才无意识创造这一学说的必然结果。德曼说语言作为隐喻的符号并不具有固定不变的意义是对的，但他不应该由此便说这就是语言的本质。象征是感性的事物和非感性的事物的重合，而譬喻则是感性事物对非感性事物的富有意味的触及。德曼受尼采的影响，认为文学语言的决定性特征是它的修辞性，而修辞性隐含误读的不断威胁。它充满含糊不清的盲点，阅读就是要解构文本盲点，变盲点为洞见。只有误读，才能获取洞见。每一个读者都努力透过显义去捕捉隐义。至于隐义是什么，则是见仁见智。米勒把误读看作是摆脱霸权文化的一种研究方式，并认为在历史上能发挥作用的往往是对文本的误读。E. D. 赫希《阐释的有效性》认为一个文本在不同时期对不同的人可以产生不同的“意义”，但是，那是文本的“含义”(significance)，而不是“意义”（meaning)。含义可以随时因人而异，意义则不变，因为意义是作者赋予文本的，只有含义才来自读者。他说，如果不尊重作者的意图，“意义”一词就失去了任何意义，文本的阐释也失去了标准，阐释就会陷入无政府主义和虚无主义。如果一个文本可以有多种阐释，又何来误读。解构主义认为误读造成“意义增值”，而反对者则把后现代的“话语膨胀”视作“意义贬值”，远不是什么值得宣扬的好东西。并非一切误读都是洞见。有些误读甚至只是荒唐无知。

罗蒂不同意让文学代替哲学或科学成为文化的主宰。文学的一个重要特征是其不限于某个既定的背景或学科框架之内，即其想象性的思维。但神学家、科学家、政治家的思维具有同样的想象性。把想象看作是文学的东西就是不恰当地赋予文学以特权。

其实，即便是科学知识也不是一套确定性的体系，而是一套

---

① ［法］柏格森：《时间与自由意志》，吴士栋译，商务印书馆1958年版，第97—98页。

解释说明的体系。**作为分科之学的科学，也有四种类型的科学说明：**演绎型说明、或然性说明、功能或目的论说明、发生学说明。对说明的完备性的不断追求是推动科学发展的一个主要动力。一切需要说明的东西都是用其他东西来说明的，在说明中说明者不可能无穷追溯。语言，正如索绪尔所说，乃是各种差别的表演。语词的意义只能来自其与其他词的反差效果。没有一个词获得其意义的方式是自亚里士多德到罗素为止的哲学家所期望的：成为对某种非语言的东西（如情结、感觉材料、物理对象、理念或柏拉图的形式）的直接表达。我们只是用语言去做语言所不能做的事情。我们可以依赖语言本身来背叛任何想超越语言的企图。我们主要通过语言来理解存在，世界只有通过语言，才能表现为我们的世界。世界经验的语言性并不意味着世界沦为语言的对象。一套词汇的价值不在其精确表象实在的能力，而是其给我们以我们所需要的东西的能力。有些词汇比其他词汇更深刻，更忠于经验。科学必须通过重新塑造日常语言，以减缓它显示出的不确定性。诗人们会讴歌那点缀于湛蓝天际中的无限星群，但天文学家却试图列举它们的数目。波普尔指出："在科学中我们所力图做到的是描述和（尽可能地）说明实在。我们借助于猜测性理论达到这一点，即我们期望那些理论是真实的（或接近于真的），但我们不能证明它们是必然的，甚至不能认为它们是或然的（在概率演算的意义上）；然而，它们是我们所能提出的最佳理论。"[①] 皮尔士认为，对于科学而言，什么都不重要，没有什么东西是重要的。也就是说，科学知识不是一套确定性的体系，而是一套解释说明的体系。科学知识的增长并不表现为给已有的确定性体系增加新的确定性，而是用更好的解释代替已有的解释。在20世纪的发展进程中，人们逐渐认识到，不仅仅是科学，任何知识都是不确定的；所有知识都是可错的，原则上可以被修改甚至替代。皮尔士具体区别了三种基本符号：

① ［英］卡尔·波普尔：《客观知识》，舒炜光等译，上海译文出版社1987年版，第42—43页。

(1)“图像”(icon)符号，它与其所代表者相似（例如一个人的照片）；(2)“标志”(index)符号，它与代表物有某种联系（如烟与火相联系）；(3)“象征”(symbol)符号，它仅仅任意或约定俗成地与所指物相联系。美国哲学家和语义学家莫里斯在逻辑实证主义和实用主义基础上，继承并发展皮尔士的符号理论，明确地提出了符号学的三大分野，即语义(semantic)关系、句法(syntactic)关系、语用(pragmatic)关系。具体而言，语义关系是指符号与其所指称或描写的外在事物的关系，句法关系是指符号与符号之间的关系，而语用关系是指符号与使用者之间的关系。

库恩的科学革命思想，明显受索绪尔思想影响。按照库恩的观点，一个范式的变换似乎是一种危机：不再保持一种无声的和几乎看不到的规则，取代沉默不语的是实际上在做的对原来范式的质询。不再做那种异口同声式的和谐工作，这个科学团体中的每个成员都开始问一些“基本”的问题并向目前方法的合理性提出挑战。经过训练达到整齐一致的小组现在开始多样化起来：观点上的、文化经历上的和哲学信念上的不同现在被表达出来，而且常常在新范式的发现过程中起决定性作用。新范式的出现进一步增加了辩论的激烈程度，各种竞争着的范式都要被加以检验直到学术界决定谁是胜利者。随着新一代科学家的出现，再一次出现沉默和一致，新的教科书写出来了，事情又一次变得“理所当然”了。

按照这种观点，隐藏在科学革新后面的推动力倒是科学团体的猛烈的保守行为，它们顽固地把同样的概念、同样的技术加给自然界，却总是以遇到自然界同样顽固的反抗而宣告结束。当自然界最后被看成拒绝用已被接受的语言表达自己时，危机就猛烈地爆发了。这种猛烈性是由于信念被打破而引起的。在这个阶段，所有智力资源都被集中起来研究一种新语言。

语言的隐喻用法表明，语言的逻辑空间和可能性的领域是永远开放的。

人类知识被看成全然的隐喻活动。隐喻，不论是僵硬的还是生气勃勃的，它们的广泛使用是人类发现新经验和熟悉的事实之间的相似性这种深刻天赋的有力见证，这样新的东西由于被归结到已确立起来的特征下而得到掌握。不管怎样，人们的确倾向于使用熟悉的关系系统作为在智慧上借以同化起初陌生的经验领域的模型。在绝大多数经验情形中，这不总是一个有意识的故意的过程。若不加以仔细的表达整理，则新东西和旧东西之间的相似性往往只得到模糊的理解，此外，这种感受到的相似性的有限性限制几乎没有引起什么注意。因此，当根据不加以分析的相似性把熟悉的概念扩展到新的题材时，很容易犯严重的错误。对物理事件的泛灵论说明，便是这样一种众所周知的例子，它把那些在一个领域中能够得到合法使用的概念不加保证地扩展到使用这些概念并不合法的领域。甚至在现代自然科学中，“力”、“定律”、“原因”之类的语词的使用偶然还带有一些折射着其起源的明确的拟人论的附带意义。不过，理解新旧东西之间甚至是模糊的相似性，这也往往是重要的知识进步的起点。当反思变成批判性的自我意识时，这种理解或许可以逐步发展成为那些能够充当有效的系统研究工具的经过仔细表述的类比和假说。

然而，作为对科学理性同一性原罪的救赎，文学修辞始终以不同于科学话语的方式在呐喊。

宇宙是扁的

臧棣

从收音机里听到这个新闻时，
我正在厨房里
切黄瓜片，两根黄瓜，
我刮去表皮，
将它们切得又圆又扁，
这只是一种结局。

将切好的黄瓜浸泡在
香油、盐、米醋的小世界里，
则牵扯到另一种结局。多少人来吃晚饭？
有没有不速之客？
多少真正的营养互相矛盾！
或者，同样涉及到结局，
为什么我喜欢听到
有人在黄金时间里播报说
宇宙是扁的。
妙，还是真的有点妙？
我的预感说不上准确，
但强烈如光的潮汐。
正如短时间内，
我在厨房里看到的和想到的——
案板是扁的，刀是扁的，
不论大小，所有的盖子
都是扁的；图文并茂，
只有盘子不仅仅是扁的。
面具是扁的，真真假假，
药片也是扁的；甚至
最美的女人躺下时，
神也是扁的。

科学话语描绘的坚硬山体，文学修辞赋予其以灵动的雪线和美丽的风景。本论著且以诗人阿坚的一首小诗作结：

风景白搭

阿坚

峡江森林雪峰，你被淹在美里

你跳你喊你打滚你脱衣裳
你揪住一个当地人摇晃
他问你要干啥你要干啥
你喊风景风景你给我好好看看
他说啥风景啥也没有啥也没有

参考文献

［德］H. 李凯尔特：《文化科学和自然科学》，涂纪亮译，商务印书馆 1986 年版。

［法］卢梭：《论科学与艺术》，何兆武译，商务印书馆 1963 年版。

［英］瑞恰慈：《科学与诗》，徐葆耕编，曹葆华译，清华大学出版社 2003 年版。

［美］伊安·G. 巴伯：《科学与宗教》，阮炜等译，四川人民出版社 1993 年版。

［美］乔治·桑塔亚那：《诗与哲学：三位哲学诗人卢克莱修、但丁及歌德》，华明译，广西师范大学出版社 2002 年版。

［美］大卫·雷·格里芬：《后现代科学——科学魅力的再现》，马季方译，中央编译出版社 1998 年版。

［英］詹姆斯·利奇蒙德：《科学与形而上学》，四川人民出版社 1990 年版。

［英］A. N. 怀特海：《科学与近代世界》，商务印书馆 1989 年版。

［法］柏格森：《形而上学导言》，商务印书馆 1963 年版。

［法］柏格森：《创造进化论》，姜志辉译，商务印书馆 2004 年版。

［德］斯宾格勒：《西方的没落》，吴琼译，上海三联书店 2006 年版。

［德］汉斯－格奥尔格·加达默尔：《真理与方法》，上海译文出版社 2004 年版。

［德］恩斯特·卡西尔：《人论》，甘阳译，上海译文出版社 2004 年版。
［德］恩斯特·卡西尔：《人文科学的逻辑》，沉晖等译，中国人民大学出版社 2004 年版。
［美］威廉·巴雷特：《非理性的人——存在主义哲学研究》，杨照明、艾平译，商务印书馆 1995 年版。
［美］卡尔·萨根：《宇宙》，周秋麟、吴依俤等译，吉林人民出版社 1998 年版。
［比］伊·普里戈金、［法］伊·斯唐热：《从混沌到有序——人与自然的新对话》，曾庆宏，沈小峰译，上海世纪出版公司 2005 年版。
［英］史·霍金：《时间简史》，许明贤、吴忠超译，湖南科学技术出版社 1999 年版。
［英］史·霍金：《时间简史续编》，胡小明、吴忠超译，湖南科学技术出版社 1999 年版。
［英］史·霍金：《霍金讲演录》，杜欣欣、吴忠超译，湖南科学技术出版社 1998 年版。
［美］欧内斯特·内格尔：《科学的结构——科学说明的逻辑问题》，徐向东译，上海译文出版社 2002 年版。
［美］B. C. 范·弗拉森：《科学的形象》，郑祥福译，上海译文出版社 2002 年版。
［英］罗宾·克洛德：《天文学》，李阳译，生活·读书·新知三联书店 2003 年版。
［英］大卫·布林尼：《进化论》，李阳译，生活·读书·新知三联书店 2003 年版。
［英］约翰·格瑞宾：《新物理学》，周绚隆译，生活·读书·新知三联书店 2003 年版。
［英］内尔·腾布尔：《哲学》，戴联斌、王了因译，生活·读书·新知三联书店 2003 年版。
［英］休谟：《人类理解研究》，关文运译，商务印书馆 1957 年版。

［瑞士］费尔迪南·德·索绪尔：《普通语言学教程》，高名凯译，商务印书馆1980年版。

［英］罗素：《罗素文集》，改革出版社1996年版。

［英］维特根斯坦：《名理论》（《逻辑哲学论》），北京大学出版社1988年版。

［英］维特根斯坦：《哲学研究》，生活·读书·新知三联书店1992年版。

［美］爱德华·萨丕尔：《语言论》，陆卓元译，商务印书馆1985年版。

［美］约翰·塞尔：《心灵、语言和社会——实在世界中的哲学》，李步楼译，上海译文出版社2001年版。

［俄］列夫·舍斯托夫：《在约伯的天平上》，董友、徐荣庆、刘继岳译，生活·读书·新知三联书店1989年版。

［俄］列夫·舍斯托夫：《旷野呼告》，方珊、李勤译，华夏出版社1999年版。

［俄］舍尔巴茨基：《佛教逻辑》，宋立道、舒晓炜译，商务印书馆1997年版。

［美］马泰·卡林内斯库：《现代性的五副面孔》，顾爱彬、李瑞华译，商务印书馆2002年版。

［德］沃尔夫冈·韦尔施：《重构美学》，陆扬、张岩冰译，上海译文出版社2002年版。

［德］沃尔夫冈·韦尔施：《我们的后现代的现代》，洪天富译，商务印书馆2004年版。

［美］弗·杰姆逊：《后现代主义与文化理论》，唐小兵译，陕西师范大学出版社1986年版。

［英］特里·伊格尔顿：《后现代主义的幻象》，华明译，商务印书馆2002年版。

［古罗马］卢克莱修：《物性论》，方书春译，商务印书馆1981年第2版。

［俄］尼古拉·别尔嘉耶夫：《精神与实在》，张源等译，中国城市出版社2002年版。

王东岳：《物演通论——自然存在、精神存在与社会存在的统一哲学原理》，陕西出版集团、陕西人民出版社 2009 年版。

孙周兴：《说不可说之神秘》，上海三联书店 1994 年版。

张世英：《天人之际——中西哲学的困惑与选择》，人民出版社 1995 年版。

冯俊：《开启理性之门》，中国人民大学出版社 2005 年版。

冯俊等：《后现代主义哲学演讲录》，商务印书馆 2003 年版。

张志平：《西方哲学十二讲》，重庆出版集团、重庆出版社 2008 年版。

赵一凡：《西方文论讲稿——从胡塞尔到德里达》，生活·读书·新知三联书店 2007 年版。

吴予敏：《美学与现代性》，人民出版社 2001 年版。

王晓华：《西方生命美学局限研究》，黑龙江人民出版社 2005 年版。

孙士聪：《批判诗学的批判：问题与视界——法兰克福学派与中国现代诗学论集》，中国社会科学出版社 2015 年版。

后　记

各式各样没有格调和内涵的匆忙环绕于我的周围。我努力地拖延着，唯有拖延没有被拖延。极度无感无趣，我无可奈何地患上了深度拖延症。

闲云不成雨，故傍碧山飞。

总也完不成手头这本拙作，也即笔者平生的第三本论著：《文明的心智带宽与致命流量——“两种文化”的三重视域》。彩笔昔曾千气象，白头吟望苦低垂。老大和老二顺产，这个“横空出世”的“小三”可把我害苦了。主题太过博大，令我尽显脑残。写着写着，我甚至想半途而废，提前去写我的最后一本传世之作：《睡着的诗与醒来的梦》。早就穿腻了各式各样的学术马甲，脱掉层层包裹的理论外衣，接下来的人生，我不知是否还有勇气和能力去裸奔。

眼见时贤们的学问做得风生水起，风光无限，自己却学术便秘。只能暗恨自己痴愚，有想法，没办法，有知识，没见识，更无器识与胆识。高冷的学术高峰的雪线清晰地高耸于我的面前。我强迫自己云淡风轻。于是我又顺利地患上了强迫症。我开始成为高校系统优秀的病人。

蚌病成珠。人病成猪。不知何日开始，我已沦为一头活生生的不怕开水烫的僵尸二师兄。

烦恼即菩提。好大的一棵菩提，在我四季如冬的心中郁郁葱葱。大仲马说，人生是一串由无数烦恼构成的念珠，达观的人是微笑着数完这串念珠的。我试着去数这串念珠。我居然发现，我远不如我以为的那么达观。况且，达观不过是无能与无奈的代名词而已。我常常苦笑，每每自嘲。我对自己的讥笑、嘲笑与暗笑足以令我长出马甲般的腹肌。人的一生，除了短暂的恍然大悟之外，基本上是在执迷不悟中度过。于是我又有了多次体验忧郁的宝贵机会。我试着用强迫症去治愈拖延症，结果命运又免费赠送我忧郁症。在这吉祥三宝的庇护下，吾一日三省，一夕数惊，顽强地著书立说，足见我具有多么强大的执迷不悟的潜能。

我分辨不清自己是智通无累了，还是在智犹迷。我所呈现的疑似凝重的沉思，或许只是些精致的愚蠢。堪惊小儿啼，能解长者颐。匡衡抗疏功名薄，刘向传经心事违。邦有道，贫且贱也，耻也。

读书是为了遇见更好的自己，著书是为了悼念逝去的自己。断断续续在键盘上敲出的每一个字，宛若朵朵盛开的黑色大丽花，祭献分分秒秒逝去的光阴与生命。花开向神祈，此世生身哀。何处是我屹立于时代情绪与潮流之外的秩序？我的孤寂之心顽强地和诗与思押着韵脚。

我情有独钟的，不仅有文学与哲学，还有科学。

对科学的长久嗜好，让我密切关注 2016 年最为重大的科学发现，也即人类首次直接探测到引力波。引力波的发现，应验了 100 年前爱因斯坦的预测，并为人类探索宇宙的引力波天文学开辟了新的道路。引力波是爱因斯坦在广义相对论中预言的一种以光速传播的时空波动，被称为“时空涟漪”。宇宙中黑洞等大质量天体碰撞、加速和合并等情况下才有可能产生强大的引力波。因此它不应该是可以百年、千年、万年而一遇的货真价实的开天辟地之事。可以将引力波理解为威力与传播远远大于地震波的天震波。它使人类第一次听到远古的重大天文事件的回响。或曰发现另外一种不同的光。哈佛科学家在南极捕捉原初引力波失败后，总结原因发现，他们错将银河系的前景辐射，当成了宇宙的“初啼”。引力波通过折皱所产生的不同立面，甚至能让人类看见西牛贺洲、北俱沪洲这些佛经上说的他方世界。就如密勒日巴进入牛角，身体不曾缩小，牛角也没扩大，恍若虚空中再戳穿窟窿这些令科学家发疯的空性见地，虽然大多数佛教徒未能证得，但反复接触听闻似已耳熟能详。仿佛末劫时期火烧四禅天正在火速到来。前科技大学校长、著名物理学朱清时教授认为，物理学已步入禅境时代：缘起性空。量子力学和佛学相互交融，除了带给灵性宇宙中的灵性人类惊叹以外，还能是什么?! 量子科学发现，意识在自然科学研究中不但规避不了，而且可能反而是最为基础的因素。从普朗克的 E = h（量子常数）v（振动频率），到爱因斯坦的 E = mc2，宇宙的终极密码，遗落于从老子到释迦牟尼再到爱因斯坦的筚路蓝缕之中。殊不知，我们作为人的心理纠结，原来居然也与量子态叠加与坍塌、多体的叠加态以及量子纠缠等微观物理世界有关。不曾料想，未经测试的电子即未生念头的意识。如今人们不禁要问，莫非长久以来人类津津乐道的所谓灵魂，也是量子信息?!

科学发展越来越发现宇宙是一个超大的能量场，能量波以各不相同形态形成各不相同的信息。宇宙是功能性的，也是全息性与记忆性的。能量与信息的本质是正弦波。宇宙类似于一个超大音箱。存在是一首宏伟交响。不同的存在者只是不同的旋律中漂浮的不同的音符。这音符，是能量，也是信息。能量低频振动构成有形物质，能量高频振动形成无形物质。大千世界之所以千变万化，就在于能量与信息的不停转化与传播。一切皆流，流动的是能量与信息；无物常在，常在的是能量与信息。只要拥有神一般的超级 Wi-Fi，你会探测到宇宙中的一切都是流量，都是能量与信息的存量、变量与增量而已。所谓存在是绵延，其实绵延的只是能量与信息的流转。存在即信息，存在也是能量。能量与信息的衰减与增益，是万物的缘起，也是万物的命运。这一命题，可从递弱代偿衍存的自然存在，延伸拓展至生存性状耦合的社会存在以及感应属性增益的精神存在。美国著名心理学家大卫·霍金斯提出精神世界的能量级别理论：（1）开悟正觉：700—1000；（2）安详平和：600；（3）宁静喜悦：540；（4）爱与崇敬：500；（5）理性明智：400；（6）宽容原谅：350；（7）希望乐观：310；（8）淡定信赖：250；（9）勇气肯定：200；（10）骄傲轻蔑：175；（11）愤怒仇恨：150；（12）渴望欲望：125；

（13）恐惧焦虑：100；（14）忧伤懊悔：75；（15）冷漠绝望：50；（16）罪恶谴责：30；（17）羞愧耻辱：20。从中可以看出，最高层级开悟正觉700—1000属于超能形态，而低能形态数值小于10的人则表现为亚健康、慢性病、重病，接近0的人则濒临死亡。卡尔良相机拍摄到的人体光晕也表明，人有无形能量场。外在于人的大宇宙与内在于人的小宇宙，无往不在能量与信息之中。遗憾的是，由于约拿情结与彼得·潘情结的多年困扰，一直渴望远离尘嚣的我的低配人生，能量与信息一直低位徘徊，与高大上向来无缘。低开低走的我，不知能否幸得宇宙大能，触底反弹。跪谢我的学术偶像与思想导师王东岳先生，以其大作《物演通论》赐我开悟正觉，以其博大精深的学识将我深度套牢。

霍金曾撰文《哲学已死》，指出哲学发展跟不上科学发展，科学给出了世界本源和宇宙发展的全部解释，从而终结了哲学。宇宙学可以用普朗克时间（10的负43次方，人类已知的最小时间存在）描绘宇宙大爆炸（Big Bang）之后的创世时间表：10E—43秒，十维宇宙分裂成四维和六维宇宙，六维崩缩，四维爆炸；10E—35秒，大一统作用力崩解；10E—9秒电弱对称崩解，此时的温度是10E15度；10E—3秒，夸克开始凝聚，中子与质子出现，此时的温度是10E14度；3分钟，质子与中子开始凝聚成稳定的原子核；30万年，电子开始凝聚在原子核周围，第一个原子出现；30亿年，第一个似星体出现；50亿年，第一个星系出现；100亿—150亿年，太阳系诞生，又经过数十亿年，地球上出现了第一个生命。这幅科学的创世图景，无一可以直接验证和测量，仅在理论上存在于人类伟大的心智想象之中。宇宙膨胀，是一个能量与信息展开与释放的过程。人类发展，是一个深化理解和充分使用能量与信息的过程。

在宇宙的时空泡沫中，人类不过是宇宙超级能量史诗的小小脚注而已。所谓真善美，我越来越愿意将它们理解为能量与信息的有效认知，能量与信息的有益使用以及能量与信息的有趣流转。不论是“两种文化”的科学文化还是人文文化，均为我们创造、勾勒和描绘出一幅能量与信息交相辉映的壮丽画卷。试看人类掌握和使用“力”也即能量的历史：人力，八分之一马力；物力与工具，四分之一马力；动力，数十到数百马力；电力，数以万计的马力；核动力则意味着天文数字一样庞大的马力。未来人类需要掌握什么样的能量与信息，才能弯曲时空，或者在宇宙崩溃的瞬间，打开六维宇宙，逃离灭亡的劫难？这一切如果可能，必以人类智力为前提，人工智能为基础。2016 年，经过五轮拼杀，AlphaGo 打败了世界排名第二的围棋高手李世石。这一里程碑事件表明，电脑深度学习的强大，电脑超过人脑的可能，昭示人工智能时代的真正到来。科学正在野心勃勃地接手神学和哲学当初没有很好解决和完成的重大问题与艰巨任务。科学像文学一样充满想象与虚构！

韦尔施的《重构美学》让我们明白科学与美学之间并没有不可逾越的鸿沟。科学的飞速发展一度领跑哲学以及从哲学中分化独立出来的美学，甚至导致霍金断言科学正在终结哲学。但科学所揭示的能量与信息的形变恰是人类形式美感以及艺术与审美文化可能性、开放性、自由性、无限性的根本保证。科学深化了我们对能量与信息的理解。科学也深化了文学与美学的旨归。科学认为，一维世界是二维世界的投射，二维世界是三维世界的投射，可用数学归纳法以此类推。每增加一维，都是对现有维度世界的超越和突破，从而达到高维世界。科学每拓展一个新的维度，就为艺术与美学呈现无限的可能。这才是人类最为激动人心的穿越与玄幻！

源远流长的末日情结让我们如今已经非常习惯和适应形形色色的死亡通知。在科学没有宣告哲学死亡之前，科学还曾宣告神学的死亡，一如哲学宣告美学的死亡，艺术的死亡乃至人的死亡。历史的终结，现代性的终结，意识形态的终结乃至形形色色的乌托邦的终结，不一而足，不绝于耳，20 世纪堪称“死亡”和“终结”的世纪，尽管我们还苟活于 21 世纪，在今生的俗世烦恼中期盼和寻找永恒的光，永生的灵。人类是多么不满足于作为单一星球物种！发现不了外星人，不能随心所欲地星外旅行、星外殖民，人类注定死不罢休，死不瞑目！

在京味、京痞、京痈、京霾中一路走来，不知不觉时代与社会已经非常后现代。心灵很狷介，人生很摇滚，学术很朋克。感谢学校、学院、学科的头人与同仁，没有你们的宽洪大量与弱势关怀，我这个在电视剧里撑不到第二集的衰人与败类，没法苟活到今天，和生命的颓唐与存在的荒诞安然相处。感谢中国社会科学出版社，特别是我的学妹史慕鸿女士极为专业而悉心的编辑校勘，积极配合和容忍我的入木三分的拖延。

天作有雨，人作有文。是为记。

魏家川

2016年12月31日